普通高等教育"十二五"规划教材

# 单 片 机 原 理

张志霞　张楠楠　王永刚　杨萍　主编

U0217614

中国水利水电出版社
www.waterpub.com.cn

# 内 容 提 要

本书包括绪论、单片机系统结构、MCS-51 指令系统、单片机 C51 语言编程基础、单片机系统扩展技术、单片机的输入/输出设备接口、串行通信技术和单片机应用系统中的抗干扰设计等共八章内容。本书系统地介绍了 51 系列单片机的硬件结构、基本原理、指令系统和片外硬件资源，重点介绍了 51 单片机的编程技术。本书的特点是通过实例以及练习使读者掌握相应知识点，读者能够通过完整的实例，快速、有效地掌握用汇编语言和 C51 语言开发单片机系统的流程，并通过各章的习题掌握各章重点和难点，真正对相关知识做到融会贯通。

**图书在版编目（C I P）数据**

单片机原理 / 张志霞等主编. -- 北京 ：中国水利
水电出版社，2014.3
普通高等教育"十二五"规划教材
ISBN 978-7-5170-1475-1

Ⅰ．①单… Ⅱ．①张… Ⅲ．①单片微型计算机－高等
学校－教材 Ⅳ．①TP368.1

中国版本图书馆CIP数据核字(2014)第049120号

| 书 名 | 普通高等教育"十二五"规划教材<br>**单片机原理** |
|---|---|
| 作 者 | 张志霞　张楠楠　王永刚　杨萍　主编 |
| 出版发行 | 中国水利水电出版社<br>（北京市海淀区玉渊潭南路 1 号 D 座　100038）<br>网址：www. waterpub. com. cn<br>E-mail：sales@ waterpub. com. cn<br>电话：(010) 68367658（发行部） |
| 经 售 | 北京科水图书销售中心（零售）<br>电话：(010) 88383994、63202643、68545874<br>全国各地新华书店和相关出版物销售网点 |
| 排 版 | 北京时代澄宇科技有限公司 |
| 印 刷 | 北京纪元彩艺印刷有限公司 |
| 规 格 | 184mm×260mm　16 开本　14.25 印张　338 千字 |
| 版 次 | 2014 年 3 月第 1 版　2014 年 3 月第 1 次印刷 |
| 印 数 | 0001—3000 册 |
| 定 价 | **29.00 元** |

# 前言

　　本书根据21世纪高等院校单片机原理课程教学大纲的要求，结合现代电子技术、计算机技术发展的最新趋势和对单片机技术开发人才的实际需求进行编写的。作者总结多年的教学和科研经验，从实用角度出发，系统、全面地介绍了单片机的原理，本书是一本兼顾基本理论和实际应用的教程。

　　本书共包含八章，分别是：绪论、单片机系统结构、MCS－51指令系统、单片机C51语言编程基础、单片机系统扩展技术、单片机的输入/输出设备接口、串行通信技术、单片机应用系统中的抗干扰设计。

　　本书适合作为高等院校电气信息类各专业单片机教学的教材，也可作为中等职业学校电子信息专业单片机教学的教材，还可供相关领域工程技术人员学习参考。

　　本书由张志霞、张楠楠、王永刚、杨萍任主编，王俊、李征明、邹秋滢、姜凤利、郭丹、黄蕊、胡博参加了部分内容的编写。全稿由付立思主审。

　　由于撰写时间紧和作者水平有限，书中难免存在缺点和错误，敬请读者批评指正。

**编　者**

2013 年 10 月 10 日

# 目录 /

# 第一章　绪　　论

## 第一节　单片机的发展历史

现代计算机都是大规模集成电路计算机，具有功能强、结构紧凑、系统可靠等特征。随着半导体技术的发展，已经能够在一个硅片上制造出上百万个晶体管，于是出现了以一个大规模集成电路为主要组成的中央处理器——微处理器（$\mu$P），以及大容量的集成电路半导体存储器，通用和专用的输入/输出接口电路，由这些大规模集成电路组成各种类型的微型计算机。

单片机至今在业界还没有一个统一的定义，但是一般认为单片机是在一块硅片上集成了中央处理器（CPU）、存储器（RAM、ROM、EPROM）和各种输入/输出接口（定时器、计数器、并行 I/O 口、串行口、A/D 转换器、脉冲调制器 PWM 等），它具有一台计算机的功能，故而称为单片微型计算机。由于单片机的硬件结构与指令系统的功能都是根据工业控制的要求而设计的，主要应用在工业现场的检测、控制装置中，所以又称为微控制器（Micro-Controller）或嵌入式控制器（Embedded-Controller）。

从美国仙童（Fairchild）公司 1974 年生产出第一块单片机（F8）开始，在短短的几十年的时间里，单片机如同雨后春笋一般，大量涌现出来。GI 公司、Rockwell 公司、Intel 公司、Zilog 公司、Motorola 公司、NEC 公司等世界上几大计算机公司都纷纷推出自己的单片机系列。根据单片机发展过程中各个阶段的特点，其发展历史大概可划分为以下四个阶段。

第一阶段（1974~1976 年）：单片机的初级阶段。因工艺限制，单片机采用双片的形式，而且功能简单。例如仙童公司生产的 F8 单片机，实际上只包括了 8 位 CPU、64 个字节 RAM 和两个并行口。因此，还需要一块 3851（由 1KROM，定时器/计数器和 2 个并行 I/O 构成）才能组成一台完整的计算机。

第二阶段（1976~1978 年）：低性能单片机阶段。单片机由一块芯片构成，但性能低、品种少。以 Intel 公司制造的 MCS-48 系列单片机为代表，这种单片机片内有 8 位 CPU、并行 I/O 口、8 位定时器/计数器、RAM 和 ROM 等，但是不足之处就是没有串行通讯口，中断处理比较简单，片内的 RAM 和 ROM 的容量比较小而且其寻址范围不大于 4K。

第三阶段（1978 年~　 ）：高性能单片机阶段。这个阶段推出的单片机普遍带有串行 I/O 口，多级中断处理系统，16 位定时器/计数器，片内 ROM、RAM 容量加大，且寻址范围可达 64K 字节，有的还内置有 A/D 转换器。这类单片机的代表是 Intel 公司的 MCS-51 系列、Motorola 公司的 6810 和 Zilog 公司的 Z8 等。由于这类单片机的性能价格比高，所以至今仍被广泛应用于各个领域，是目前应用量较多的单片机。

第四阶段（1982 年～　）：8 位单片机的巩固发展以及 16 位单片机、32 位单片机推出阶段。此阶段的主要特征是一方面发展 16 位单片机、32 位单片机及专用型单片机；另一方面不断完善高档 8 位单片机，改善其结构，以适应各种不同领域的应用需要。

自从 20 世纪 70 年代单片机诞生以来，随着制造工艺的不断提高，发展十分迅速，目前单片机型号有上千个。从各种新型单片机的性能上看，单片机正朝着面向多层次用户的多品种、多规格的方向发展，各个公司根据自身特点和市场需要开发出各种类型的单片机。

# 第二节　单片机的特点及应用领域

## 一、单片机的特点

### 1. 体积小

由于单片机内部包含了计算机的基本功能部件，能满足很多应用领域对硬件的功能要求，因此由单片机组成的应用系统结构简单、体积特别小。

### 2. 可靠性高

单片机内 CPU 访问存储器、I/O 接口的信息传输线（即总线——地址总线、数据总线和控制总线）大多数在芯片内部，因此不易受外界的干扰；另一方面，由于单片微机体积小，在应用环境比较差的情况下，容易采取对系统进行电磁屏蔽等措施。所以单片机应用系统的可靠性比一般的微机系统高得多。

### 3. 控制功能强

单片机面向控制，它的实时控制功能特别强，CPU 可以直接对 I/O 口进行各种操作（输入/输出、位操作以及算术逻辑操作等），运算速度高，时钟达 16MHz 以上。对实时事件的响应和处理速度快。

### 4. 使用方便

由于单片机内部功能强，系统扩展方便，因此应用系统的硬件设计非常简单，又因为市场上提供多种多样的单片机开发工具，它们具有很强的软硬件调试功能和辅助设计的手段。这样使单片机的应用极为方便，大大地缩短了系统研制的周期。

### 5. 性能价格比高

由于单片机功能强、价格便宜，其应用系统的印版小、接插件少、安装调试简单等一系列原因，使单片机应用系统的性能价格比高于一般的微机系统。

### 6. 容易产品化

单片机以上的特性，缩短了单片机应用系统样机至正式产品的过渡过程，使科研成果迅速转化成生产力。

## 二、单片机的应用领域

（1）工业方面：各种测控系统、数据采集系统、工业机器人控制、机电一体化产品等。

（2）智能仪器仪表方面：单片机应用在智能仪器、仪表方面，不仅使传统的仪器仪表发生根本的变革，也给传统的仪器、仪表行业改造带来了曙光。

（3）通信方面：调制解调器、程控交换技术。

（4）民用方面：电子玩具、录像机、VCD、洗衣机等。

（5）军工领域：导弹控制、鱼雷制导控制、智能武器装备、飞机导航系统等。

（6）计算机外部设备方面：打印机、硬盘驱动器、彩色与黑白复印机、磁带机等。

（7）多机分布式系统：可用单片机构成分布式测控系统，它使单片机应用进入了一个全新的阶段。

实际上，单片机几乎在人类生活的各个领域都表现出强大的生命力，使计算机的应用范围达到了前所未有的广度和深度。单片机的出现尤其对电路工作者产生了观念上的冲击。过去经常采用模拟电路、数字电路实现的电路系统，现在相当大一部分可以用单片机予以实现，传统的电路设计方法已演变成软件和硬件相结合的设计方法，而且许多电路设计问题将可以转化为纯粹的程序设计问题。

# 第三节　主流系列单片机的简介

## 一、几个主流系列单片机

现在已有许多半导体公司生产了多种单片微机系列，下面列出国际上较有名、影响较大的公司的产品：

（1）仙童（Fairchild）公司和 Mostek 公司的 F8、3870 系列产品。

（2）NEC 公司的 μCMOS - 87 系列产品。

（3）Zilog 公司的 Z8、Super8 系列产品。

（4）Rockwell 公司的 6500、6501 系列产品。

（5）Motorola 公司的 6801、6802、6803、6805、68HC11 系列产品。

（6）Intel 公司的 MCS - 48、MCS - 51、MCS - 96 系列产品。

在我国虽然上述产品均有引进，但由于各种原因，至今在我国所应用的单片机仍然以MCS - 48、MCS - 51、MCS - 96 为主流系列。随着这一系列的深入开发以及市场的不断推广，其主导地位将得到不断巩固。

## 二、Intel 公司系列单片机简介

1. MCS - 48 系列单片机

MCS - 48 系列单片机是 Intel 公司于 1976 年推出的 8 位单片机，其典型产品为 8048，它在一个 40 引脚的大规模集成电路内包含有 8 位 CPU、1KBROM 程序存储器、64BRAM 数据存储器、一个 8 位的定时器/计数器、27 根输入/输出线。MCS - 48 的主要单片机及其性能如表 1 - 1 所示。

表 1 - 1　　　　　　　　　　MCS - 48 单片机特性

| 型号 | 片内存储器（B） | | I/O线 | 定时器/计数器 | 片外寻址空间（B） | |
| --- | --- | --- | --- | --- | --- | --- |
| | 程序 | 数据 | | | 程序 | 数据 |
| 8048 | 1KBROM | 64BRAM | 27 | 1 个 8 位 | 4KBEPROM | 256BRAM |
| 8748 | 1KBEPROM | 64BRAM | 27 | 1 个 8 位 | 4KBEPROM | 256BRAM |

续表

| 型号 | 片内存储器（B） | | I/O 线 | 定时器/计数器 | 片外寻址空间（B） | |
|------|------|------|------|------|------|------|
| | 程序 | 数据 | | | 程序 | 数据 |
| 8035 | 无 | 64BRAM | 27 | 1 个 8 位 | 4KBEPROM | 256BRAM |
| 8049 | 2KBROM | 128BRAM | 27 | 1 个 8 位 | 4KBEPROM | 256BRAM |
| 8749 | 2KBEPROM | 128BRAM | 27 | 1 个 8 位 | 4KBEPROM | 256BRAM |

2. MCS-51 系列单片机

Intel 公司于 1980 年推出了 MCS-51 系列单片机，这是一个高性能的 8 位单片机。和 MCS-48 相比，MCS-51 系列单片机无论在片内 RAM、ROM 容量、I/O 的功能、种类和数量还是在系统扩展能力、指令系统功能等方面都有很大加强。MCS-51 的典型产品为 8051，其内部资源有：

8 位 CPU；

4KBROM 程序存储器；

128BRAM 数据存储器；

32 根 I/O 线；

2 个 16 位的定时器/计数器；

1 个全双工异步串行口；

5 个中断源，2 个中断优先级；

64KB 程序存储器空间；

64KB 外部数据存储器空间。

MCS-51 系列的单片机一般采用 HMOS（如 8051AH）和 CHMOS（如 80C51BH）这两种工艺制造。这两种单片机完全兼容，CHMOS 工艺比较先进，它具有 HMOS 的高速度和 CMOS 的低功耗特点。

MCS-51 系列单片机采用模块式结构，MCS-51 系列中各种加强型单片机都是以 8051 为核心加上一定的新的功能部件后组成的，从而它们完全兼容。表 1-2 为 MCS-51 系列单片机常用产品特性。

表 1-2 　　　　　　　　　　MCS-51 单片机特性

| 型号 | 片内存储器（B） | | I/O 线 | 定时器/计数器 | 片外寻址空间（B） | |
|------|------|------|------|------|------|------|
| | 程序 | 数据 | | | 程序 | 数据 |
| 8051 | 4KROM | 128 | 32 | 2 个 16 位 | 64K | 64K |
| 8751 | 4KEPROM | 128 | 32 | 2 个 16 位 | 64K | 64K |
| 8031 | 无 | 128 | 32 | 2 个 16 位 | 64K | 64K |
| 80C51 | 4KROM | 128 | 32 | 2 个 16 位 | 64K | 64K |
| 87C51 | 4KEPROM | 128 | 32 | 2 个 16 位 | 64K | 64K |
| 80C31 | 无 | 128 | 32 | 2 个 16 位 | 64K | 64K |

| 型号 | 片内存储器（B） | | I/O 线 | 定时器/计数器 | 片外寻址空间（B） | |
|------|------|------|------|------|------|------|
| | 程序 | 数据 | | | 程序 | 数据 |
| 8052 | 4KROM | 256 | 32 | 3 个 16 位 | 64K | 64K |
| 8752 | 4KEPROM | 256 | 32 | 3 个 16 位 | 64K | 64K |
| 8032 | 无 | 256 | 32 | 3 个 16 位 | 64K | 64K |

3. MCS－96 系列单片机

Intel 公司于 1983 年推出了 16 位高性能的第三代产品——MCS－96 系列单片机。该单片机采用多累加器和"流水线作业"的系统结构，其最显著特点是运算精度高、速度快。它的典型产品是 8397，其芯片内集成有：

16 位 CPU；

8KB 程序存储器；

232B 寄存器文件；

具有 8 路采样保持的 10 位 A/D 转换器；

40 根输入/输出线；

20 个中断源；

专用的串行口波特率发生器；

全双工串行口；

2 个 16 位定时器/计数器；

4 个 16 位软件定时器；

高速输入/输出子系统；

16 位监视定时器。

表 1－3 列出了 MCS－96 系列单片机的主要特性。

表 1－3　　　　　　　　　　MCS－96 单片机特性

| 型号 | 片内存储器 | | I/O 线 | 定时器/计数器 | 片外寻址空间 | A/D 转换 | 封装 DIP |
|------|------|------|------|------|------|------|------|
| | ROM | RAM | | | | | |
| 8094 | 无 | 232B | 32 | 2 个 16 位 | 64KB | 无 | 48 |
| 8095 | 无 | 232B | 32 | 2 个 16 位 | 64KB | 4 路 10 位 | 48 |
| 8096 | 无 | 232B | 48 | 2 个 16 位 | 64KB | 无 | 68 |
| 8097 | 无 | 232B | 48 | 2 个 16 位 | 64KB | 4 路 10 位 | 68 |
| 8394 | 8KB | 232B | 32 | 2 个 16 位 | 64KB | 无 | 48 |
| 8395 | 8KB | 232B | 32 | 2 个 16 位 | 64KB | 4 路 10 位 | 48 |
| 8396 | 8KB | 232B | 48 | 2 个 16 位 | 64KB | 无 | 68 |
| 8397 | 8KB | 232B | 48 | 2 个 16 位 | 64KB | 8 路 10 位 | 68 |

# 习 题

1. 简述单片机的发展历史。
2. 单片机主要应用于哪些领域?
3. MCS-51 系列单片机有什么特点?

# 第二章 单片机系统结构

## 第一节 总体结构

自 20 世纪 80 年代初，Intel 公司的 MCS-51 系列单片机问世以来，该系列的单片机产品已发展到几十种型号。8051 是最早最典型的产品，该系列其他新的单片机产品都是以它为核心再增加了一定的功能部件后构成的。本章讨论 8051 单片机的系统结构和工作原理，并从单片机应用的角度，重点论述系统所提供的资源特性和使用方法。

### 一、结构电路

MCS-51 单片机内部总体结构框图如图 2-1 所示。

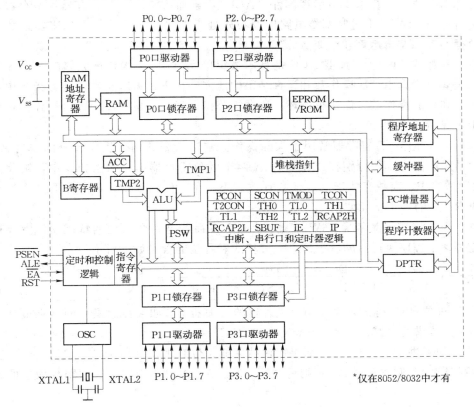

图 2-1 MCS-51 结构框图

8051 是 ROM 型单片机，内部有 4KB 工厂掩膜编程的 ROM 程序存储器；8751 是 EPROM 型单片机，内部有 4KB 用户可编程的 EPROM 程序存储器；8031 是无 ROM 程序存储器的单片机，它必须外接 EPROM 程序存储器。除此以外，8051、8751 和 8031 的内部结构是完全相同的，都具有下列硬件资源：

8 位中央处理器 CPU；

128B 内部数据存储器 RAM；

4 个 8 位双向输入/输出线；

1 个全双工的异步串行口；

2 个 16 位定时器/计数器；

5 个中断源，2 个中断优先级；

1 个片内振荡器和时钟电路；

可寻址 64KB 的外部程序存储器空间和 64KB 的外部数据存储器空间。

**二、中央处理器 CPU**

CPU 是单片机的核心，由它读入用户程序并加以执行。MCS-51 系列单片机内部有一个 8 位 CPU，它是由运算器 ALU、控制器等部件组成的。

1. 运算器

运算器主要包括算术逻辑运算部件（ALU）：累加器 ACC、B 寄存器、暂存器、程序状态字寄存器 PSW、十进制调整电路以及布尔处理器等。运算器主要用来实现数据的传送、数据的算术逻辑运算和位变量处理。

（1）累加器 ACC。累加器 ACC 是算术逻辑单元 ALU 中操作最频繁的一个 8 位寄存器，它是算术运算中存放操作数和运算结果的地方；在逻辑运算和数据转移指令中，存放源操作数和目的操作数；而执行循环、测试零等指令就是在累加器中进行操作。指令系统中常用 A 表示累加器。

（2）B 寄存器。B 寄存器常用于乘除操作。乘法指令的两个操作数分别取自 A 和 B，其乘积结果的高低 8 位分别存放在 B 和 A 两个 8 位寄存器中；除法指令中，被除数取自 A，除数取自 B，商数存放于 A，余数存放于 B。在其他指令中，B 寄存器可作为通用寄存器或 RAM 的一个单元使用。

（3）程序状态字寄存器 PSW。程序状态字寄存器是一个 8 位的特殊功能寄存器，它的各位包含了程序执行后的状态信息。其格式和各位的含义如下所示：

| D7 | D6 | D5 | D4 | D3 | D2 | D1 | D0 |
|----|----|----|----|----|----|----|----|
| CY | AC | F0 | RS1 | RS0 | OV | — | P |

CY：进位/借位标志。又是布尔处理器的累加器 C。如果数据操作的结果最高位有进位（加法）或借位（减法）时，CY＝1，否则 CY＝0。

AC：辅助进位/借位标志。如果操作结果低 4 位有进位（加法时）或低 4 位向高 4 位借位（减法时），则置位 AC；否则清"0" AC。AC 主要用于二—十进制数加法的十进制调整。

F0：用户定义标志位。供用户使用的软件标志，其功能和内部 RAM 中位寻址区的各位相似。

RS1、RS0：寄存器区选择控制位。可以用软件来置位或清零以确定工作寄存器区。RS1、RS0 与寄存器区的对应关系参见表 2-3。

OV：溢出标志位。当执行算术指令时，由硬件置位或清零，以指示溢出状态。

当带符号数作加法或减法运算，结果超出 $-128 \sim +127$ 范围时，OV=1；否则 OV=0。溢出产生的逻辑条件是：$OV = C6 \oplus C7$，其中 C6 表示 D6 位向 D7 位的进位（或借位），C7 表示 D7 位向 CY 位的进位（或借位）。

当无符号数作乘法运算时，其结果也会影响溢出标志 OV。当置于累加器 A 和寄存器 B 中的两个数的乘积超过 255 时，OV=1，此乘积的高 8 位放在 B 寄存器内，低 8 位则放在累加器 A 中，否则 OV=0，意味着只要从 A 中取得乘积即可。除法指令 DIV 也会影响溢出标志。当除数为 0 时，为无意义，OV=1，否则 OV=0。

P：奇偶标志位。表示累加器 A 的 8 位中值为 1 的个数的奇偶性。若 1 的个数为奇数，则 P=1；否则 P=0。此标志在串行通信中常被用来检验数据传输的可靠性。

2. 控制器

控制器是控制计算机系统各种操作的部件，它包括时钟发生器、定时控制逻辑、复位电路、指令寄存器 IR、指令译码器、程序计数器 PC、程序地址寄存器、数据指针 DPTR、堆栈指针 SP 等。

(1) 时钟电路。在 MCS-51 芯片内部有一个高增益反相放大器，其输入端为芯片引脚 XTAL1，输出端为引脚 XTAL2。在芯片的外部，XTAL1 和 XTAL2 之间跨接晶体振荡器和微调电容，从而构成一个稳定的自激振荡器，即单片机的时钟电路，如图 2-2 (a) 所示。一般地，电容 C1 和 C2 取 30pF 左右，晶体的振荡频率范围是 2M~12MHz。

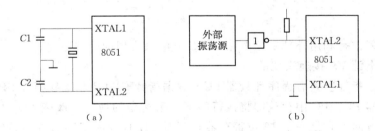

图 2-2 单片机的时钟电路

在由多片单片机组成的系统中，为了各单片机之间时钟信号的同步，应当引入唯一的公用外部脉冲信号作为单片机的振荡脉冲。这时，外部的脉冲信号经 XTAL2 引脚注入，其连接如图 2-2 (b) 所示。

(2) 复位电路。计算机在启动运行时都需要复位，使中央处理器 CPU 和系统中的其他部件都处于一个确定的初始状态，并从这个状态开始工作。要实现单片机可靠复位，必须使 RST/$V_{PD}$ 引脚保持两个机器周期以上的高电平，只要 RST 保持高电平，MCS-51 保持复位状态。此时 ALE、$\overline{PSEN}$、P0、P1、P2、P3 口都输出高电平（即为输入状态）。RST 变为低电平后，退出复位，CPU 从初始状态开始工作。复位以后内部寄存器的初始状态如表 2-1 所示。

表 2-1                                    复位后的内部寄存器状态

| 特殊功能寄存器 | 初始状态 | 特殊功能寄存器 | 初始状态 |
|---|---|---|---|
| ACC | 00H | TMOD | 00H |
| PC | 0000H | TCON | 00H |
| PSW | 00H | TL0 | 00H |
| SP | 07H | TH0 | 00H |
| DPTR | 0000 | TL1 | 00H |
| P0~P3 | 0FFH | TH1 | 00H |
| IP | XX000000B | SCON | 00H |
| IE | 0X000000B | SBUF | 不定 |
| PCON | 0XXX0000B | | |

RST/$V_{PD}$引脚的复位操作有上电自动复位和按键手动复位两种工作方式，如图 2-3所示。

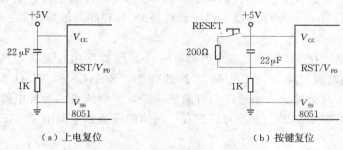

（a）上电复位                （b）按键复位

图 2-3  复位电路

上电自动复位是利用外部复位电路的 *RC* 充电来实现的。按键复位是通过使 RST/$V_{PD}$引脚经电阻与电源 $V_{CC}$接通实现的。

（3）指针。指针主要有程序计数器 PC、数据指针 DPTR 和堆栈指针 SP。

程序计数器 PC：PC 中存放即将执行的下一条指令的地址。改变 PC 中的内容就可改变程序执行的方向。它是一个 16 位寄存器，可对 64KB 程序寄存器直接寻址。PC 是一个独立的寄存器，随时指向将要执行的指令的地址，并有内容自动加 1 的功能。

数据指针 DPTR：16 位数据指针，它由两个 8 位的寄存器 DPH 与 DPL 组成，一般作为访问外部数据存储器的地址指针使用，保存一个 16 位的地址，CPU 也可以对高位字节DPH、低位字节 DPL 单独进行操作。

堆栈指针 SP：是一个 8 位的专用寄存器，它用于指明堆栈顶部在内部 RAM 中的位置，可由软件设置初始值。系统复位后，SP 初始化为 07H，使得堆栈实际上由 08H 单元开始，但在实际应用中，SP 指针一般被设置在 30H～0FFH 的范围内。在存取数据时遵循"先进后出，后进先出"的原则，数据进入堆栈前 SP 加 1，数据退出堆栈后 SP 减 1。

（4）CPU 时序。CPU 时序通常是指 CPU 在执行各类指令时所需的控制信号在时间上的先后次序。CPU 取出一条指令至该指令执行完所需的时间称为指令周期，它以机器周期为单位。一个机器周期是指 CPU 完成一个基本操作所需要的时间，一个机器周期包含 6

个状态周期：S1，S2，…，S6，每个状态周期又分为两拍，称为 P1 和 P2。CPU 就以 P1
和 P2 为基本节拍指挥单片机各个部件协调地工作。振荡周期指的是振荡信号源为单片机
提供的定时信号的周期，为振荡频率的倒数，一个机器周期包括 12 个振荡周期，分别编
号为 S1P1，S1P2，S2P1，…，S6P2。

　　MCS - 51 单片机典型的指令周期一般为一个或两个机器周期。只有 MUL 和 DIV 指
令占用 4 个机器周期。

　　每一条指令的执行都包括读取和执行两个阶段。图 2 - 4 所示的是几种典型指令的读取
和执行时序。由于无法观察到内部时钟信号，只能用 XTAL 2 端的振荡信号和地址锁存允许
信号 ALE 供参考。图 2 - 4（a）和（b）分别表示了单字节单周期和双字节单周期指令的时
序；而图 2 - 4（c）和（d）则分别表示了单字节双周期和 MOVX 指令的时序。

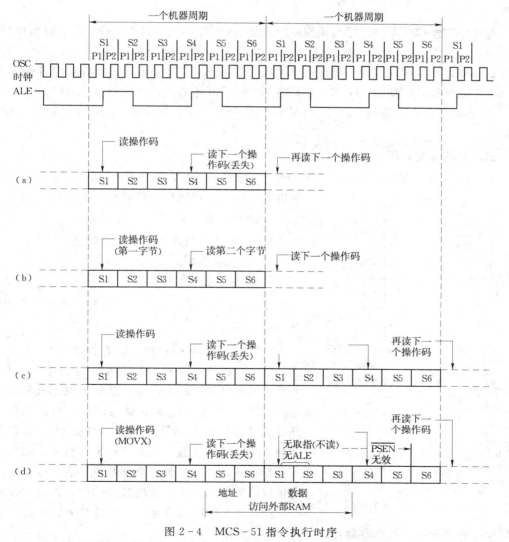

图 2 - 4　MCS - 51 指令执行时序

　　（a）单字节单周期指令，例如：INC A；（b）双字节单周期指令，例如：ADD A，♯data；（c）单字节
双周期指令，例如：INC DPTR；（d）访问外部 RAM 指令 MOVX（单字节双周期）

执行一条单周期指令时，在 S1P2 开始读取指令操作码并锁存到指令寄存器中。如果是一条双字节指令，在同一个机器周期的 S4P2 开始读取第二个字节。如果是一条单字节指令，在 S4P2 仍有一次读操作，但这次读取的指令操作码是无效的，而且程序计数器 PC 也不加 1。不管上述何种情况，读指令操作都在 S6P2 结束时执行完毕。

在访问程序存储器的每个机器周期中，ALE 信号两次有效，第一次在 S1P2 和 S2P1 期间，第二次在 S4P2 和 S5P1 期间。ALE 信号的有效宽度为一个状态周期。ALE 信号出现一次，CPU 就进行一次取指令操作。所以，在一个机器周期中，通常从 ROM 中进行两次取指令操作，但访问片外数据存储器（执行 MOVX 指令）时，在第二个机器周期不发出第一个 ALE 信号。这种情况下，ALE 信号不是周期性发生的。因此，在不使用外部 RAM 的系统中，ALE 信号是以 1/6 时钟频率周期性发生的，它可以给外设提供定时信号。

对片外数据存储器进行读写操作使用的是 MOVX 指令，它是一条单字节双周期指令。执行时，在第一个机器周期的 S1P2 时开始读取指令操作码，而在 S4P2 时虽然也进行一次读指令操作，但读取的指令操作码不被处理。从 S5P1 时开始送出片外数据存储器的地址，在第二个机器周期的 S1P1 时，$\overline{RD}$ 或 $\overline{WR}$ 信号开始有效，用来选通 RAM 芯片，进行读/写数据操作，在此期间不产生 ALE 有效信号，所以，第二个机器周期不产生取指令操作。

### 三、引脚功能说明

MCS-51 是标准的 40 引脚双列直插式集成电路芯片，如图 2-5 所示。按其功能可分为电源、时钟、控制和 I/O 接口四大部分。

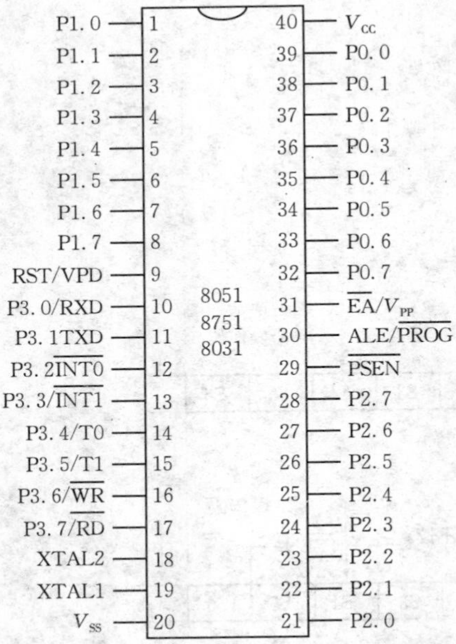

图 2-5　MCS-51 引脚图

1. 电源引脚

$V_{cc}$：芯片主电源，正常工作时接 +5V。

$V_{ss}$：电源地线。

2. 时钟引脚

XTAL1 与 XTAL2 为内部振荡器的两条引出线。

3. 控制引脚

（1）ALE/$\overline{PROG}$：地址锁存控制信号/编程脉冲输入端。在扩展系统时，ALE 用于控制把 P0 口输出的低 8 位地址锁存起来，以实现低 8 位地址和数据的隔离，P0 口作为数据地址复用口线。当访问单片机外部程序或数据存储器或外接 I/O 口时，ALE 输出脉冲的下降沿用于低 8 位地址的锁存信号；即使不访问单片机外部程序或数据存储器或外接 I/O 口，ALE 端仍以晶振频率的 1/6 输出脉冲信号，因此可作为外部时钟或外部定时信号使用。但应注意，此时不能访问单片机外部程序、数据存储器或外设 I/O 接口。

对于 EEPROM 型单片机（89C51）或 EPROM 型单片机（8751），在 EEPROM 或

EPROM 编程期间，该引脚用来输入一个编程脉冲（$\overline{PROG}$）。

（2）$\overline{PSEN}$：片外程序存储器读选通信号。在 CPU 向片外程序存储器读取指令和常数时，每个机器周期PSEN两次低电平有效。但在此期间，每当访问外部数据存储器或 I/O 接口时PSEN无效出现。

（3）$\overline{EA}/V_{PP}$：访问程序存储器控制信号/编程电源输入端。当该引脚$\overline{EA}$信号为低电平时，只访问片外程序存储器，不管片内是否有程序存储器；当该引脚为高电平时，单片机访问片内的程序存储器。

对于 EEPROM 型单片机（89C51）或 EPROM 型单片机（8751），在 EEPROM 或 EPROM 编程期间，该引脚用于施加一个＋12V 或＋21V 的电源。

（4）RST/VPD：复位/掉电保护信号输入端。当振荡器运行时，在该引脚加上一个两个机器周期以上的高电平信号，就能使单片机回到初始状态，即进行复位。

掉电期间，该引脚可接上备用电源（VPD）以保持内部 RAM 的数据。

4．I/O 引脚

MCS－51 单片机有四个双向 8 位输入/输出口 P0～P3 口，共 32 个 I/O 引脚。

# 第二节　存　储　器　结　构

MCS－51 单片机的存储器结构与常见的微型计算机的配置方式不同，它把程序存储器与数据存储器分开编址，各有自己的寻址方式、控制信号和功能。MCS－51 单片机的存储器结构如图 2－6 所示。

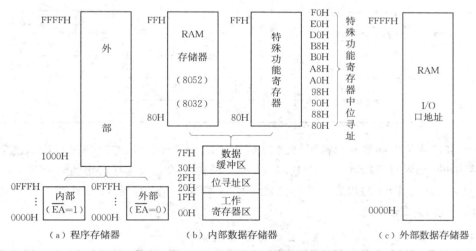

图 2－6　MCS－51 单片机的存储器结构

## 一、程序存储器

MCS－51 的程序存储器空间为 64KB，其地址指针为 16 位的程序计数器 PC，程序存储器如图 2－6（a）所示。低 4KB 的程序存储器（某些单片机为 8KB 或 16KB）可以在单片机的内部也可以在单片机的外部，这是由输入到引脚$\overline{EA}$的电平所确定的。

对于内部有 4KB 程序存储器的单片机（如 8051 或 8751），若 $\overline{EA}$ 接 $V_{cc}$（＋5V），则程序计数器 PC 的值在 0～0FFFH 之间时，CPU 取指令时访问内部的程序存储器；PC 值大于 0FFFH 时，则访问外部的程序存储器。如果 $\overline{EA}$ 接 $V_{ss}$（地），则内部的程序存储器被忽略，CPU 总是从外部的程序存储器中取指令。MCS-51 的引脚 $\overline{PSEN}$ 输出外部程序存储器的读选通信号，仅当 CPU 访问外部程序存储器时，$\overline{PSEN}$ 才有效。

对于内部没有程序存储器的单片机（如 8031）必须在外部接程序存储器，引脚 $\overline{EA}$ 必须接地。

**二、内部数据存储器 RAM**

MCS-51 单片机内部 RAM 的空间为 256B，但实际提供给用户使用的 RAM 容量，各个不同型号的单片机是不同的，有的为 128B（如 8051），有的为 256B（如 8032）。内部 RAM 中不同的地址区域从功能和用途方面来分，可以划分为如图 2-6（b）所示的三个区域：工作寄存器区、位寻址区、堆栈和数据缓冲器区。

内部 RAM 的 00H～1FH 为四组工作寄存器，每个区有八个工作寄存器 R0～R7。寄存器和 RAM 单元地址对应关系如表 2-2 所示。

表 2-2　　　　　　　　　　工作寄存器和 RAM 单元地址对应关系

| 寄存器 | 地　　址 | | | |
|---|---|---|---|---|
| | 0 区 | 1 区 | 2 区 | 3 区 |
| R0 | 00H | 08H | 10H | 18H |
| R1 | 01H | 09H | 11H | 19H |
| R2 | 02H | 0AH | 12H | 1AH |
| R3 | 03H | 0BH | 13H | 1BH |
| R4 | 04H | 0CH | 14H | 1CH |
| R5 | 05H | 0DH | 15H | 1DH |
| R6 | 06H | 0EH | 16H | 1EH |
| R7 | 07H | 0FH | 17H | 1FH |

四个寄存器组中的每一组都可被选为 CPU 的工作寄存器，这是通过程序状态字寄存器 PSW 中的 PSW.3（RS0）和 PSW.4（RS1）两位的状态来选择确定的，见表 2-3。通过程序改变 RS1、RS0 的状态，就可更换工作寄存器组，这对提高 CPU 的工作效率和响应中断的速度是很有利的。

表 2-3　　　　　　　　　　工作寄存器区选择

| PSW.4（RS1） | PSW.3（RS0） | 当前使用的工作寄存器组 R0～R7 |
|---|---|---|
| 0 | 0 | 0 组（00H～07H） |
| 0 | 1 | 1 组（08H～0FH） |
| 1 | 0 | 2 组（10H～17H） |
| 1 | 1 | 3 组（18H～1FH） |

内部 RAM 中的 20H ~ 2FH 单元除可作为一般的字节寻址单元使用外,这 16 个单元共 128 位中的每一位又可单独视作一个软件触发器,用于存放各种程序标志、位控制变量,具有位寻址功能,其位地址范围为 00H ~ 7FH。

字节地址为 30H~7FH(或 30H~0FFH)的这部分存储区域可作为 8 位数据缓冲区使用。一般用户把堆栈就设置在这部分区域中。

内部 RAM 中除了作为工作寄存器、位标志和堆栈区以外的单元都可以作为数据缓冲器使用,存放输入的数据或运算结果。

### 三、特殊功能寄存器 SFR

MCS-51 内部的 I/O 口锁存器以及定时器、串行口、中断等各种控制和状态寄存器都称为特殊功能寄存器,它们离散地分布在 80H~0FFH 的特殊功能寄存器地址空间。在这空间中有些单元是空着的,这些单元是为 MCS-51 的新型单片机保留的。不同型号的单片机内部 I/O 功能不同,实际存在的特殊功能寄存器数量差别较大。MCS-51 最基本的特殊功能寄存器列于表 2-4 中。其中带 * 的是 8052 所增加的特殊功能寄存器。

表 2-4 特殊功能寄存器地址映象

| 特殊功能寄存器 | 字节地址 | 特殊功能寄存器 | 字节地址 |
| --- | --- | --- | --- |
| P0 | 80H | SBUF | 99H |
| SP | 81H | P2 | A0H |
| DPL | 82H | IE | A8H |
| DPH | 83H | P3 | B0H |
| PCON | 87H | IP | B8H |
| TCON | 88H | T2CON* | C8H |
| TMOD | 89H | RCAP2L* | CAH |
| TL0 | 8AH | RCAP2H* | CBH |
| TL1 | 8BH | TL2* | CCH |
| TH0 | 8CH | TH2* | CDH |
| TH1 | 8DH | PSW | D0H |
| P1 | 90H | ACC | E0H |
| SCON | 98H | B | F0H |

这些特殊功能寄存器在以后的 I/O 口、定时器、串行口和中断等章节中作详细的讨论。

### 四、位存储器

位存储器空间由两部分组成:一部分是在内部 RAM 中字节地址为 20H~2FH 的 128 个位,这些位编址为 00H~7FH,如表 2-5 所示;另一部分在特殊功能寄存器中,其中地址码能被 8 整除的特殊功能寄存器,可以按位寻址,如表 2-6 所示。

表 2 - 5　　　　　　　　　　　　　RAM 位寻址区地址映象

| RAM 地址 | $D_7$ | $D_6$ | $D_5$ | $D_4$ | $D_3$ | $D_2$ | $D_1$ | $D_0$ |
|---|---|---|---|---|---|---|---|---|
| 20H | 07 | 06 | 05 | 04 | 03 | 02 | 01 | 00 |
| 21H | 0F | 0E | 0D | 0C | 0B | 0A | 09 | 08 |
| 22H | 17 | 16 | 15 | 14 | 13 | 12 | 11 | 10 |
| 23H | 1F | 1E | 1D | 1C | 1B | 1A | 19 | 18 |
| 24H | 27 | 26 | 25 | 24 | 23 | 22 | 21 | 20 |
| 25H | 2F | 2E | 2D | 2C | 2B | 2A | 29 | 28 |
| 26H | 37 | 36 | 35 | 34 | 33 | 32 | 31 | 30 |
| 27H | 3F | 3E | 3D | 3C | 3B | 3A | 39 | 38 |
| 28H | 47 | 46 | 45 | 44 | 43 | 42 | 41 | 40 |
| 29H | 4F | 4E | 4D | 4C | 4B | 4A | 49 | 48 |
| 2AH | 57 | 56 | 55 | 54 | 53 | 52 | 51 | 50 |
| 2BH | 5F | 5E | 5D | 5C | 5B | 5A | 59 | 58 |
| 2CH | 67 | 66 | 65 | 64 | 63 | 62 | 61 | 60 |
| 2DH | 6F | 6E | 6D | 6C | 6B | 6A | 69 | 68 |
| 2EH | 77 | 76 | 75 | 74 | 73 | 72 | 71 | 70 |
| 2FH | 7F | 7E | 7D | 7C | 7B | 7A | 79 | 78 |

表 2 - 6　　　　　　　　　　　　特殊功能寄存器位地址映象

| SFR | 位名与位地址 | | | | | | | | 地址 |
|---|---|---|---|---|---|---|---|---|---|
| | D7 | D6 | D5 | D4 | D3 | D2 | D1 | D0 | |
| P0 | P0. 7 | P0. 6 | P0. 5 | P0. 4 | P0. 3 | P0. 2 | P0. 1 | P0. 0 | 80H |
| | 87H | 86H | 85H | 84H | 83H | 82H | 81H | 80H | |
| TCON | TF1 | TR1 | TF0 | TR0 | IE1 | IT1 | IE0 | IT0 | 88H |
| | 8FH | 8EH | 8DH | 8CH | 8BH | 8AH | 89H | 88H | |
| P1 | P1. 7 | P1. 6 | P1. 5 | P1. 4 | P1. 3 | P1. 2 | P1. 1 | P1. 0 | 90H |
| | 97H | 96H | 95H | 94H | 93H | 92H | 91H | 90H | |
| SCON | SM0 | SM1 | SM2 | REN | TB8 | RB8 | TI | RI | 98H |
| | 9FH | 9EH | 9DH | 9CH | 9BH | 9AH | 99H | 98H | |
| P2 | P2. 7 | P2. 6 | P2. 5 | P2. 4 | P2. 3 | P2. 2 | P2. 1 | P2. 0 | A0H |
| | A7H | A6H | A5H | A4H | A3H | A2H | A1H | A0H | |
| IE | EA | — | ET2 | ES | ET1 | EX1 | ET0 | EX0 | A8H |
| | AFH | — | ADH | ACH | ABH | AAH | A9H | A8H | |

续表

| SFR | 位名与位地址 | | | | | | | | 地址 |
|---|---|---|---|---|---|---|---|---|---|
| | D7 | D6 | D5 | D4 | D3 | D2 | D1 | D0 | |
| P3 | P3.7 | P3.6 | P3.5 | P3.4 | P3.3 | P3.2 | P3.1 | P3.0 | B0H |
| | B7H | B6H | B5H | B4H | B3H | B2H | B1H | B0H | |
| IP | — | — | PT2 | PS | PT1 | PX1 | PT0 | PX0 | B8H |
| | — | — | BDH | BCH | BBH | BAH | B9H | B8H | |
| T2CON | TF2 | EXF2 | RCLK | TCLK | EXEN2 | TR2 | $C/\overline{T2}$ | $CP/\overline{RL2}$ | C8H |
| | CFH | CEH | CDH | CCH | CBH | CAH | C9H | C8H | |
| PSW | CY | AC | F0 | RS1 | RS0 | OV | — | P | D0H |
| | D7H | D6H | D5H | D4H | D3H | D2H | | D0H | |
| ACC | E7H | E6H | E5H | E4H | E3H | E2H | E1H | E0H | E0H |
| B | F7H | F6H | F5H | F4H | F3H | F2H | F1H | F0H | F0H |

### 五、外部数据存储器和 I/O 口

MCS-51 的外部 RAM 存储器和输入/输出端口是统一编址的，都在同一个 64KB 外部数据存储器空间内，如图 2-6（c）所示，CPU 对它们具有相同操作功能。

# 第三节　I/O　　口

MCS-51 共有四个 8 位的 I/O 口，分别记作 P0、P1、P2、P3。每个口都包含一个锁存器、一个输出驱动器和输入缓冲器。实际上，它们已被归入特殊功能寄存器之列，并且具有字节寻址和位寻址功能。

在访问片外扩展存储器时，低 8 位地址和数据由 P0 分时传送，高 8 位地址由 P2 口传送。在无片外扩展存储器的系统中，这四个口的每一位均可作为双向的 I/O 端口使用。

MCS-51 单片机的 P1、P2、P3 口内部有拉高电平，称为准双向口，可以驱动四个 LSTTL 负载。P0 口是开漏输出的，内部没有拉高电路，是三态双向 I/O 口，可以驱动八个 LSTTL 负载。这些口在结构和特性上基本相同，但又各具特点。

### 一、P0 口

P0 口的口线逻辑电路如图 2-7 所示。电路中包含一个数据输出锁存器、两个三态数据输入缓冲器、一个数据输出的驱动电路和一个输出控制电路。当对 P0 口进行写操作时，由锁存器和驱动电路构成数据输出通路。由于通路中已有输入锁存器，因此数据输出时可以与外设直接连

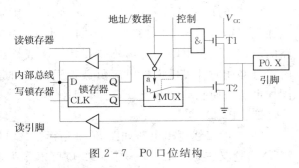

图 2-7　P0 口位结构

接，而不需再加数据锁存电路。

P0 口既可以作为通用的 I/O 口进行数据输入/输出，也可以作为单片机系统的地址/数据线使用，为此在 P0 口的电路中有一个多路转接电路 MUX。在控制信号的作用下，多路转接电路可以分别接通锁存器输出或地址/数据线。当作为通用的 I/O 口使用时，内部的控制信号为低电平，封锁与门，将输出电路的上拉场效应管截止，同时使多路转接电路 MUX 接通锁存器 $\overline{Q}$ 端的输出通路。

当 P0 口作为输出口使用时，内部的写脉冲加在 D 触发器的 CLK 端，数据写入锁存器，并向端口输出。

当 P0 口作为输入口使用时，应区分读引脚和读端口两种情况，为此，在端口电路中有两个用于读入驱动的三态缓冲器。所谓读引脚即读芯片引脚的数据，这时使用下方的数据缓冲器，由"读引脚"信号把缓冲器打开，把端口引脚上的数据从缓冲器通过内部总线读进来。使用传送指令（MOV）进行读端口操作都是属于这种情况。

读端口是指通过上面的缓冲器读锁存器 Q 端的状态。在端口已处于输出状态的情况下，Q 端与引脚信号是一致的，这样安排的目的是为了适应对端口进行"读—修改—写"操作指令的需要。例如，"ANL P0，A"就是属于这类指令，执行时先读入 P0 口锁存器中的数据，然后与 A 的内容进行逻辑与，再把结果送回 P0 口。对于这类"读—修改—写"指令，不直接读引脚而读锁存器是为了避免可能出现的错误。因为在端口已处于输出状态的情况下，如果端口的负载恰是一个晶体管的基极，导通了的 PN 结会把端口引脚的高电平拉低，这样直接读引脚就会把本来的"1"误读为"0"；但若从锁存器 Q 端读，就能避免这样的错误，得到正确的数据。

需要注意的是，当 P0 口进行一般的 I/O 输出时，由于输出电路是漏极开路电路，因此必须外接上拉电阻才能有高电平输出；当 P0 口进行一般的 I/O 输入时，必须先向电路中的锁存器写入"1"使场效应管截止，以避免锁存器为"0"状态时对引脚读入的封锁。

在实际应用中，P0 口绝大多数情况下都是作为单片机系统的地址/数据线使用，这要比一般 I/O 口应用简单。当输出地址或数据时，由内部发出控制信号，打开上面的与门，并使多路转接电路 MUX 处于内部地址/数据线与驱动场效应管栅极反向接通状态，这时输出驱动电路由于上、下两个场效应管处于反相，形成推拉式电路结构，使负载能力大为提高。当输入数据时，数据信号直接从引脚通过输入缓冲器进入内部总线。

二、P1 口

P1 口的口线逻辑电路如图 2-8 所示。因为 P1 口通常是作为通用 I/O 口使用的，所以在电路结构上与 P0 口有一些不同之处：首先它不再需要多路转接电路 MUX；其次是电路的内部有上拉电阻，与场效应管共同组成输出驱动电路。因此，P1 口作为输出口使用时，已经能向外提供推拉电流负载，无需再外接上拉电阻。当 P1 口作为输入口使用时，同样也需先使驱动电路场效应管截止。

三、P2 口

P2 口的口线逻辑电路如图 2-9 所示。P2 口电路比 P1 口电路多了一个多路转接电路 MUX，这又正好与 P0 口一样。P2 可以作为通用 I/O 口使用，这时多路转接电路开关倒向锁存器 Q 端。通常情况下，P2 口是作为高位地址线使用，此时多路转接电路开关应倒向相反方向。

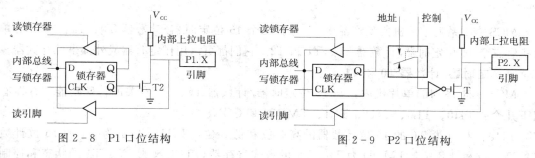

图 2-8 P1 口位结构　　　　　图 2-9 P2 口位结构

### 四、P3 口

P3 口的口线逻辑电路如图 2-10 所示。P3
口为多功能口，其特点在于适应引脚信号第二
功能的需要，增强了第二功能控制逻辑。由于
第二功能信号有输入和输出两类，因此分两种
情况说明。对于第二功能为输出的信号引脚，
当作为 I/O 使用时，第二功能信号引脚应保持
高电平，与非门开通，以维持从锁存器到输出
端数据输出通路的畅通。输出第二功能信号时，
该位的锁存器应置"1"，使与非门对第二功能
信号的输出是畅通的，从而实现第二功能信号的输出。

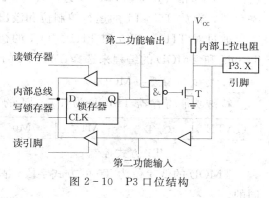

图 2-10 P3 口位结构

对于第二功能为输入的信号引脚，在口线的输入通路上增加了一个缓冲器，输入的第
二功能信号就从这个缓冲器的输出端取得。而作为 I/O 使用的数据输入，仍取自三态缓冲
器的输出端。不管是作为输入口使用还是第二功能信号输入，输出电路中的锁存器输出和
第二功能输出信号线都应该保持高电平。

P3 口的第二功能输入/输出定义如表 2-7 所示。

表 2-7　　　　　　　　　　　　　P3 口 第 二 功 能 定 义

| P3 口引脚线号 | 第二功能标记 | 第二功能注释 |
| --- | --- | --- |
| P3.0 | RXD | 串行口数据接收输入端 |
| P3.1 | TXD | 串行口数据发送输出端 |
| P3.2 | $\overline{\text{INT0}}$ | 外部中断 0 请求输入端 |
| P3.3 | $\overline{\text{INT1}}$ | 外部中断 1 请求输入端 |
| P3.4 | T0 | 定时/计数器 0 外部输入端 |
| P3.5 | T1 | 定时/计数器 1 外部输入端 |
| P3.6 | $\overline{\text{WR}}$ | 片外数据存储器写选通端 |
| P3.7 | $\overline{\text{RD}}$ | 片外数据存储器读选通端 |

# 第四节 定时器/计数器

MCS-51系列单片机典型产品8051等有两个16位定时器/计数器T0、T1；8052等单片机有三个16位定时器/计数器T0、T1和T2。它们都可以用作定时器或外部事件计数器。

## 一、定时器/计数器 T0 和 T1

MCS-51系列的单片机内，与16位定时器/计数器T0、T1有关的特殊功能寄存器有以下几个：TH0、TL0、TH1、TL1、TMOD、TCON。

TH0、TL0为T0的16位计数器的高8位和低8位，TH1、TL1为T1的16位计数器的高8位和低8位，TMOD为T0、T1的方式寄存器，TCON为T0、T1的状态和控制寄存器，存放T0、T1的运行控制位和溢出中断标志位。

通过对TH0、TL0和TH1、TL1的初始化编程来设置T0、T1计数器初值，通过对TCON和TMOD的编程来选择T0、T1的工作方式和控制T0、T1的运行。

### 1. 方式寄存器 TMOD

特殊功能寄存器TMOD为T0、T1的工作方式寄存器，其格式如下：

| GATE | C/$\overline{T}$ | M1 | M0 | GATE | C/$\overline{T}$ | M1 | M0 |
|------|------|------|------|------|------|------|------|

T1方式控制 　　　　　　　　　　　　　　　　T0方式控制

TMOD的低4位为T0的方式字段，高4位为T1的方式字段，它们的含义是完全相同的。

(1) 工作方式选择位M1、M0。定时器工作方式由M1、M0两位状态确定，对应关系如表2-8所示。

表2-8　　　　　　　　　　定时器的方式选择

| M1 | M0 | 工作方式 | 说明 |
|----|----|----------|------|
| 0 | 0 | 0 | 13位定时器（TH的8位和TL的低5位） |
| 0 | 1 | 1 | 16位定时器/计数器 |
| 1 | 0 | 2 | 自动重装入初值的8位计数器 |
| 1 | 1 | 3 | T0分成两个独立的8位计数器，T1在方式3时停止工作 |

(2) 定时和外部事件计数方式选择位C/$\overline{T}$。C/$\overline{T}$=0为定时方式。在定时方式中，以振荡器输出时钟脉冲的十二分频信号作为计数信号，也就是每一个机器周期定时器加"1"，定时器从初值开始加"1"计数直至定时器溢出所需的时间是固定的。

C/$\overline{T}$=1为外部事件计数方式，这种方式采用外部引脚（T0为P3.4，T1为P3.5）上的输入脉冲作为计数脉冲。内部硬件在每个机器周期的S5P2采样外部引脚的状态，当一个机器周期采样到高电平，接着的下一个机器周期采样到低电平时计数器加1，也就是外部输入电平发生负跳变时加1。外部事件计数时最高计数频率为晶振频率的二十四分之一，外部输入脉冲高电平和低电平时间必须在一个机器周期以上。

（3）门控位 GATE。GATE＝1 时，定时器的计数受外部引脚输入电平的控制（$\overline{\text{INT0}}$ 控制 T0 的运行，$\overline{\text{INT1}}$ 控制 T1 的运行）；GATE＝0 时，定时器计数不受外部引脚输入电平的控制。

2. 控制寄存器 TCON

特殊功能寄存器 TCON 的高 4 位存放定时器的运行控制位和溢出标志位，低 4 位存放外部中断的触发方式控制位和锁存外部中断请求源（详见本章第六节"中断系统"）。

TCON 格式如下：

| TF1 | TR1 | TF0 | TR0 | IE1 | IT1 | IE0 | IT0 |
|-----|-----|-----|-----|-----|-----|-----|-----|

（1）定时器运行控制位 TR0、TR1。定时器 T0 运行控制位 TR0 由软件置位和清"0"。门控位 GATE 为 0 时，T0 的计数仅由 TR0 控制，TR0 为 1 时允许 T0 计数，TR0 为 0 时禁止 T0 计数；门控位 GATE 为 1 时，仅当 TR0 等于 1 且 $\overline{\text{INT0}}$（P3.2）输入为高电平时 T0 才计数，TR0 为 0 或 $\overline{\text{INT0}}$ 输入低电平时都禁止 T0 计数。

定时器运行控制位 TR1 功能及操作情况同 TR0。

（2）定时器溢出标志位 TF0、TF1。TF0 为定时器 T0 溢出标志位。当 T0 被允许计数以后，T0 从初值开始加"1"计数，最高位产生溢出时置"1"TF0。TF0 可以由程序查询和清"0"。TF0 也是中断请求源，当 CPU 响应 T0 中断时由硬件清"0"TF0。

TF1 为定时器 T1 溢出标志位。其功能及操作情况同 TF0。

3. 定时器的工作方式

MCS-51 的定时器 T0 有四种工作方式：方式 0、方式 1、方式 2 和方式 3；而定时器 T1 有三种工作方式：方式 0、方式 1、方式 2。下面对各种工作方式的定时器结构和功能加以详细讨论。

（1）方式 0。当 M1、M0 为 00 时定时器工作于方式 0。定时器 T0 方式 0 的结构如图 2-11 所示。方式 0 为 13 位的计数器，由 TL0 的低 5 位和 TH0 的 8 位组成，TL0 低 5 位计数溢出时向 TH0 进位，TH0 计数溢出时置"1"溢出标志 TF0。

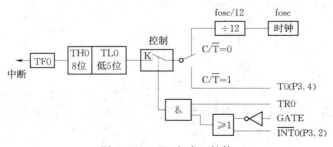

图 2-11 T0 方式 0 结构

在图 2-11 的 T0 计数脉冲控制电路中，有一个方式电子开关和计数控制电子开关。$C/\overline{T}$＝0 时，方式电子开关打在上面，以振荡器的十二分频信号作为 T0 的计数信号；$C/\overline{T}$＝1 时，方式电子开关打在下面，此时以 T0（P3.4）引脚上的输入脉冲作为 T0 的计数脉冲。当 GATE 为 0 时，只要 TR0 为 1，计数控制开关的控制端即为高电平，使开关闭合，计数脉冲加到 T0，允许 T0 计数。当 GATE 为 1 时，仅当 TR0 为 1 且 $\overline{\text{INT0}}$ 引脚上输入高电平时控制端才为高电平，才使控制开关闭合，允许 T0 计数，TR0 为"0"或 $\overline{INT0}$ 输入低电平都使控制开关断开，禁止 T0 计数。

若 T0 工作于方式 0 定时，计数初值为 $a$，则 T0 从初值 $a$ 加 1 计数至溢出的时间为 $t = \dfrac{12}{fosc} * (2^{13} - a)\ \mu\text{s}$。

（2）方式 1。方式 1 和方式 0 的差别仅仅在于计数器的位数不同，方式 1 为 16 位的定时器/计数器。定时器 T0 工作于方式 1 的逻辑结构如图 2-12 所示。T0 工作于方式 1 时，由 TH0 作为高 8 位，TL0 作为低 8 位，构成一个 16 位计数器。

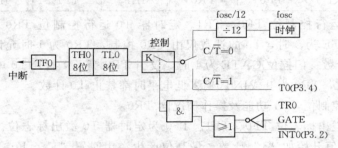

图 2-12 T0 方式 1 结构

（3）方式 2。M1、M0 为 10 时，定时器/计数器工作于方式 2，方式 2 为自动恢复初值的 8 位计数器。定时器 T0 工作于方式 2 时的逻辑结构如图 2-13 所示。T0 工作于方式 2 时，TL0 作为 8 位计数器，TH0 作为计数初值寄存器。当 TL0 计数溢出时，一方面置"1"溢出标志 TF0，同时将 TH0 中的计数初值送至 TL0，使 TL0 从初值开始重新加 1 计数。

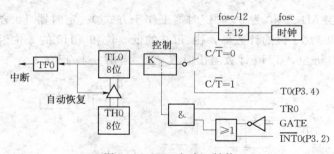

图 2-13 T0 方式 2 结构

上面以 T0 为例，说明了定时器/计数器方式 0、方式 1、方式 2 的工作原理，T1 和 T0 的这三种方式是完全相同的。

（4）方式 3。方式 3 只适用于 T0，若 T1 设置为工作方式 3 时，则使 T1 停止计数。定时器 T0 工作于方式 3 时的逻辑结构如图 2-14 所示，T0 分为两个独立的 8 位计数器 TL0 和 TH0。TL0 使用 T0 的所有状态控制位 GATE、TR0、$\overline{INT0}$（P3.2）、T0（P3.4）、TF0 等，TL0 可以作为 8 位定时器或外部事件计数器，TL0 计数溢出时置"1"溢出标志 TF0，TL0 计数初值必须由软件每次设定。

TH0 被固定为一个 8 位定时器方式，并使用 T1 的状态控制位 TR1、TF1。一般情况

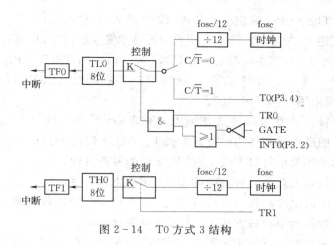

图 2-14 T0 方式 3 结构

下，只有当 T1 用于串行口的波特率发生器或不需要中断的场合，T0 才在需要时选工作方式 3，以增加一个计数器。这时 T1 的运行由方式来控制，方式 3 停止计数，方式 0～2 允许计数，计数溢出时并不置"1"标志 TF1。

**二、定时器/计数器 T2**

80C52 中有一个功能较强的定时器/计数器 T2，T2 和 T1、T0 一样，可用于定时或外部事件计数。它具有三种工作方式：捕捉方式、常数自动再装入方式和串行口的波特率发生器方式。

1. T2 的特殊功能寄存器

8052 中与 T2 相关的特殊功能寄存器有以下五个：TH2、TL2、RCAP2H、RCAP2L、T2CON。TH2、TL2 组成 16 位计数器，RCAP2H、RCAP2L 组成一个 16 位寄存器。在捕捉方式中，当外部输入 T2EX（P1.1）发生负跳变时，将 TH2、TL2 的当前计数值锁存到 RCAP2H、RCAP2L 中，在常数自动再装入方式中，RCAP2H、RCAP2L 作为 16 位计数初值常数寄存器。

T2CON 为 T2 的状态控制寄存器，其格式如下：

| D7 | D6 | D5 | D4 | D3 | D2 | D1 | D0 |
|------|------|------|------|-------|-----|-----------------|----------------------|
| TF2 | EXF2 | RCLK | TCLK | EXEN2 | TR2 | C/$\overline{T2}$ | CP/$\overline{RL2}$ |

定时器/计数器的工作方式由 T2CON 的 D0、D2、D4、D5 位控制，对应关系如表 2-9 所示。

表 2-9 定时器 T2 方式选择

| RCLK+TCLK | CP/$\overline{RL2}$ | TR2 | 工 作 方 式 |
|-----------|---------|-----|------------------|
| 0 | 0 | 1 | 16 位常数自动再装入方式 |
| 0 | 1 | 1 | 16 位捕捉方式 |
| 1 | × | 1 | 串行口波特率发生器方式 |
| × | × | 0 | 停止计数 |

TF2：T2 的溢出中断标志。在捕捉方式和常数自动再装入方式中，T2 加 1 计数溢出时，

23

置"1"中断标志 TF2，CPU 响应中断转向 T2 中断入口（002BH）时，并不清"0"TF2，TF2 必须由用户程序清"0"。当 T2 作为串行口波特率发生器时，TF2 不会被置"1"。

EXF2：定时器 T2 外部中断标志。EXEN2 为 1 时，当 T2EX（P1.1）发生负跳变时置"1"中断标志 EXF2，CPU 响应中断转 T2 中断入口（002BH）时，并不清"0"EXF2，EXF2 必须由用户程序清"0"。

TCLK：串行接口的发送时钟选择标志。TCLK＝1 时，T2 工作于波特率发生器方式，使定时器 T2 的溢出脉冲作为串行口方式 1、方式 3 的发送时钟。TCLK＝0 时，定时器 T1 的溢出脉冲作为串行口方式 1、方式 3 的发送时钟。

RCLK：串行接口的接收时钟选择标志位。RCLK＝1 时，T2 工作于波特率发生器方式，使定时器 T2 的溢出脉冲作为串行口方式 1、方式 3 的接收时钟，RCLK＝0 时，定时器 T1 的溢出脉冲作为串行口方式 1、方式 3 的接收时钟。

EXEN2：T2 的外部允许标志。T2 工作于捕捉方式，EXEN2 为 1 时，T2EX（P1.1）输入端发生高到低的跳变时，TL2 和 TH2 的当前值自动地捕捉到 RCAP2L 和 RCAP2H 中，同时还置"1"中断标志 EXF2；T2 工作于常数自动装入方式时，EXEN2 为 1 时，当 T2EX（P1.1）输入端发生高到低的跳变时，常数寄存器 RCAP2L，RCAP2H 的值自动装入 TL2、TH2，同时置"1"中断标志 EXF2，向 CPU 申请中断。EXEN2＝0 时，T2EX 输入电平的变化对定时器 T2 没有影响。

C/$\overline{\text{T2}}$：外部事件计数器/定时器选择位。C/$\overline{\text{T2}}$＝1 时，T2 为外部事件计数器，计数脉冲来自 T2（P1.0）；C/$\overline{\text{T2}}$＝0 时，T2 为定时器，振荡脉冲的十二分频信号作为计数信号。

TR2：T2 的计数控制位。TR2 为 1 时允许计数，为 0 时禁止计数。

CP/$\overline{\text{RL2}}$：捕捉和常数自动再装入方式选择位。CP/$\overline{\text{RL2}}$为 1 时工作于捕捉方式，CP/$\overline{\text{RL2}}$为 0 时 T2 工作于常数自动再装入方式。当 TCLK 或 RCLK 为 1 时 CP/$\overline{\text{RL2}}$被忽略，T2 总是工作于常数自动恢复的方式，常用来做波特率发生器。

2. T2 的工作方式

（1）常数自动再装入方式。T2 的 16 位常数自动再装入方式的逻辑结构如图 2－15 所示，这种方式主要用于定时。C/$\overline{\text{T2}}$为 0 时为定时方式，以振荡器的十二分频信号作为 T2 的计数信号；C/$\overline{\text{T2}}$为 1 时为外部事件计数方式，外部引脚 T2（P1.0）上的输入脉冲作为 T2 的计数信号。

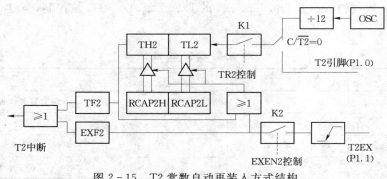

图 2－15　T2 常数自动再装入方式结构

TR2 置 "1" 后, T2 从初值开始加 1 计数, 计数溢出时将 RCAP2H、RCAP2L 中的计数初值常数自动再装入 TH2、TL2, 使 T2 从该初值开始重新加 1 计数, 同时置 "1" 溢出标志 TF2, 向 CPU 请求中断 (TF2 也可以由程序查询)。

当 EXEN2 为 1 时, 除上述功能外, 还有一个附加的功能。当 T2EX (P1.1) 引脚输入电平发生 "1" ～ "0" 跳变时, 也将 RCAP2H、RCAP2L 中常数重新装入到 TH2、TL2, 使 T2 重新从初值开始计数, 同时置 "1" 标志 EXF2, 向 CPU 请求中断。

T2 的 16 位常数自动再装入方式是一种高精度的 16 位定时器/计数器工作方式, 计数初值由初始化程序一次设定后, 在计数过程中不需要由软件再设定。若计数初值为 $a$, 则定时时间等于 $\dfrac{12}{fosc} * (2^{16} - a)$ μs。

（2）16 位捕捉方式。T2 的 16 位捕捉方式的逻辑结构如图 2 - 16 所示。16 位捕捉方式的计数脉冲也由 C/$\overline{T2}$ 选择, C/$\overline{T2}$ 为 0 时以振荡器的十二分频信号作为 T2 的计数信号, C/$\overline{T2}$ 为 1 时以 T2 (P1.0) 引脚上的输入脉冲作为 T2 的计数信号。置 "1" TR2 后, T2 从初值开始加 1 计数, 计数溢出时仅置 "1" 溢出标志 TF2, 而 RCAP2H、RCAP2L 的内容并不送至 TH2 和 TL2, T2 的计数初值必须由软件每次设定。

EXEN2 为 1 时除上述功能外, 另外有一个附加的功能: 当 T2EX (P1.1) 输入电平发生负跳变时, 将 TH2、TL2 的当前计数值锁存到 RCAP2H、RCAP2L, 并置 "1" 中断标志 EXF2, 向 CPU 请求中断。

T2 的 16 位捕捉方式主要用于测试外部事件的发生时间, 如可用于测试两路脉冲之间的频率关系或输入脉冲的频率、周期等。

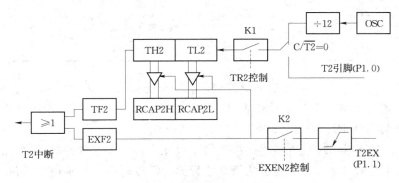

图 2 - 16 T2 捕捉方式结构

（3）串行口的波特率发生器方式。T2 的串行口波特率发生器方式将在串行接口一节详细讨论。

# 第五节 串 行 接 口

中央处理器 CPU 和外界的信息交换称为通信。通常有并行和串行两种通信方式, 数据的各位同时传送的称为并行通信, 数据一位一位串行地顺序传送的称为串行通信。

并行通信通过并行接口来实现, 如 MCS - 51 的 P1 口就是并行接口。串行通信通过串

25

行口来实现，MCS-51 有一个全双工的异步串行接口可以用于串行数据通信。

**一、串行接口的组成和特性**

MCS-51 的串行口是一个全双工的异步串行通信接口，可以同时发送和接收数据。串行口的内部有数据接收缓冲器和数据发送缓冲器。数据接收缓冲器只能读出不能写入，数据发送缓冲器只能写入不能读出，这两个数据缓冲器都用符号 SBUF 来表示，地址都是99H。CPU 对特殊功能寄存器 SBUF 执行写操作，就是将数据写入发送缓冲器；对 SBUF 读操作，就是读出接收缓冲器的内容。

特殊功能寄存器 SCON 存放串行口的控制和状态信息，串行口用定时器 T1 或 T2（8052）作为波特率发生器，特殊功能寄存器 PCON 的最高位 SMOD 为串行口波特率的倍率控制位。

1. 串行口控制寄存器 SCON

串行口控制寄存器 SCON 是一个特殊功能寄存器，地址为 98H，具有位寻址功能。其格式如下：

| SM0 | SM1 | SM2 | REN | TB8 | RB8 | TI | RI |
|-----|-----|-----|-----|-----|-----|-----|-----|

SM0、SM1：串行口的方式选择位。功能如表 2-10 所示。

表 2-10　　　　　　　　　　　　串行口四种工作方式

| SM0 | SM1 | 方式 | 功能 | 波特率 |
|-----|-----|------|------|--------|
| 0 | 0 | 0 | 移位寄存器方式，用于扩展并行 I/O | $fosc/12$ |
| 0 | 1 | 1 | 8 位通用异步接收器/发送器 | 可变 |
| 1 | 0 | 2 | 9 位通用异步接收器/发送器 | $fosc/64$ 或 $fosc/32$ |
| 1 | 1 | 3 | 9 位通用异步接收器/发送器 | 可变 |

SM2：允许方式 2 和 3 的多机通信控制位。对于方式 2 或 3，如 SM2 置为 1，则接收到的第 9 位数据（RB8）为 0 时不激活 RI。对于方式 1，如 SM2＝1，则只有接收到有效的停止位时才会激活 RI。对于方式 0，SM2 应该为 0。

REN：允许串行接收位。由软件置位"1"以允许接收。由软件清"0"来禁止接收。

TB8：对于方式 2 和 3，是发送的第 9 位数据。需要时由软件置位或复位。

RB8：对于方式 2 和 3，是接收到的第 9 位数据。对于方式 1，如 SM2＝0，RB8 是接收到的停止位。对于方式 0，不使用 RB8。

TI：发送中断标志。由硬件在方式 0 串行发送第 8 位结束时置位，或在其他方式串行发送停止位的开始时置位。必须由软件清"0"。

RI：接收中断标志。由硬件在方式 0 接收到第 8 位结束时置位，或在其他方式接收到停止位的中间时置位。必须由软件清"0"。

2. 电源控制寄存器 PCON

电源控制寄存器 PCON 格式如下：

| SMOD | — | — | — | GF1 | GF0 | PD | IDL |
|------|---|---|---|-----|-----|-----|-----|

PCON 的最高位是串行口波特率系数控制位 SMOD，当 SMOD 为 1 时使波特率加倍。PCON 的其他位为节电方式控制位（CHMOS 器件有效，详见节电方式一节）。

## 二、串行接口的工作方式

MCS－51 串行接口具有四种工作方式，我们主要从应用的角度讨论各种工作方式的功能特性和工作原理。

### 1. 方式 0

方式 0 是外接移位寄存器的工作方式，用以扩展 I/O 接口。输出时将发送数据缓冲器中的内容串行地移到外部的移位寄存器，输入时将外部移位寄存器内容移入内部的输入移位寄存器，然后写入内部的接收数据缓冲器。

在以方式 0 工作时数据由 RXD 串行地输入/输出，TXD 输出移位脉冲，使外部的移位寄存器移位。波特率固定为振荡器频率的 1/12。方式 0 时串行口简化的逻辑结构框图如图 2－17 所示。

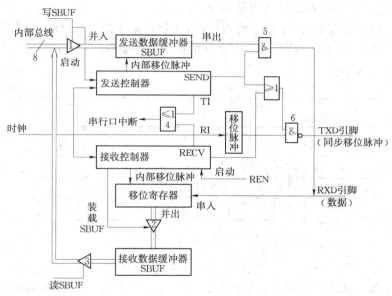

图 2－17 串行口方式 0 结构

（1）方式 0 输出。CPU 对发送数据缓冲器 SBUF 写入一个数据，就启动串行口发送，发送的时序如图 2－18 所示。

发送时，发送指令"写 SBUF"打开三态门 1，这样经内部总线送来的 8 位并行数据就可以写入发送数据缓冲器 SBUF。写信号同时启动发送控制器。经一个机器周期，发送控制端 SEND 有效，打开门 5 和门 6，允许 RXD 引脚向外发送数据，同时 TXD 引脚输出同步移位脉冲。在由时钟信号触发产生的内部移位脉冲作用下，发送数据缓冲器 SBUF 中待发送的数据逐位串行输出。因为每一个机器周期只能发送一位数据，故波特率为 $fosc/12$。外部时钟信号同时在 TXD 上产生同步移位脉冲，每一个机器周期从 TXD 上输出一个同步移位脉冲。一帧（8 位）数据发送完毕，SEND 恢复低电平，停止发送。且发送控制器硬件置发送中断标志 TI＝1。这时如果允许发送中断，则进入发送中断处理程序。如果

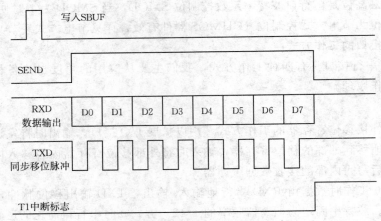

图 2-18 串行口方式 0 的发送时序

要再次发送数据，则必须在发送前用软件清 TI 为 0。

（2）方式 0 输入。当 RI＝0 时，将 REN 置 1 就启动了接收。此时 RXD 为串行数据接收端，TXD 依然输出同步移位脉冲。方式 0 的接收时序如图 2-19 所示。

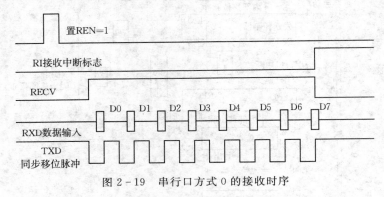

图 2-19 串行口方式 0 的接收时序

接收过程启动后，经过一个机器周期，接收控制端 RECV 有效，打开门 6，允许 TXD 输出同步移位脉冲。在同步移位脉冲的控制下，外设逐位的向单片机输送数据。因为仍然是一个机器周期输送一位数据，故波特率也不变，仍为 $fosc/12$。在内部移位脉冲控制下，RXD 上外设传入的串行数据逐位移入移位寄存器。当一帧（8 位）数据全部移入移位寄存器后，接收控制器使 RECV 失效，停止输出移位脉冲，发出"装载 SBUF"信号，打开三态门 2，将 8 位串行数据并行送入接收缓冲器 SBUF。同时，接收控制器硬件将 RI 置 1，向 CPU 申请中断。如果 CPU 允许串行口接收中断，则响应中断。一般来说，在接收中断处理程序中至少要做两件事，一是将 RI 清零，以备接收下一帧数据；二是将 SBUF 中接收到的数据移出。在执行读取 SBUF 指令后，CPU 发出"读 SBUF"信号，打开三态门 3，数据经内部总线进入 CPU。

2. 方式 1

串行口定义为方式 1 时，它是一个 8 位异步串行通信口，TXD 为数据输出线，RXD 为数据输入线。传送一帧信息的数据为 10 位：1 位起始位，8 位数据位（先低位后高位），

1位停止位。方式1的波特率由定时器 T1 或 T2（8052）的溢出率确定。方式1时串行口简化的逻辑结构框图如图 2－20 所示。

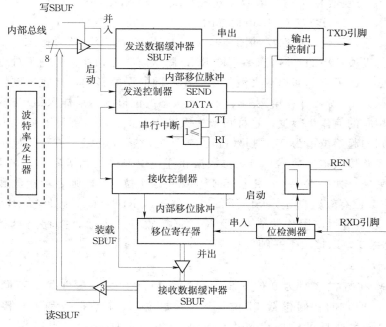

图 2－20 串行口方式 1、2、3 的结构

（1）方式 1 输出。CPU 执行一条写 SBUF 指令后便启动了串行口发送，其输入时序如图 2－21（a）所示。

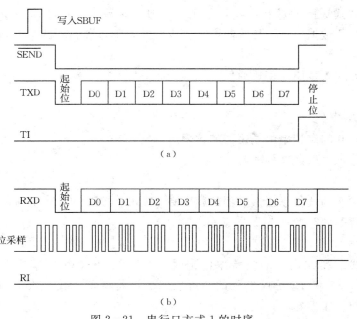

图 2－21 串行口方式 1 的时序

在指令执行期间，CPU 送来"写 SBUF"信号，将并行数据送入 SBUF，并启动发送控制器，经一个机器周期，发送控制器的 $\overline{\text{SEND}}$、DATA 相继有效，通过输出控制门从 TXD 上逐位输出一帧信号。一帧信号发送完毕后，$\overline{\text{SEND}}$、DATA 失效，发送控制器硬件置发送中断标志 TI＝1，向 CPU 申请中断。

（2）方式 1 输入。输入的时序如图 2-21（b）所示。当允许接收标志 REN＝1 时，接收器便以用户所设波特率的 16 倍速率采样 RXD 脚状态。在采样信号的负跳变时启动接收控制器接收数据。为了避免通信双方波特率微小不同的误差影响，接收控制器将一位数据的传送时间等分为 16 份，并在第 7、8、9 三个状态由位检测器采样 RXD 三次，取三次采样中至少两次相同的值作为数据。这样可以大大减少干扰影响，保证通信准确无误。

如果接收到的起始位不为 0，则起始位无效，复位接收电路，重新开始接收。接收到起始位 0 后，开始接收本帧数据，当 8 位数据和停止位都接收完毕后，如果 RI＝1，则接收的数据将会丢失。如果 RI＝0，并且 SM2＝0 或停止位为 1，则表示接收数据有效，开始装载 SBUF，8 位有效数据送入 SBUF，停止位送入 RB8，同时硬件置 RI＝1，向 CPU 申请中断，TI 必须由用户用软件清 0。无论数据接收有效无效，接收控制器将再次采样 RXD 引脚的负跳变，以接收下一帧信息。

3. 方式 2 和方式 3

串行口工作在方式 2 时为 9 位异步串行通信口。方式 2 与方式 1 不同的是，它的数据是 9 位的，即它的一帧包括 11 位，1 个开始位，9 个数据位和 1 个停止位。其中第 9 位（即 D8）数据是可由用户编程的，可用来作奇偶校验，也可用来作地址数据标志位。

当 SM0＝1、SM1＝1 时，串行口工作在方式 3。方式 3 与方式 2 极其接近，它们之间唯一的差别在于波特率不同。方式 2 是波特率固定的，而方式 3 的波特率是可变的。

方式 2 和方式 3 的发送和接收与方式 1 相似，只是发送时将 SCON 寄存器中的 TB8 取出，作为第 9 位数据发送；接收时，若接收有效，则将接收到的第 9 位数据送到 SCON 的 RB8 保存。

方式 2 和方式 3 多用于多机通信。

**三、波特率**

1. 方式 0 波特率

串行口方式 0 的波特率由振荡器的频率所确定：

方式 0 波特率＝振荡器频率/12

2. 方式 2 波特率

串行口方式 2 的波特率由振荡器的频率和 SMOD（PCON.7）所确定：

方式 2 波特率＝$2^{\text{SMOD}}$×振荡器频率/64

3. 方式 1 和方式 3 的波特率

串行口方式 1 和方式 3 的波特率由定时器 T1 或 T2（8052 等单片机）的溢出率和 SMOD 所确定。T1 和 T2 是可编程的，可以选的波特率范围比较大，因此串行口方式 1 和 3 是最常用的工作方式。

（1）用定时器 T1 产生波特率。当定时器 T1 作为串行口的波特率发生器时，串行口方式 1 和 3 的波特率由下式确定：

方式 1 和 3 波特率＝$2^{SMOD}$×（T1 溢出率）/32

定时器 T1 作波特率发生器时，应禁止 T1 中断。通常 T1 工作于定时方式（$C/\overline{T}=0$），计数脉冲为振荡器的十二分频信号。也可以选择外部 T1（P3.5）上的输入脉冲作为 T1 计数信号（$C/\overline{T}=1$）。T1 的溢出率又和它的工作方式有关，一般选方式 2 定时，此时波特率的计算公式为：

方式 1 和方式 3 波特率＝$2^{SMOD}$×振荡器频率/｛32×12［256－（TH1）］｝

（2）用定时器 T2 产生波特率。8052 等单片机内的定时器 T2 也可以作为串行口的波特率发生器，置位 T2CON 中的 TCLK 或 RCLK 位，T2 就工作于串行口的波特率发生器方式。这时 T2 的逻辑结构框图如图 2－22 所示。

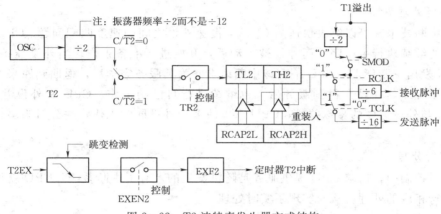

图 2－22　T2 波特率发生器方式结构

T2 的波特率发生器方式和计数初值常数自动再装入方式相似，若 $C/\overline{T2}=0$，以振荡器的二分频信号作为 T2 的计数脉冲，$C/\overline{T2}=1$ 时，计数脉冲是外部引脚 T2（P1.0）上的输入信号。T2 作为波特率发生器时，当 TH2 计数溢出时，将 RCAP2H 和 RCAP2L 中常数自动装入 TH2、TL2，使 T2 从这个初值开始计数，但是并不置"1" TF2，RCAP2H 和 RCAP2L 中的常数由软件设定后，T2 的溢出率是严格不变的，因而使串行口方式 1 和 3 的波特率非常稳定，其值为：

方式 1 和 3 波特率＝振荡器频率/32［65536－（RCAP2H）（RCAP2L）］

T2 工作于波特率发生器方式时，计数溢出时不会置"1" TF2，不向 CPU 请求中断，因此可以不必禁止 T2 的中断。如果 EXEN2 为 1，当 T2EX（P1.1）上输入电平发生"1"至"0"的负跳变时，也不会引起 RCAP2H 和 RCAP2L 中的常数装入 TH2、TL2，仅仅置位 EXF2，向 CPU 请求中断，因此 T2EX 可以作为一个外部中断源使用。

在 T2 计数过程中（TR2＝1）不应该对 TH2、TL2 进行读/写。如果读，则读出结果不会精确（因为每个状态加 1）；如果写，则会影响 T2 的溢出率使波特率不稳定。在 T2 的计数过程中可以对 RCAP2H 和 RCAP2L 进行读但不能写，如果写也将使波特率不稳定。因此，在初始化中，应先对 TH2、TL2、RCAP2H、RCAP2L 初始化编程以后才置"1" TR2，启动 T2 计数。

# 第六节 中 断 系 统

## 一、中断概念

现代的计算机都具有实时处理功能，能对外界异步发生的事件作出及时的处理，这是依靠它们的中断来实现的。所谓中断是指中央处理器 CPU 正在处理某件事情的时候，外部发生了某一事件（如定时器计数溢出），请求 CPU 迅速去处理，CPU 暂时中断当前的工作，转入处理所发生的事件，处理完以后，再回到原来被中断的地方，继续原来的工作，这样的过程称为中断。

引入中断技术能实现主要功能如下。

### 1. 并行处理

有了中断技术，可以解决快速的 CPU 与慢速外设之间的速度匹配问题。CPU 在启动外设后，便继续执行主程序；而外设被启动后，开始进行准备工作。当外设准备就绪时，就向 CPU 发出中断请求，CPU 响应该中断请求并为其服务完毕后，返回到原来的断点处继续执行主程序。外设在得到服务后，也继续进行自己的工作。CPU 和外设并行工作，由于 CPU 与外设速度的悬殊差异，CPU 可以使多个外设同时工作，并分时为多台外设提供服务。

### 2. 实时处理

在实时控制中，请求 CPU 提供服务是随机发生的。有了中断系统，CPU 就可以立即响应并进行相应的处理。从而实现了实时处理。

### 3. 故障处理

计算机系统工作时会出现一些突发故障，如电源断电、存储器出错、运算溢出等。有了中断系统，当出现故障时，CPU 可及时转去执行故障处理程序，自行处理故障而不必停机。

总之，随着计算机软硬件技术的发展，中断技术也在不断发展之中，其功能也会更加丰富。中断已成为评价计算机整体性能的一项重要指标。

## 二、中断系统

MCS-51 中不同型号单片机的中断源数量是不同的，最典型的 8051 单片机有 5 个中断源，具有 2 个中断优先级，可以实现二级中断服务程序嵌套。每一个中断源可以编程为高优先级或低优先级中断，允许或禁止向 CPU 请求中断。与中断系统有关的特殊功能寄存器有中断允许寄存器 IE、中断优先级控制寄存器 IP、中断源寄存器（TCON，SCON中有关位）。MCS-51 基本的中断系统结构如图 2-23 所示。

### 1. 中断源

MCS-51 中典型的 8051 单片机有 5 个中断源：两个是 $\overline{INT0}$，$\overline{INT1}$（P3.2，P3.3）上输入的外部中断源；3 个内部的中断源，它们是定时器/计数器 T0、T1 的溢出中断源和串行口的发送接收中断源，8052 等单片机增加了一个定时器 T2 的中断。这些中断源分别锁存在 TCON，SCON，T2CON 的相应位中。

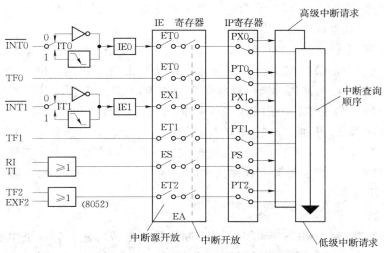

图 2-23　MCS-51 中断系统结构

（1）外部中断源。$\overline{INT0}$，$\overline{INT1}$ 上输入的两个外部中断源和它们的触发方式控制位锁存在特殊功能寄存器 TCON 的低 4 位，TCON 的高 4 位为 T0、T1 的运行控制位和溢出标志位，其格式如下：

| TF1 | | TF0 | | IE1 | IT1 | IE0 | IT0 |
| --- | --- | --- | --- | --- | --- | --- | --- |

IE1：外部中断 1（$\overline{INT1}$，P3.3）的中断请求标志。当检测到外部中断引脚 P3.3 上存在有效的中断请求信号时，由硬件使 IE1 置 1，当 CPU 响应该中断请求时，由硬件使 IE1 清 "0"。

IT1：外部中断源 1 触发方式控制位。IT1=0，外部中断 1 程控为电平触发方式，当 $\overline{INT1}$（P3.3）输入低电平时，置位 IE1。CPU 在每一个机器周期的 S5P2 采样 $\overline{INT1}$（P3.3）的输入电平，当采样到低电平时，置 "1" IE1，采样到高电平时清 "0" IE1。采用电平触发方式时，外部中断源（输入到 $\overline{INT1}$）必须保持低电平有效，直到该中断被 CPU 响应，同时在该中断服务程序执行完之前，外部中断源必须被清除，否则将产生另一次中断；IT1=1，外部中断 1 程控为边沿触发方式，CPU 在每一个机器周期的 S5P2 采样 $\overline{INT1}$（P3.3）的输入电平。如果相继的两次采样，一个周期中采样到 $\overline{INT1}$ 为高电平，接着的下个周期中采样到 $\overline{INT1}$ 为低电平，则置 "1" IE1。IE1 为 1，表示外部中断 1 正在向 CPU 申请中断，直到该中断被 CPU 响应时，才由硬件清 "0"。因为每个机器周期采样一次外部中断输入电平，因此，采用边沿触发方式时，外部中断源输入的高电平和低电平时间必须保持 12 个振荡周期以上，才能保证 CPU 检测到高到低的负跳变。

IE0：外部中断 0（$\overline{INT0}$，P3.2）的中断请求标志。其含义与 IE1 同。

IT0：外部中断源 0 触发方式控制位。其功能与 IT1 相同。

（2）内部中断源。定时器/计数器 T0 的溢出中断 TF0（TCON.5）：T0 被允许计数以后，从初值开始加 1 计数，当产生溢出时置 "1" TF0，向 CPU 请求中断，一直保持到 CPU 响应该中断时才由内部硬件清 "0"（也可以由查询程序清 "0"）。

定时器/计数器 T1 的溢出中断 TF1（TCON.7）：T1 被允许计数以后，从初值开始加

1 计数，当产生溢出时置"1" TF1，向 CPU 请求中断，一直保持到 CPU 响应该中断时才由内部硬件清"0"（也可以由查询程序清"0"）。

串行口中断：串行口的接收中断 RI（SCON.0）和发送中断 TI（SCON.1）逻辑或以后作为内部的一个中断源。当串行口发送完一个字符由内部硬件置位发送中断标志 TI，接收到一个字符后也由内部硬件置位接收中断标志 RI。应该注意，CPU 响应串行口的中断时，并不清"0" TI 和 RI 中断标志，TI 和 RI 必须由软件清"0"。

定时器/计数器 T2 中断：8052 等单片机内的 T2 有 2 个中断标志 TF2（T2CON.7）和 EXF2（T2CON.6）。这两个中断标志逻辑或以后作为内部的一个中断源。这两个中断标志由内部硬件置"1"，也必须由软件清"0"，因为 CPU 响应 T2 的中断请求时并不清"0" TF2 和 EXF2。

2. 中断控制

（1）中断使能控制。MCS - 51CPU 对中断源的开放或屏蔽，每一个中断源是否被允许中断，是由内部的中断允许寄存器 IE（IE 为特殊功能寄存器，它的字节地址为 A8H）控制的，其格式如下：

| EA | — | ET2 | ES | ET1 | EX1 | ET0 | EX0 |
| --- | --- | --- | --- | --- | --- | --- | --- |

EA：CPU 的中断开放标志。EA＝1，CPU 开放中断；EA＝0，CPU 屏蔽所有的中断申请。

ES：串行口中断允许位。ES＝1，允许串行口中断；ES＝0，禁止串行口中断。

ET1：定时器/计数器 T1 的溢出中断允许位。ET1＝1，允许 T1 中断；ET1＝0，禁止 T1 中断。

EX1：外部中断 1 中断允许位。EX1＝1，允许外部中断 1 中断；EX1＝0，禁止外部中断 1 中断。

ET0：T0 的溢出中断允许位。ET0＝1，允许 T0 中断；ET0＝0，禁止 T0 中断。

EX0：外部中断 0 中断允许位。EX0＝1，允许中断；EX0＝0，禁止中断。

ET2：定时器/计数器 T2 的溢出中断允许位。ET2＝1，允许 T2 中断；ET2＝0，禁止 T2 中断。对于 8051 等内部没有 T2 的单片机，是没有 IE.5 位的。

（2）中断优先级控制。MCS - 51 有两个中断优先级，每一中断请求源可编程为高优先级中断或低优先级中断，实现二级中断嵌套。一个正在被执行的低优先级中断服务程序能被高优先级中断所中断，但不能被另一个同级的或低优先级中断源所中断。若 CPU 正在执行高优先级的中断服务程序，则不能被任何中断源所中断，一直执行到结束，遇到返回指令 RETI，返回主程序后再执行一条指令才能响应新的中断源申请。为了实现上述功能，MCS - 51 的中断系统有两个不可寻址的优先级状态触发器，一个指出 CPU 是否正在执行高优先级中断服务程序，另一个指出 CPU 是否正在执行低级中断服务程序。这两个触发器的 1 状态分别屏蔽所有的中断申请和同一优先级的其他中断源申请。另外，MCS - 51 的片内有一个中断优先级寄存器 IP（IP 为特殊功能寄存器，它的字节地址为 B8H），其格式如下：

| — | — | PT2 | PS | PT1 | PX1 | PT0 | PX0 |
| --- | --- | --- | --- | --- | --- | --- | --- |

PS：串行口中断优先级控制位。PS＝1，串行口中断定义为高优先级中断；PS＝0，串行口中断定义为低优先级中断。

PT1：定时器 T1 中断优先级控制位。PT1＝1，定时器 T1 定义为高优先级中断；PT1＝0，定时器 T1 中断定义为低优先级中断。

PX1：外部中断 1 中断优先级控制位。PX1＝1，外部中断 1 定义为高优先级中断；PX1＝0，外部中断 1 中断为低优先级中断。

PT0：定时器 T0 中断优先级控制位。PT0＝1，定时器 T0 中断定义为高优先级中断；PT0＝0，定时器 T0 中断定义为低优先级中断。

PX0：外部中断 0 中断优先级控制位。PX0＝1，外部中断 0 定义为高优先级中断；PX0＝0，外部中断 0 中断为低优先级中断。

PT2：定时器/计数器 T2 的中断优先级控制位。PT2＝1，T2 中断为高优先级中断；PT2＝0，T2 为低优先级中断。对于 8051 等内部没有 T2 的单片机，IP.5 是没有的。

在 CPU 接收到同样优先级的几个中断请求源时，一个内部的硬件查询序列确定优先服务于哪一个中断申请，这样在同一个优先级里，由查询顺序确定了优先级结构，其优先级别排列如下：

| 中断源 | 中断优先级 |
| --- | --- |
| 外部中断 0 | 最高 |
| 定时器 T0 中断 | |
| 外部中断 1 | |
| 定时器 T1 中断 | |
| 串行口中断 | |
| T2 中断 | 最低 |

MCS-51 复位以后，特殊功能寄存器 IE、IP 的内容均为 0，由初始化程序对 IE、IP 编程，以开放中央处理器 CPU 中断、允许某些中断源中断和改变中断的优先级。

3. 中断响应过程

MCS-51 的 CPU 在每一个机器周期顺序检查每一个中断源。在机器周期的 S6 采样并按优先级处理所有被激活的中断请求，如果没有被下述条件所阻止，将在下一个机器周期的状态 S1 响应激活最高级中断请求。

（1）CPU 正在处理相同的或更高优先级的中断。

（2）现行的机器周期不是所执行指令的最后一个机器周期。

（3）正在执行的指令是中断返回指令（RETI）或者是对 IE、IP 的写操作指令（执行这些指令后至少再执行一条指令后才会响应中断）。

如果上述条件中有一个存在，CPU 将丢弃中断查询的结果；若一个条件也不存在，将在紧接着的下一个机器周期执行中断查询的结果。

CPU 响应中断时，先置位相应的优先级状态触发器（该触发器指出 CPU 开始处理的中断优先级别），然后执行一条硬件子程序调用，使控制转移到相应的入口，清"0"中断请求源申请标志（TI 和 RI 除外）。接着把程序计数器的内容压入堆栈（但不保护 PSW），将被响应的中断服务程序的入口地址送程序计数器 PC，各中断源服务程序的入口地址为：

| 中断源 | 入口地址 |
|--------|----------|
| 外部中断 0 | 0003H |
| 定时器 T0 | 000BH |
| 外部中断 1 | 0013H |
| 定时器 T1 | 001BH |
| 串行口中断 | 0023H |
| 定时器 T2 | 002BH |

通常在中断入口，安排一条相应的跳转指令，以跳到用户设计的中断处理程序入口。

CPU 执行中断处理程序一直到 RETI 指令为止。RETI 指令是表示中断服务程序的结束，CPU 执行完这条指令后，清"0"响应中断时所置位的优先级状态触发器，然后从堆栈中弹出顶上的两个字节到程序计数器 PC，CPU 从原来被打断处重新执行被中断的程序。由此可见，用户的中断服务程序末尾必须安排一条返回指令 RETI，CPU 现场的保护和恢复必须由用户的中断服务程序实现。

4. 外部中断响应时间

$\overline{INT0}$ 和 $\overline{INT1}$ 电平在每一个机器周期的 S5P2 被采样并锁存到 IE0，IE1 中，这个新置入的 IE0，IE1 状态等到下一个机器周期才被查询电路查询到。如果中断被激活，并且满足响应条件，CPU 接着执行一条硬件子程序调用指令以转到相应的服务程序入口，该调用指令本身需两个机器周期。这样，在产生外部中断请求到开始执行中断服务程序的第一条指令之间，最少需要三个完整的机器周期。

如果中断请求被前面列出的三个条件之一所阻止，则需要更长的响应时间。如果已经在处理同级或更高级中断，额外的等待时间明显地取决于别的中断服务程序的处理过程。如果正在处理的指令没有执行到最后的机器周期，所需的额外等待时间不会多于 3 个机器周期，因为最长的指令（乘法指令 MUL 和除法指令 DIV）也只有 4 个机器周期，如果正在执行的指令为 RETI 或访问 IE，IP 的指令，额外的等待时间不会多于 5 个机器周期，最多需一个周期完成正在处理的指令，完成下一条指令（设 MUL 或 DIV）的 4 个机器周期。这样，在一个单一中断的系统里，外部中断响应时间总是在 3～8 个机器周期。

三、多外部中断源设计

MCS-51 一般为用户提供两个外部中断请求输入线，在有些应用系统中，外部的中断请求源不止于两个，因此有必要对外部中断进行扩展。

1. 定时器中断作为外部中断

MCS-51 的定时器/计数器 T0、T1 工作于计数器工作方式，而 P3.4（T0）或 P3.5（T1）上发生负跳变时 T0 或 T1 加 1。利用这个特性，我们可以把 P3.4，P3.5 作为外部中断请求输入线，而定时器的溢出标志 TF0、TF1 当作外部中断请求标志。

以 T0 为例，说明这种方法的设计。将 T0 编程为方式 2（自动恢复常数的 8 位计数器），外部事件计数方式，TH0、TL0 的初值设置为 0FFH，并允许 T0 中断。当连接在 P3.4 上的外部中断请求输入线电平发生负跳变时，TL0 加 1 计数并产生溢出，置"1" TF0 向 CPU 请求中断，同时将 TH0 中的常数 0FFH 送 TL0。这样，P3.4 上电平每次发生负跳变时，都会置"1" TF0 向 CPU 请求中断，P3.4 就相当于边沿触发的外部中断请求输入线。

2. 多个外部中断源逻辑或输入

这是一种中断和软件查询结合方法，如图 2-24 所示。四个外部中断源通过一个或非门电路产生对 8032 单片机的中断请求信号 $\overline{INT0}$。无论哪个外部中断源提出中断请求，都会使 $\overline{INT0}$ 引脚变低，从而向 8032 单片机申请中断。然而，究竟是哪个外部中断源引起的中断，可在进入 0003H 中断服务程序入口后通过软件查询 P1.7～P1.4 引脚上电平获知。

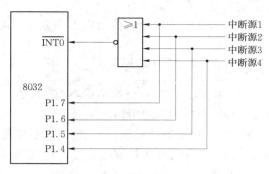

图 2-24　多外部中断源扩展

# 第七节　节　电　方　式

MCS-51 单片机中，有 HMOS 和 CHMOS 两种工艺芯片。HMOS 芯片本身运行功耗大，不宜使用在低功耗应用系统中。但为了减少应用系统功耗，设置了掉电操作方式，即在正常运行时，单片机片内的 RAM 由主电源 $V_{CC}$ 供电，当 RST/VPD 引脚端的电压超过 $V_{CC}$（掉电）时，内部 RAM 将改为 RST/VPD 端的电源供电。若 RST/VPD 接有备用电源，则当 $V_{CC}$ 掉电时，此备用电源可维持内部 RAM 中数据不丢失。当电源 VCC 恢复供电时，只要 VPD 上的电压保持足够长的时间，待 $V_{CC}$ 完成加电复位操作后，单片机系统就可重新开始正常运行。

CHMOS 型单片机运行时耗电省，而且还提供两种节电工作方式——待机方式和掉电方式，以进一步降低功耗，它们特别适用于电源功耗要求很低的应用场合，这类应用系统往往是直流供电或停电时依靠备用电源供电，以维持系统的持续工作。待机方式和掉电方式的内部控制电路如图 2-25 所示。

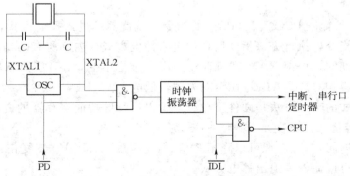

图 2-25　待机和掉电方式控制电路

CHMOS 型单片机的工作电源和后备电源加在同一个引脚 $V_{CC}$，正常工作时电流为 11～20mA，待机状态时为 1.7～5mA，掉电状态时为 5～50μA。在待机方式中，振荡器保持工作，时钟脉冲继续输出到中断、串行口、定时器等功能部件，使它们继续工作，但时钟脉冲不再送到 CPU，因而 CPU 停止工作。在掉电方式中，振荡器工作停止，单片机内部所有的功能部件停止工作。

CHMOS 型单片机的节电工作方式是由特殊功能寄存器 PCON 控制的，PCON 的格式如下：

| SMOD | — | — | — | GF1 | GF0 | PD | IDL |
|------|---|---|---|-----|-----|----|----|

SMOD：串行口波特率倍率控制位。

GF1、GF0：通用标志位。

PD：掉电方式控制位。置"1"后使器件进入掉电方式。

IDL：待机方式控制位。置"1"后使器件进入待机方式。

PCON. 4～PCON. 6 为保留位，对于 HMOS 型单片机仅 SMOD 位有效。当 IDL 和 PD 同时置"1"时，则器件先进入掉电方式。

## 一、待机方式

CPU 执行一条置"1"PCON. 0（IDL）的指令，就使它进入待机方式状态，该指令是 CPU 执行的最后一条指令，这条指令执行完以后 CPU 停止工作。进入待机方式以后，中断、串行口和定时器继续工作。CPU 现场（栈指针 SP、程序计数器 PC、程序状态字 PSW、累加器 ACC 等）、内部 RAM 和其他特殊功能寄存器内容维持不变，引脚保持进入待机方式时的状态，ALE 和 $\overline{PSEN}$ 保持逻辑高电平。

进入待机方式以后，有两种方法使器件退出待机方式：

（1）中断退出。由于在待机工作方式下，中断系统仍可工作。因此，任何允许中断请求变为有效时，均使硬件清"0"PCON. 0（IDL），中止待机方式，CPU 响应中断，执行中断服务程序，中断处理完以后，从激活待机方式指令的下一条指令开始继续执行程序。

（2）硬件复位退出。因为待机方式中振荡器在工作，所以仅需两个机器周期便完成复位。应用时需注意，激活待机方式的下一条指令不应是对口的操作指令和对外部 RAM 的写指令，以防止硬件复位过程中对外部 RAM 的误操作。

## 二、掉电方式

CPU 执行一条置位 PCON. 1（PD）的指令，就使器件进入掉电方式，该指令是 CPU 执行的最后一条指令，执行完该指令后，便进入掉电方式，内部所有的功能部件都停止工作。在掉电方式期间，内部 RAM 和寄存器的内容维持不变，I/O 引脚状态和相关的特殊功能寄存器的内容相对应。ALE 和 $\overline{PSEN}$ 为逻辑低电平。

退出掉电方式的唯一方法是硬件复位。复位以后特殊功能寄存器的内容被初始化，但 RAM 单元的内容仍保持不变。

在掉电方式期间，$V_{CC}$ 电源可以降至 2V，但应注意只有当 $V_{CC}$ 恢复正常值（5V）并经过一段时间后才可以使器件退出掉电方式。

## 习　　题

1. 8051 单片机芯片包含哪些主要逻辑功能部件？各有什么主要功能？

2. MCS-51 单片机有哪些信号需要芯片引脚以第二功能的方式提供？

3. 程序计数器（PC）作为不可寻址寄存器，它有哪些特点？

4. 振荡周期、时钟周期、机器周期、指令周期的含义是什么？

5. 内部 RAM 低 128 单元划分为哪三个主要部分？各部分主要功能是什么？

6. 堆栈有哪些功能？堆栈指示器（SP）的作用是什么？在程序设计时，为什么还要对 SP 重新赋值？

7. 当单片机外部扩展数据存储器 RAM 的程序存储器 ROM 时，P0 口、P1 口、P2 口、P3 口各起何作用？

8. 8051 定时器作定时和计数时其计数脉冲分别由谁提供？

9. 8051 定时器的门控信号 GATE 设置为 1 时，定时器如何启动？

10. MCS - 51 串行口有几种工作方式？有几种帧格式？各工作方式的波特率如何确定？

11. MCS - 51 单片机有几个中断源？各中断标志是如何产生的？又如何清"0"的？CPU 响应中断时，它们的中断矢量地址分别是多少？

12. MCS - 51 中断响应时间是否固定不变？为什么？

13. 80C51 中的掉电方式和待机方式有何区别？

# 第三章　MCS - 51 指 令 系 统

计算机的指令系统是一套控制计算机操作的编码，称为机器语言。计算机只能识别和执行由机器语言编写成的指令。为了容易为人们所理解，便于记忆和使用，通常用符号指令（即汇编语言指令）来描述计算机的指令系统。各种类型的计算机都有相应的汇编程序，能将汇编语言指令汇编成机器语言指令。这一章采用 Intel 公司的标准格式汇编指令来分析 MCS - 51 指令系统的功能和使用方法。

## 第一节　指 令 系 统 概 述

### 一、指令类型

MCS - 51 汇编语言有 42 种操作码助记符用来描述 33 种操作功能。一种操作可以使用一种以上数据类型，又由于助记符也定义所访问的存储器空间，所以一种功能可能有几个助记符（如 MOV、MOVX、MOVC）。功能助记符与寻址方式组合，得到 111 种指令。如果按字节数分类，则有 49 条单字节指令、45 条双字节指令和 17 条 3 字节指令。若按指令执行时间分类，就有 64 条单周期指令、45 条双周期指令、两条（乘、除）4 周期指令。可见 MCS - 51 指令系统具有存储效率高、执行速度快的特点。

按功能分类，MCS - 51 指令系统可分为数据传送指令、算术运算指令、逻辑运算指令、位操作指令、控制转移指令。

### 二、指令格式

MCS - 51 汇编指令由操作码助记符字段和操作数字段所组成。指令格式如下：

操作码　［操作数 1］，［操作数 2］，［操作数 3］

第一部分为指令操作码助记符，表示指令进行何种操作。它由 2～5 个英文字母所组成，如 JB、MOV、CJNE、LCALL 等。

第二部分为操作数，指出了参加操作的数据或数据存放的地址。它以一个或几个空格和操作码隔开，根据指令功能的不同，数可以有 1、2、3 个或者没有（如空操作指令）。操作数之间以逗号"，"分开。

### 三、伪指令

标准的 MCS - 51 汇编程序（如 Intel 公司的 ASM51）还定义许多伪指令供用户使用，伪指令也称为汇编命令，大多数伪指令汇编时不产生机器语言指令，仅提供汇编控制信息。以下介绍几条最常用的伪指令。

1. 定位伪指令

ORG　m

m 为十进制或十六进制数。m 指出在该伪指令后的指令的汇编地址，即生成的机器指令起始存储器地址。在一个汇编语言源程序中允许使用多条定位伪指令，但其值应和前面生成的机器指令存放地址不重叠。

2. 定义字节伪指令

DB　X1,X2,…,Xn

Xi 为单字节数据，它为十进制或十六进制数，也可以为一个表达式。Xi 也可以为由两个单引号"ʹ"所括起来的一个字符串，这时 Xi 定义的字节长度等于字符串的长度，每一个字符为一个 ASCII 码。

该伪指令把 X1，X2，…，Xn 送目标程序存储器，通常用于定义一个常数表。

3. 字定义伪指令

DW　Y1,Y2,…,Yn

Yi 为双字节数据，它可以为十进制或十六进制的数，也可以为一个表达式。该伪指令把 Y1，Y2，…，Yn 送目标程序存储器，经常用于定义一个地址表。

4. 汇编结束伪指令

END

该伪指令指出结束汇编，即使后面还有指令，汇编程序也不作处理。

5. 标号和注释

汇编程序允许用户在源程序中使用标号和注释。

标号加在指令之前，标号必须以字母开始，后跟 1～8 个字母或数字，并以冒号"："结尾，用户定义的标号不能和汇编保留符号（包括指令操作码助记符以及寄存器名等）重复。标号的值是它后面的指令存储地址。

注释是用户对某一条指令或某一段程序的功能说明，它必须以分号"；"开始，如果一行写不下，可以另起一行，但都必须以分号"；"开始。下面为含有标号和注释的程序行：

标号：操作码　　［操作数 1］，［操作数 2］，［操作数 3］；注释

## 四、常用的缩写符号

在描述 MCS-51 指令系统的功能时，经常使用下面的缩写符号，其意义如下：

| | |
|---|---|
| A | 累加器 ACC |
| AB | 累加器 ACC 和寄存器 B 组成的寄存器对 |
| C | 进位标志位 CY，也是位操作指令中的位累加器 |
| Rn | 表示当前选中的通用寄存器 R0～R7（n=0～7） |
| Ri | 表示通用寄存器中可用作 8 位地址指针的 R0 和 R1（i=0，1） |
| direct | 直接地址，取值为 00～0FFH |
| #data | 立即数，表示一个常数 |
| @ | 间接寻址 |
| addr | 表示外部数据存储器的地址 |
| bit | 表示内部 RAM 或特殊功能寄存器中的直接位地址 |
| × | 寄存器 |

(×)　　　　寄存器内容

((×))　　　由 X 寄存器寻址的存储器单元内容

$\overline{(×)}$　　　寄存器的内容取反

rrr　　　　指令编码中 rrr 三位值由工作寄存器 Rn 确定，R0～R7 对应 rrr 为 000～111

$　　　　　指本条指令起始地址

rel　　　　相对偏移量，其值为 -128～+127

# 第二节　寻　址　方　式

指令的一个重要组成部分是操作数，指令给出参与运算的数据的方式称为寻址方式。

## 一、寄存器寻址

由指令指出某一个寄存器的内容作为操作数，这种寻址方式称为寄存器寻址。

寻址空间：R0～R7

　　　　　A、B、C、AB、DPTR

例如指令：

INC　R0　　　　；(R0) +1→R0

其功能为对 R0 进行操作，使其内容加 1。

## 二、直接寻址

在指令中含有操作数的直接地址，该地址指出了参与运算或传送的数据所在的字节单元或位的地址。

直接寻址方式访问以下三种存储空间：

(1) 特殊功能寄存器（特殊功能寄存器只能用直接寻址方式访问）。

(2) 内部数据存储器的低 128 字节。

(3) 位地址空间。

例如指令：

ANL　70H，♯48H　　　；(70H)∧48H→70H

其功能是把内部 RAM 中 70H 单元的内容和常数 48H 逻辑与后，结果写入 70H 单元。

## 三、寄存器间接寻址

由指令指出某一个寄存器的内容作为操作数的地址，这种寻址方式称为寄存器间接寻址（特别应注意寄存器的内容不是操作数，而是操作数所在的存储器地址）。

寄存器间接寻址使用所选定的寄存器区中 R0 或 R1 作地址指针（对堆栈操作指令用栈指针 SP）来寻址内部 RAM（00～0FFH）。寄存器间接寻址也适用于访问外部扩展的数据存储器，用 R0、R1 或 DPTR 作为地址指针。寄存器间接寻址用符号@表示。

寻址空间：内部 RAM（@R0、@R1、SP）

　　　　　外部数据存储器（@R0、@R1、@DPTR）

例如指令：

ANL　A，@R0　　　　；(A)∧((R0))→A

其功能为 R0 所指出的内部 RAM 单元内容和累加器 A 的内容进行逻辑与，结果送累加器 A。

**四、立即寻址**

立即寻址方式中操作数包含在指令字节中，即操作数以指令字节的形式存放于程序存储器中。

例如指令：

MOV A，#70H

其功能为把常数 70H 传送到累加器 A。

**五、基寄存器加变址寄存器间接寻址**

这种寻址方式以 16 位的程序计数器 PC 或数据指针 DPTR 作为基寄存器，以 8 位的累加器 A 作为变址寄存器。基寄存器和变址寄存器的内容相加形成 16 位的地址，该地址即为操作数的地址。

寻址空间：程序存储器（@A+PC、@A+DPTR）

例如指令：

MOVC A,@A+PC ;((A)+(PC))→A

MOVC A,@A+DPTR ;((A)+(DPTR))→A

**六、相对寻址**

相对寻址方式是为实现程序的相对转移而设计的，为相对转移指令所采用。

在相对寻址的转移指令中，给出了地址偏移量（在 MCS-51 指令中以 rel 表示），把 PC 的当前值加上偏移量就构成了程序转移目的地址。但这里的 PC 当前值是指执行完该转移指令后的 PC 值，即转移指令的 PC 值加上它的字节数。因此转移的目的地址可用如下公式表示：

目的地址：转移指令地址+转移指令字节数+rel

在 MCS-51 指令系统中，有多条相对转移指令，这些指令多数为二字节指令，但也有个别为三字节的。偏移量 rel 是一个带符号的 8 位二进制补码数。所能表示的数的范围是-128～+127，因此相对转移是以相对转移指令所在地址为基点，向前最大可转移（127+转移指令字节数）个单元地址，向后最大可转移（128-转移指令字节数）个单元地址。

MCS-51 有五个存储器空间，且多数从零地址开始编址：

程序存储器空间              0000H～0FFFFH

内部 RAM 空间               00H～0FFH

特殊功能寄存器空间          80H～0FFH

位地址空间                  00H～0FFH

外部 RAM/IO 空间            0000H～0FFFFH

指令对哪一个存储器空间进行操作是由指令的操作码和寻址方式确定的。对程序存储器只能采用立即寻址和基寄存器加变址寄存器间接寻址方式，特殊功能寄存器只能采用直接寻址方式，不能采用寄存器间接寻址，8052/8032 等单片机内部 RAM 的高 128 字节（80H～0FFH）只能采用寄存器间接寻址，不能使用直接寻址方式，位操作指令只能对位寻址区操作。外部扩展的数据存储器只能用 MOVX 指令访问,而内部 RAM 的低 128 字节 (00~7FH) 既能用直接寻址,也能用寄存器间接寻址,操作指令最丰富。

# 第三节 数据传送指令

数据传送指令是指把源操作数传送到目的操作数。指令执行后,源操作数的值不改变,目的操作数的值改为源操作数赋给的相应值。若要求在进行数据传送时,不丢失目的操作数,则可以用交换型的传送指令。

在这类指令中,除以累加器 A 为目的操作数寄存器指令会对奇偶标志位 P 有影响外,其余指令执行时均不会影响任何标志位。

**一、内部数据传送指令**

1. 以累加器 A 为目的操作数的指令

MOV　A,Rn　　　;n=0~7

MOV　A,direct

MOV　A,@Ri　　;i=0,1

MOV　A,#data

这组指令的功能是把源操作数的内容送入累加器 A。

2. 以 Rn 为目的操作数的指令

MOV　Rn,A　　　;n=0~7

MOV　Rn,direct

MOV　Rn,#data

这组指令的功能是把源操作数的内容送入当前工作寄存器区的 R0~R7 中的某一个寄存器。

3. 以直接寻址的单元为目的操作数指令

MOV　direct,A

MOV　direct,Rn　　;n=0~7

MOV　direct,direct

MOV　direct,@Ri　　;i=0,1

MOV　direct,#data

这组指令的功能是把源操作数送入由直接地址指出的存储单元。

4. 以寄存器间接寻址的单元为目的操作数指令

MOV　@Ri,A　　　;i=0,1

MOV　@Ri,direct

MOV　@Ri,#data

这组指令的功能是把源操作数内容送入 R0 或 R1 指出的内部 RAM 存储单元中。

5. 16 位数据传送指令

MOV　DPTR,#data16

这条指令的功能是把 16 位常数送入 DPTR。16 位的数据指针 DPTR 由 DPH 和 DPL 组成，这条指令执行结果把高位立即数送入 DPH，低位立即数送入 DPL。

**【例 3-1】** 设（70H）＝60H，（60H）＝20H，P1 口为输入口，当前的输入状态为 B7H，执行下面的程序：

```
MOV   R0,＃70H      ;70H→R0
MOV   A,@R0         ;60H→A
MOV   R1,A          ;60H→R1
MOV   B,@R1         ;20H→B
MOV   @R0,P1        ;B7H→70H
```

结果：（70）＝B7H，（B）＝20H，（R1）＝60H，（R0）＝70H

6. 堆栈操作指令

如前所述，在 MCS-51 内部 RAM 中可以设定一个后进先出（LIFO）的堆栈，在特殊功能寄存器中有一个堆栈指针 SP，它指出栈顶的位置，在指令系统中有两条用于数据传送的堆栈操作指令。

（1）进栈指令：PUSH direct。这条指令的功能是首先将堆栈指针 SP 加 1，然后把直接地址指出的内容传送到堆栈指针 SP 寻址的内部 RAM 单元中。

（2）退栈指令：POP direct。这条指令的功能是堆栈指针 SP 寻址的内部 RAM 单元内容送入直接地址指出的字节单元中，堆栈指针 SP 减 1。

7. 字节交换指令

```
XCH   A,Rn          ;n＝0～7
XCH   A,direct
XCH   A,@Ri         ;i＝0,1
```

这组指令的功能是将累加器 A 的内容和源操作数内容相互交换。

**【例 3-2】** 设（A）＝80H，（R7）＝08H，执行指令：

```
XCH   A, R7
```

结果：（A）＝08H，（R7）＝80H

8. 半字节交换指令

```
XCHD   A,@Ri   ;i＝0,1
```

这条指令将 A 的低 4 位和 R0 或 R1 指出的 RAM 单元低 4 位相互交换，各自的高 4 位保持不变。

**【例 3-3】** 设（A）＝15H，（R0）＝30H，（30H）＝34H，执行指令：

```
XCHD   A,@R0
```

结果：（A）＝14H，（30H）＝35H

**二、累加器 A 与外部数据存储器传送指令**

```
MOVX  A,@DPTR
MOVX  A,@Ri       ;i＝0,1
MOVX  @DPTR,A
```

MOVX @Ri,A

这组指令的功能是将累加器 A 和外部扩展的 RAM/IO 口的数据传送。由于外部 RAM/IO 口是统一编址的,共占一个 64K 字节的空间,所以指令本身看不出是对 RAM 还是对 I/O 口操作,而是由硬件的地址分配确定的。

### 三、查表指令

1. MOVC A,@A+PC

这条指令以 PC 作为基址寄存器,A 的内容作为无符号数和 PC 内容(下一条指令的始地址)相加后得到一个 16 位的地址,由该地址指出的程序存储器单元内容送到累加器 A。

这条指令以 PC 作为基寄存器,当前的 PC 值是由该查表指令的存储地址确定的,而变址寄存器 A 的内容为 0~255,所以(A)和(PC)相加所得到的地址只能在该查表指令以下 256 个单元的地址之内,因此所查的表格只能存放在该查表指令以下 256 个单元内,表格的大小也受到这个限制。

【例 3-4】

```
ORG  8000H
MOV  A,#30H
MOVC A,@A+PC
    ⋮
ORG 8030H
DB'ABCDEFGHIJ' ;ABCDEFGHLJ 的 ASCII 码为 41H,42H,43H,44H,45H,46H,
                47H,48H,49H,4AH
    ⋮
```

上面的查表指令执行后,将 8003H+30H=8033H 所对应的程序存储器中的 ASCII 码 "D"(44H)送 A。

2. MOVC A,@A+DPTR

这条指令以 DPTR 作为基址寄存器,A 的内容作为无符号数和 DPTR 的内容相加得到一个 16 位的地址,由该地址指出的程序存储器单元的内容送到累加器 A。

这条查表指令的执行结果只和指针 DPTR 及累加器 A 的内容有关,与该指令存放的地址无关,因此表格大小和位置可在 64K 字节程序存储器中任意安排,只要在查表之前对 DPTR 和 A 赋值,就使一个表格可被各个程序块公用。

# 第四节 算术运算指令

MCS-51 的算术运算指令有加、减、乘、除法指令,增量和减量指令。

### 一、加法指令

1. 不带进位的加法指令

```
ADD  A,Rn        ;n=0~7
ADD  A,direct
```

ADD　A,@Ri　　　;i=0,1

ADD　A,#data

这组加法指令的功能是把所指出的第二操作数和累加器 A 的内容相加,其结果放在累加器中。

指令执行后,影响 PSW 标志位。如果位 7 有进位输出,则置"1"进位 CY;否则清"0" CY。如果位 3 有进位输出,置"1"辅助进位 AC;否则清"0" AC。如果位 6 有进位输出而位 7 没有或者位 7 有进位输出而位 6 没有,则置位溢出标志 OV;否则清"0" OV。奇偶标志位 P 将随累加器 A 中 1 的个数的奇偶性变化。若 A 中 1 的个数为奇,则 P 置"1",否则 P 置"0"。

2. 带进位加法指令

ADDC　A,Rn　　　;n=0~7

ADDC　A,direct

ADDC　A,@Ri　　　;i=0,1

ADDC　A,#data

这组带进位加法指令的功能是同时把所指出的第二操作数、进位标志与累加器 A 内容相加,结果放在累加器中。

ADDC 指令对 PSW 标志位的影响与 ADD 指令相同。这组指令多用于多字节加法运算,使得在进行高字节加法时,考虑到低位字节向高位字节的进位情况。

3. 增量指令

INC A

INC Rn　　　;n=0~7

INC　direct

INC @Ri　　　;i=0,1

INC　DPTR

这组增量指令的功能把所指出的操作数加 1,若原来为 0FFH 将溢出为 00H,除对 A 作影响 P 外不影响任何 PSW 标志。当用本指令修改输出口 P0~P3 时,原始端口数据的值将从端口锁存器读入,而不是从引脚读入。

4. 十进制调整指令

DA　A

这条指令对累加器中由上一条加法指令(加数和被加数均为压缩的 BCD 码)所获得的 8 位结果进行调整,使它调整为压缩 BCD 码的数。

【例 3-5】　设(A)=56H,(R5)=67H,执行指令:

ADD　A,R5

DA　A

结果:(A)=23H,CY=1

**二、减法指令**

1. 带进位减法指令

SUBB　A,Rn　　　　;n=0~7

SUBB　A,direct

SUBB　A,@Ri　　　;i＝0,1

SUBB　A,♯data

这组带借位减法指令从累加器中减去第二操作数和进位标志，结果在累加器中。

指令执行后，影响 PSW 标志位。如果位 7 需借位，则置位 CY；否则清 "0" CY。如果位 3 需借位，则置位 AC；否则清 "0" AC。如果位 6 需借位而位 7 不需借位或者位 7 需借位而位 6 不需借位，则置位溢出标志 OV，否则清 "0" OV。奇偶标志位 P 将随累加器 A 中 1 的个数的奇偶性变化。若 A 中 1 的个数为奇，则 P 置 "1"，否则 P 置 "0"。

2. 减 1 指令

DEC　A

DEC　Rn　　　;n＝0～7

DEC　direct

DEC　@Ri　　　;i＝0,1

这组指令的功能是将指定的操作数减 1。若原来为 00H，减 1 后下溢为 0FFH，除对 A 操作影响 P 外不影响任何 PSW 标志。当本指令用于修改输出口，用作原始口数据的值将从口锁存器 P0～P3 读入，而不是从引脚读入。

**三、乘法指令**

MUL　AB

这条指令的功能把累加器 A 和寄存器 B 中的 8 位无符号整数相乘，其 16 位积的低位字节在累加器 A 中，高位字节在 B 中。如果积大于 255（0FFH），则置位溢出标志 OV；否则清 "0" OV。进位标志 CY 总是清 "0"。

**四、除法指令**

DIV　AB

这条指令的功能是把累加器 A 中的 8 位无符号整数除以寄存器 B 中的 8 位无符号整数，所得商的整数部分存放在累加器 A 中，余数在寄存器 B 中。

如果原来 B 中的内容为 0，即除数为 0，则结果 A 和 B 中内容不定，并置位溢出标志 OV。在任何情况下，都清 "0" CY。

# 第五节　逻 辑 运 算 指 令

**一、累加器 A 的逻辑操作指令**

1. CLR　A

这条指令的功能是将累加器 A 清 "0"，不影响 CY、AC、OV 等标志。

2. CPL　A

这条指令的功能是将累加器 A 的每一位逻辑取反。原来为 1 的位变 0，原来为 0 的位变 1。不影响标志。

3. 左环移指令

RL　A

这条指令的功能是将累加器 ACC 的内容向左环移 1 位，位 7 循环移入位 0，不影响标志，如图 3 - 1 所示。

4. 带进位左环移指令

RLC    A

这条指令的功能是将累加器 ACC 的内容和进位标志 CY 一起向左环移 1 位，ACC.7 移入进位位 CY，CY 移入 ACC.0，不影响其他标志，如图 3 - 2 所示。

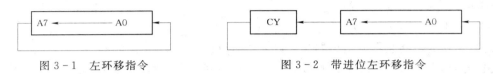

图 3 - 1　左环移指令　　　　　　　　图 3 - 2　带进位左环移指令

5. 右环移指令

RR    A

这条指令的功能是将累加器 ACC 的内容向右环移 1 位，ACC.0 环移入 ACC.7，不影响标志，如图 3 - 3 所示。

6. 带进位右环移指令

RRC    A

这条指令的功能是累加器 ACC 的内容和进位标志 CY 一起向右环移 1 位，ACC.0 进入 CY，CY 移入 ACC.7，如图 3 - 4 所示。

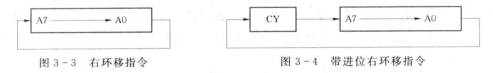

图 3 - 3　右环移指令　　　　　　　　图 3 - 4　带进位右环移指令

7. 累加器 ACC 半字节交换指令

SWAP A

这条指令的功能是将累加器 ACC 的高半字节（ACC.7～ACC.4）和低半字节（ACC.3～ACC.0）互换。

**二、两个操作数的逻辑操作指令**

1. 逻辑与指令

ANL    A,Rn　　　　;n＝0～7

ANL    A,direct

ANL    A,@Ri　　　;i＝0,1

ANL    A,＃data

ANL    direct,A

ANL    direct,＃data

这组指令的功能是在指出的操作数之间执行按位的逻辑与操作，结果存放在目的操作数中。操作数有寄存器寻址、直接寻址、寄存器间接寻址和立即寻址等寻址方式。当这条指令用于修改一个输出口时，作为原始口数据的值将从输出口数据锁存器（P0～P3）读入，而不是读引脚状态。

2. 逻辑或指令

ORL   A,Rn          ;n=0~7

ORL   A,direct

ORL   A,@Ri          ;i=0,1

ORL   A,#data

ORL   direct,A

ORL   direct,# data

这组指令的功能是在所指出的操作数之间执行按位的逻辑或操作，结果存到目的操作数中去。操作数有寄存器寻址、直接寻址、寄存器间接寻址和立即寻址方式。同逻辑与指令类似，用于修改输出口数据时，原数据值为端口锁存器内容。

3. 逻辑异或指令

XRL   A,Rn          ;n=0~7

XRL   A,direct

XRL   A,@Ri          ;i=0,1

XRL   A,#data

XRL   direct,A

XRL   direct,#data

这组指令的功能是在所指出的操作数之间执行按位的逻辑异或操作，结果存放到目的操作数中去。操作数有寄存器寻址、直接寻址、寄存器间接寻址和立即寻址等寻址方式。对输出口 P0~P3 与逻辑与指令一样是对口锁存器内容读出修改。

# 第六节  位操作指令

在 MCS-51 系列单片机内有一个布尔处理机，它以进位位 CY（程序状态字 PSW.7）作为累加器 C，以 RAM 和 SFR 内的位寻址区的位单元作为操作数，进行位变量的传送、修改和逻辑等操作。

**一、位变量传送指令**

MOV   C,bit

MOV   bit,C

这组指令的功能是把由源操作数指出的位变量送到目的操作数的位单元中去。其中一个操作数必须为位累加器 C；另一个可以是任何直接寻址的位，也就是说位变量传送必须经过 C 进行。

**二、位变量修改指令**

CLR   C

CLR   bit

CPL   C

CPL   bit

SETB　C

SETB　bit

这组指令将操作数指出的位清"0"、取反、置"1"，不影响其他标志。

### 三、位变量逻辑操作指令

1. 位变量逻辑与指令

ANL　C,bit

ANL　C,/bit

这组指令功能是，如果源位的布尔值是逻辑 0，则进位标志清"0"，否则进位标志保持不变。操作数前斜线"/"表示用寻址位的逻辑非作源值，但不影响源位本身值，不影响别的标志。源操作数只有直接位寻址方式。

2. 位变量逻辑或指令

ORL　C,bit

ORL　C,/bit

这组指令的功能是，如果源位的布尔值为 1，则置位进位标志，否则进位标志 CY 保持原来状态。同样，斜线"/"表示逻辑非。

# 第七节　控制转移指令

### 一、无条件转移指令

1. 短跳转指令

指令编码

AJMP　addr11　　　　$\boxed{a_{10}\,a_9\,a_8\,00001}$　　$\boxed{a_7\,a_6\,a_5\,a_4\,a_3\,a_2\,a_1\,a_0}$

这是 2KB 字节范围内的无条件转跳指令，程序转移到指定的地址。该指令在运行时先将 PC+2，然后通过把 PC 的高 5 位和指令第一字节高 3 位以及指令第二字节相连（$PC_{15}\,PC_{14}\,PC_{13}\,PC_{12}\,PC_{11}\,a_{10}\,a_9\,a_8\,a_7\,a_6\,a_5\,a_4\,a_3\,a_2\,a_1\,a_0$）而得到转跳目的地址送入 PC。因此，目标地址必须与它下面的指令存放地址在同一个 2KB 字节区域内。

【例 3-6】　KKR：AJMP　addr11

如果 addr11=00100000000B，标号 KKR 地址为 1030H，则执行该条指令后，程序转移到 1100H；当 KKR 为 3030H 时，执行该条指令后，程序转移到 3100H。

2. 相对转移指令

SJMP rel

这也是条无条件转跳指令，执行时在 PC 加 2 后，把指令的有符号的偏移量 rel 加到 PC 上，并计算出转向地址。因此，转向的目标地址可以在这条指令前 128 字节到后 127 字节之间。

3. 长跳转指令

LJMP　addr16

这条指令执行时把指令提供的 16 位目标地址送入 PC，无条件地转向指定地址。转移的目标地址可以在 64K 字节程序存储器地址空间的任何地方，不影响任何标志。

4. 基寄存器加变址寄存器间接转移指令（散转指令）

JMP @A+DPTR

这条指令的功能是把累加器 A 中 8 位无符号数与数据指针 DPTR 中的 16 位数相加（模 $2^{16}$），结果作为下条指令地址送入 PC，不改变累加器和数据指针内容，也不影响标志。利用这条指令能实现程序的散转。

【例 3-7】 如果累加器 A 中存放待处理命令编号（0～7），程序存储器中存放着标号为 PMTB 的转移表，则执行下面的程序，将根据 A 内命令编号转向相应的命令处理程序：

```
PM:   MOV    R1,A        ;(A)×3→A
      RL     A
      ADD    A,R1
      MOV    DPTR,#PMTB
      JMP    @A+DPTR
PMTB: LJMP   PM0         ;转向命令 0 处理入口
      LJMP   PM1         ;转向命令 1 处理入口
      LJMP   PM2         ;转向命令 2 处理入口
      LJMP   PM3         ;转向命令 3 处理入口
      LJMP   PM4         ;转向命令 4 处理入口
      LJMP   PM5         ;转向命令 5 处理入口
      LJMP   PM6         ;转向命令 6 处理入口
      LJMP   PM7         ;转向命令 7 处理入口
```

**二、条件转移指令**

条件转移指令是依照某种特定条件转移的指令。条件满足才转移（相当于执行一条相对转移指令），条件不满足时则顺序执行下面的指令。目的地址在以下一条指令的起始地址为中心的 256B 范围中。当条件满足时，把 PC 加到指向下一条指令的第一个字节地址，再把有符号的相对偏移量加到 PC 上，计算出转向地址。

1. 测试条件符合转移指令

```
              转移条件
JZ      rel      ;(A)=0
JNZ     rel      ;(A)≠0
JC      rel      ;CY=1
JNC     rel      ;CY=0
JB    bit,rel    ;(bit)=1
JNB   bit,rel    ;(bit)=0
JBC   bit,rel    ;(bit)=1
```

JZ：如果累加器 A 为 0，则执行转移。

JNZ：如果累加器 A 不为 0，则执行转移。

JC：如果进位标志 CY 为 1，则执行转移。

JNC：如果进位标志 CY 为 0，则执行转移。

JB：如果直接寻址的位值为 1，则执行转移。

JNB：如果直接寻址的位值为 0，则执行转移。

JBC：如果直接寻址的位值为 1，则执行转移；然后清"0"直接寻址的位（bit）。

2. 比较不相等转移指令

CJNE　A,direct,rel

CJNE　A,#data,rel

CJNE　Rn,#data,rel　　　　;n=1~7

CJNE　@Ri,#data,rel　　　　;i=0,1

这组指令的功能是比较两个操作数的大小。如果它们的值不相等，则转移。在 PC 加到下一条指令的起始地址后，通过把指令最后一个字节的有符号的相对偏移量加到 PC 上，并计算出转向地址。如果第一操作数（无符号整数）小于第二操作数，则置位进位标志 CY；否则，CY 清 0。不影响任何一个操作数的内容。

3. 减 1 不为 0 转移指令

DJNZ　Rn,rel　　　　;n=1~7

DJNZ　direct,rel

这组指令把源操作数减 1，结果回送到源操作数中去。如果结果不为 0，则转移。这组指令允许程序员把内部 RAM 单元用作程序循环计数器。

### 三、调用和返回指令

在程序设计中，常常出现几个地方都需要作功能完全相同的处理（如计算 $ax^2 + bx + c$），只是参数不同而已。为了减少程序编写和调试的工作量，使某一段程序能被公用，于是引进了主程序和子程序的概念，指令系统中一般都有调用子程序的指令，以及从子程序返回主程序的指令。

通常把具有一定功能的公用程序段作为子程序，在子程序的末尾安排一条返回主程序的指令。主程序转子程序以及从子程序返回的过程如图 3-5 所示。当主程序执行到 A 处，执行调用子程序 SUB 时，把下一条指令地址（PC 值）保留到堆栈中，堆栈指针 SP 加 2，子程序 SUB 的起始地址进 PC，CPU 转向执行子程序 SUB，碰到 SUB 中的返回指令，把 A 处下一条指令地址从堆栈中取出并送回到 PC，于是 CPU 又回到主程序继续执行下去。当执行到 B 处又碰到调用子程序 SUB 的指令，再一次重复上述过程。于是，子程序 SUB 能被主程序多次调用。

在一个程序中，往往在子程序中还会调用别的子程序，这称为子程序嵌套。二级子程序嵌套过程如图 3-6 所示。为了保证正确地从子程序 SUB2 返回子程序 SUB1，再从 SUB1 返回主程序，每次调用子程序时必须将下条指令地址保存起来，返回时按后进先出原则依次取出旧 PC 值。如前所述，堆栈就是按后进先出规律存取数据的，调用指令和返回指令具有自动的进栈保存和退栈恢复 PC 内容的功能。

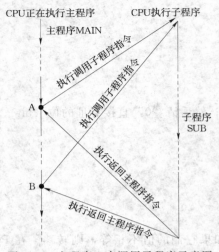

图 3-5 主程序二次调用子程序示意图

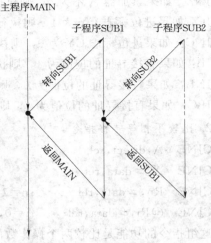

图 3-6 二级子程序嵌套示意图

1. 短调用指令

指令编码

ACALL addr11　　　$\boxed{a_{10}\,a_9\,a_8\,10001}$　　$\boxed{a_7\,a_6\,a_5\,a_4\,a_3\,a_2\,a_1\,a_0}$

这条指令无条件地调用首址由 $a_{10}\sim a_0$ 所指出的子程序。执行时把 PC 加 2 以获得下一条指令的地址，把这 16 位地址压进堆栈（先 PCL 进栈，后 PCH 进栈），堆栈指针 SP 加 2。并把 PC 的高 5 位与操作码位 7～5 和指令第二字节相连接（$PC_{15}\,PC_{14}\,PC_{13}\,PC_{12}\,PC_{11}\,a_{10}$ $a_9\,a_8\,a_7\,a_6\,a_5\,a_4\,a_3\,a_2\,a_1\,a_0$）已获得了程序的起始地址，并送入 PC，转向执行子程序。所调用的子程序的起始地址必须在与 ACALL 后面指令的第一个字节在同一个 2K 字节区域的程序存储器中。

2. 长调用指令

LCALL addr16

这条指令无条件地调用位于指定地址的子程序。它先把程序计数器加 3 获得下条指令的地址，并把它压入堆栈（先低位字节后高位字节），并把堆栈指针 SP 加 2。把指令提供的 16 位目标地址送入 PC，将从该地址开始执行程序。LCALL 指令可以调用 64K 字节范围内程序存储器中的任何一个子程序，执行后不影响任何标志。

3. 返回指令

如上所述，返回指令是使 CPU 从子程序返回到主程序执行。

（1）从子程序返回指令：RET。这条指令的功能是从堆栈中退出 PC 的高位和低位字节，把栈指针 SP 减 2，并从产生的 PC 值开始执行程序。不影响任何标志。

（2）从中断返回指令：RETI。这条指令除了执行 RET 指令的功能以外，还清除内部相应的中断状态寄存器（该触发器由 CPU 响应中断时置位，指示 CPU 当前是否在处理高级或低级中断）。因此，中断服务程序必须以 RETI 为结束指令。CPU 执行 RETI 指令后至少再执行一条指令，才响应新的中断请求。

4. 空操作指令

NOP

该指令在延迟等程序中用于调整 CPU 的时间而不影响状态。

# 第八节 汇编语言程序设计举例

用汇编语言编写的源程序称为汇编语言源程序。但是单片机不能直接识别在汇编语言中出现的助记符、字母、数字、符号，需要通过汇编将其转换成用二进制代码表示的机器语言程序，才能够识别和执行。汇编通常由专门的汇编程序来进行，通过编译后自动得到对应于汇编源程序的机器语言目标程序，这个过程叫机器汇编。也可用人工汇编，将汇编语言源程序的指令逐条人工翻译成机器码。

汇编语言程序设计通常的步骤是：

（1）任务分析。明确被控对象对软件的要求，确定算法，设计程序结构。

（2）绘制程序框图。根据控制流程，画出程序流程图，使程序清晰、结构合理。

（3）编写源程序。合理选择和分配内存单元、工作寄存器。按模块结构具体编写源程序。

（4）汇编及调试程序。通过汇编生成目标程序，进行调试，对程序运行结果进行分析，达到预期目的。

**一、延时程序**

硬件定时（如定时器/计数器 T0、T1）不占用 CPU 时间；软件定时即延时程序，它牺牲 CPU 的工作。

**【例 3-8】** 延时程序。

```
DEL:   MOV   R7,♯200
DEL1:  MOV   R6,♯125
DEL2:  DJNZ  R6,DEL2    ;125×2＝250μs
       DJNZ  R7,DEL1    ;0.25×200＝50ms
       RET
```

延时程序与 MCS-51 指令执行时间有关，在使用 12MHz 晶振时，一个机器周期为 $1\mu s$。这段程序的延迟时间为（250＋1＋2）×200＋1＝50.601ms。

**二、查表程序**

在计算机控制应用中，查表程序常用于实现非线性修正、非线性函数转换以及代码转换等。

**【例 3-9】** 设 a、b 为小于 10 的正整数。试编程计算 $C＝a^2＋b^2$ 的函数值，存入 30H 中。a、b 的值已存放在 40H、41H 单元中。

利用查表程序读取平方表，再计算两个平方数之和。

```
MOV   A,40H
ACALL SUB3    ;查表得 a² 的值
MOV   R2,A
```

```
        MOV    A,41H
        ACALL  SUB3;查表得 b² 的值
        ADD    A,R2
        MOV    30H,A
        SJMP   $
SUB3:   INC    A
        MOVC   A,@A+PC
        RET
        DB   00H,01H,04H,09H,10H,
             19H,24H,31H,40H,51H
```

### 三、数制转换

一个整数的十进制表示式为：$A = a_n \times 10^n + \cdots + a_1 \times 10^1 + a_0$

例如：$5731 = 5 \times 10^3 + 7 \times 10^2 + 3 \times 10^1 + 1 = [(5 \times 10 + 7) \times 10 + 3] \times 10 + 1$

上述公式写成便于编写程序形式：

初值：$Y_n = a_n$，$i = n - 1$

$$\begin{cases} Y = Y \times X + a_i \\ i = i - 1 \end{cases}$$

结束条件：$i < 0$

【例 3-10】　4 位十进制整数转换为二进制整数程序。

设单字节 BCD 码 $a_3$，$a_2$，$a_1$，$a_0$ 依次存放于内部 RAM 中的 50H~53H 单元，转换成的二进制整数存放于 R3R4，则按上述计算方法，就可以画出如图 3-7 所示的程序框图。

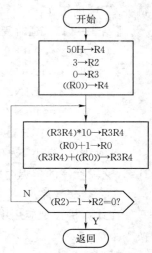

图 3-7　十进制整数转换为
二进制整数程序框图

```
IDTB:   MOV    R0,#50H
        MOV    R2,#3
        MOV    R3,#0
        MOV    A,@R0
        MOV    R4,A
LOOP:   MOV    A,R4
        MOV    B,#10
        MUL    AB
        MOV    R4,A   ;R4×10 低 8 位
        MOV    A,B
        XCH    A,R3
        MOV    B  #10
        MUL    AB
        ADD    A,R3
        MOV    R3,A
        INC    R0
```

```
    MOV    A,R4
    ADD    A,@R0
    MOV    R4,A
    MOV    A,R3
    ADDC   A,#0
    MOV    R3,A
    DJNZ   R2,LOOP
    RET
```

**四、并行口操作程序**

MCS-51 单片机有四个并行口，CPU 对它们可以执行字节操作（即同时对 8 位口进行读/写），也可以执行位操作，输入/输出处理十分方便。

【例 3-11】　步进马达驱动子程序。

如图 3-8 所示，P1.0～P1.2 通过驱动电路控制步进马达 A，B，C 三相的通电，从而控制步进马达的转动。设输出线（P1.0～P1.2）为高电平时，相应的一相通电，如果步进马达按三相六拍方式正转，即

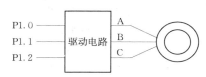

图 3-8　步进马达接口示意图

```
┌─→A ──→ AB ──→ B ──→BC ──→ C ──→CA ─┐
└────────────────────────────────────┘
```

现在要求设计一个子程序，其功能是使步进马达正转一步，主程序每隔一定时间调用该子程序时，马达即以一定的速率转动。根据问题的要求，步进马达有如下所示六个状态：

| 状态 | C | B | A | 状态转换操作 |
|---|---|---|---|---|
| 0 | 0 | 0 | 1 | 状态 5 转 0：0→C |
| 1 | 0 | 1 | 1 | 状态 0 转 1：1→B |
| 2 | 0 | 1 | 0 | 状态 1 转 2：0→A |
| 3 | 1 | 1 | 0 | 状态 2 转 3：1→C |
| 4 | 1 | 0 | 0 | 状态 3 转 4：0→B |
| 5 | 1 | 0 | 1 | 状态 4 转 5：1→A |

由此可见，步进马达转动一步时，只有一相的通电状态发生变化，我们用一个工作单元记录步进马达的当前状态（初值为 0），每次执行子程序时，计算下一个的状态，并根据该状态执行相应的操作，使马达正转一步。可以直接编写出相应的主程序和驱动子程序。

主程序：

```
MAIN:MOV    SP,#60H        ;初始化
     MOV    30H,#0
     SETB   P1.0
     CLR    P1.1
     CLR    P1.2
MLOP:ACALL  DL20           ;f_osc=12MHz
```

```
        ACALL   QM36
        SJMP    MLOP            ;每 20ms 正转一步
DL20：MOV   R7,♯40
DL1： MOV   R6,♯250
DL0： DJNZ   R6,DL0
        DJNZ   R7,DL1
        RET
```

驱动子程序：

```
QM36：MOV   A,30H            ;A→AB→B→BC→C→CA→A
        CJNE   A,♯5,QML1
        MOV   A,♯0
QML0：MOV   30H,A
        MOV   B,♯3
        MUL   AB
        MOV   DPTR,♯QMTB
        JMP    @A+DPTR
QML1：INC    A
        SJMP   QML0
QMTB：CLR    P1.2      ;5 转 0
        RET
        SETB   P1.1      ;0 转 1
        RET
        CLR    P1.0      ;1 转 2
        RET
        SETB   P1.2      ;2 转 3
        RET
        CLR    P1.1      ;3 转 4
        RET
        SETB   P1.0      ;4 转 5
        RET
```

**五、定时器/计数器与中断的应用程序**

定时器/计数器与中断的联合应用，可实现时钟计时，即以秒、分、时为单位进行的计时。

1. 实现时钟计时的基本方法

（1）计数初值计算。时钟计时的最小单位是秒，但使用单片机的定时器/计数器进行定时，即使按方式 1 工作，其最大定时时间也只能达 131ms。鉴于此，可把定时器的定时时间定为 125ms，这样计数溢出 8 次即得到时钟计时的最小单位秒。而 8 次计数可用软件方法实现。

假定使用定时器/计数器 0，以工作方式 1 进行 125ms 的定时，$fosc=6MHz$，计数初值为 X，则：

$$(2^{16}-X) \times 2 = 125000$$

计算得 X=6070，二进制表示为 1011110110110，十六进制表示为 17B6H。

（2）采用中断方式进行溢出次数的累计。计满 8 次即得到秒计时。

（3）从秒到分和从分到时的计时是通过累加和数值比较实现的。

（4）时钟显示及显示缓冲区。时钟时间在六位数码管上进行显示，为此在内部 RAM 中要设置显示缓冲区，共 6 个地址单元，其对应关系如下：

| LED$_5$ | LED$_4$ | LED$_3$ | LED$_2$ | LED$_1$ | LED$_0$ |
|---|---|---|---|---|---|
| 7EH | 7DH | 7CH | 7BH | 7AH | 79H |

显示缓冲区从左向右依次存放时、分、秒的数值。

2. 程序流程及程序清单

（1）主程序（MAIN）。主程序的主要功能是进行定时器/计数器的初始化编程，然后通过反复调用显示子程序的方法，等待 125ms 定时中断的到来。其流程如图 3-9 所示。

（2）显示子程序（DISUP）。见第五章 LED 动态显示程序。

（3）中断服务程序（PITO）。中断服务程序的主要功能是进行计时操作。程序开始先判断计数溢出是否满了 8 次，不满 8 次表明还没达到最小计时单位秒，中断返回；如满 8 次则表明已达到最小计时单位秒，程序继续向下执行，进行计时操作。中断服务程序流程如图 3-10 所示。

（4）加 1 子程序（DAAD1）。加 1 子程序用于完成对秒、分和时的加 1 操作，中断服务程序中在秒、分、时加 1 时共有三处调用此子程序。该程序流程如图 3-11 所示。

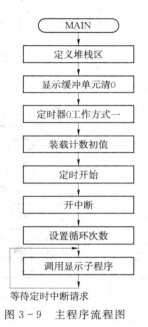

图 3-9 主程序流程图

```
        ORG   0000H
START:  AJMP   MAIN
        ORG   000BH
        AJMP   PITO
        ORG   8100H
MAIN:   MOV   SP,#60H        ;主程序
        MOV   R0,#79H
        MOV   R7,#06H
ML1:    MOV   @R0,#00H
        INC   R0
        DJNZ   R7,ML1
        MOV   TMOD,#01H
```

59

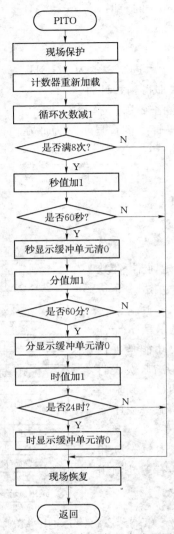

图 3-10 中断服务程序流程图

图 3-11 加 1 子程序流程图

```
        MOV   TL0,#B6H
        MOV   TH0,#17H
        SETB  8CH
        SETB  0AFH
        SETB  0A9H
        MOV   30H,#08H
ML0:    LCALL DISP        ;调用显示子程序
        SJMP  ML0
PIT0:   PUSH  PSW         ;中断服务程序
        PUSH  ACC
```

```
        SETB   PSW.3
        MOV    TL0,＃0B6H
        MOV    TH0,＃17H
        MOV    A,30H
        DEC    A
        MOV    30H,A
        JNZ    RET0
        MOV    30H,＃08H
        MOV    R0,＃7AH
        ACALL  DAAD1
        MOV    A,R2
        XRL    A,＃60H
        JNZ    RET0
        ACALL  CLR0
        MOV    R0,＃7CH
        ACALL  DAAD1
        MOV    A,R2
        XRL    A,＃60H
        JNZ    RET0
        ACALL  CLR0
        MOV    R0,＃7EH
        ACALL  DAAD1
        MOV    A,R2
        XRL    A,＃24H
        JNZ    RT0
        ACALL  CLR0
RET0:   POP    ACC
        POP    PSW
        RETI
DAAD1:  MOV    A,@R0         ;加 1 子程序流程图
        DEC    R0
        SWAP   A
        ORL    A,@R0
        ADD    A,＃01H
        DA     A
        MOV    R2,A
        ANL    A,＃0FH
        MOV    @R0,A
```

61

```
        MOV    A,R2
        INC    R0
        ANL    A,#0F0H
        SWAP   A
        MOV    @R0,A
        RET
  CLR0：CLR    A
        MOV    @R0,A
        DEC    R0
        MOV    @R0,A
        RET
```

# 习　题

1. 80C51 指令集中有几种类型的指令？有几种寻址方式？

2. 设晶振频率为 6MHz，试编一能延时 20ms 的子程序。

3. 从内部 RAM 的 20H 单元开始，有 15 个数据。试编一程序，把其中的正数、负数分别送到 41H 和 61H 开始的存储单元，并分别将正数、负数的个数送 40H 和 60H 单元。

4. 设内部 RAM 的 30H 和 31H 单元中有两个带符号数，求出其中的大数存放在 32H 单元中。

5. 利用查表法将累加器 A 中的一位 BCD 码转换为相应的十进制数的七段码，结果仍放在 A 中（设显示管 0～9 的七段码分别是：40H、79H、24H、30H、19H、12H、02H、78H、00H、1BH）。

6. 设一字符串存放在 8032 单片机内部 RAM 以 20H 为首址的连续单元中，字符串以回车结束。要求统计该字符串中字符 C（"C"=43H）的个数，并将其存入外部 RAM 的 4000H 单元中。试编写实现上述要求的程序。

7. 设有两个四字节 BCD 数：X=24350809，Y=12450379。X 从片内 RAM 的 25H 单元开始存放，Y 从片内 RAM 的 35H 开始存放，求两数的和并存放 X 所在的单元中。设数据在内存中按照低字节在前，高字节在后的顺序存放。

8. 使用位操作指令实现下列逻辑操作：

(1) $A = (\overline{10H} + P_{1.0})\ 11H + C_Y$

(2) $P_{1.5} = ACC.2 P_{2.7} + ACC.1 P_{2.0}$

9. $f_{osc} = 6MHz$，使用定时器 0 以定时方法在 P1.0 输出周期为 $400\mu s$，占空比为 10：1 的矩形脉冲，用定时方式 2 编程实现。

10. 若 8032 型单片机的串行口工作在方式 3，当系统的振荡频率为 11.0592MHz 时，试计算出波特率为 9.6kb/s 时，T1 的定时初值。

# 第四章 单片机 C51 语言编程基础

随着单片机开发技术的不断发展，目前已有越来越多的人从普遍使用汇编语言逐渐过渡到使用高级语言进行开发，其中又以 C 语言为主，市场上几种常见的单片机均有其 C 语言开发环境。应用于 51 系列单片机开发的 C 语言通常简称为 C51 语言。Keil C51 是目前最流行的 51 系列单片机的 C 语言程序开发软件。本章重点介绍 C51 语言对标准 ANSI C 语言的扩展内容。深入理解并应用这些扩展内容是学习 C51 语言程序设计的关键。

## 第一节 C51 语 言 简 介

Keil C51（简称 C51），是在标准 C 语言的基础上发展的。MCS－51 系列单片机开发系统的编译软件可以对 51 单片机 C 语言源程序进行编译，称为 C51 编译器。在 C51 编译软件中可进行 51 单片机 C 语言程序的调试。

**一、C51 与汇编语言比较**

与汇编语言相比，用 C51 语言进行软件开发，有如下优点：

（1）可读性好。C51 语言程序比汇编语言程序的可读性好，因而编程效率高，程序便于修改、维护以及升级。

（2）模块化开发与资源共享。C51 开发的模块可直接被其他项目所用，能很好地利用已有的标准 C 程序资源与丰富的库函数，减少重复劳动，也有利于多个工程师的协同开发。

（3）可移植性好。为某型单片机开发的 C51 程序，只需将与硬件相关之处和编译链接的参数进行适当修改，就可方便地移植到其他型号的单片机上。例如，为 51 单片机编写的程序通过改写头文件以及少量的程序行，就可以方便地移植到 PIC 单片机上。

（4）生成的代码效率高。代码效率比直接使用汇编语言低 20％左右，如使用优化编译选项，最高可达 90％左右，效果会更好。

**二、C51 与标准 C 语言比较**

C51 与标准 C 语言有许多相同的地方，但也有自身特点。不同的嵌入式 C 语言编译系统与标准 C 语言的不同，主要是由于它们所针对的硬件系统不同。

C51 的基本语法与标准 C 相同，C51 在标准 C 的基础上进行了适合于 51 系列单片机硬件的扩展。深入理解 Keil C51 对标准 C 的扩展部分以及不同之处，是掌握 C51 语言的关键之一。

C51 与标准 C 的主要区别如下。

（1）库函数的不同。标准 C 中的部分库函数不适合于嵌入式控制器系统，被排除在

Keil C51 之外，如字符屏幕和图形函数。有些库函数可继续使用，但这些库函数都必须针对 51 单片机的硬件特点做出相应的开发。例如库函数 printf 和 scanf，在标准 C 中，这两个函数通常用于屏幕打印和接收字符，而在 Keil C51 中，主要用于串行口数据的收发。

（2）数据类型有一定的区别。在 C51 中增加了几种针对 51 单片机特有的数据类型，在标准 C 的基础上又扩展了 4 种类型。例如，51 单片机包含位操作空间和丰富的位操作指令，因此，C51 语言与标准 C 相比就要增加位类型。

（3）C51 的变量存储模式与标准 C 中的变量存储模式数据不一样。标准 C 是为通用计算机设计的，计算机中只有一个程序和数据统一寻址的内存空间，而 C51 中变量的存储模式与 51 单片机的存储器紧密相关。

（4）数据存储类型不同。51 单片机存储区可分为内部数据存储区、外部数据存储区以及程序存储区。内部数据存储区可分为 3 个不同的 C51 存储类型：data、idata 和 bdata。外部数据存储区分为两个不同的 C51 存储类型：xdata 和 pdata。程序存储区只能读不能写，在 51 单片机内部或外部。C51 提供了 code 存储类型来访问程序存储区。

（5）标准 C 语言没有处理单片机中断的定义。C51 中有专门的中断函数。

（6）C51 语言与标准 C 语言的输入/输出处理不一样。C51 语言中的输入/输出是通过 51 单片机的串行口来完成的，输入/输出指令执行前必须对串行口进行初始化。

（7）头文件的不同。C51 语言与标准 C 头文件的差异是 C51 头文件必须把 51 单片机内部的外设硬件资源如定时器、中断、I/O 等相应的功能寄存器写入头文件内。

（8）程序结构的差异。由于 51 单片机硬件资源有限，它的编译系统不允许太多的程序嵌套。其次，标准 C 所具备的递归特性不被 C51 语言支持。

但是从数据运算操作、程序控制语句以及函数的使用上来说，Keil C51 与标准 C 几乎没有什么明显的差别。如果程序设计者具备了有关标准 C 的编程基础，只要注意 Keil C51 与标准 C 的不同之处，并熟悉 51 单片机的硬件结构，就能够较快地掌握 C51 的编程。

# 第二节　C51 语言的基本知识

## 一、标识符

用来标识常量名、变量名、函数名等对象的有效字符序列称为标识符。合法的标识符由字母、数字和下划线组成，并且第一个字符必须为字母或下划线。在 C51 语言的标识符中，大、小写字母是严格区分的。对于标识符的长度（一个标识符允许的字符个数），一般取前 8 个字符，多余的字符将不被识别。

C51 语言的标识符可以分为 3 类：关键字、预定义标识符和自定义标识符。

### 1. 关键字

关键字是 C51 语言规定的一批标识符，在源程序中代表固定的含义，不能另作他用。C51 语言除了支持 ANSI 标准 C 语言中的关键字（表 4-1）外，还根据 51 系列单片机的结构特点扩展部分关键字，见表 4-2。

表 4 - 1                       ANSI C 标准关键字

| 关键字 | 用途 | 说明 |
| --- | --- | --- |
| auto | 存储种类说明 | 用于声明局部变量，为默认值 |
| break | 程序语句 | 退出最内层循环体 |
| case | 程序语句 | switch 语句中的选择项 |
| char | 数据类型声明 | 单字节整型数或字符型数据 |
| const | 存储种类说明 | 在程序执行过程中不可修改的值 |
| continue | 程序语句 | 转向下一次循环 |
| default | 程序语句 | switch 语句中缺省选择项 |
| do | 程序语句 | 构成 do…while 循环结构 |
| double | 数据类型声明 | 双精度浮点数 |
| else | 程序语句 | 构成 if…else 条件结构 |
| enum | 数据类型声明 | 枚举类型数据 |
| extern | 存储种类说明 | 在其他程序模块中声明了的全局变量 |
| float | 数据类型声明 | 单精度浮点数 |
| for | 程序语句 | 构成 for 循环结构 |
| goto | 程序语句 | 构成 goto 循环结构 |
| if | 程序语句 | 构成 if…else 条件结构 |
| int | 数据类型声明 | 整型数 |
| long | 数据类型声明 | 长整型数 |
| register | 存储种类说明 | 使用 CPU 内部寄存器变量 |
| return | 程序语句 | 函数返回 |
| short | 数据类型声明 | 短整型 |
| signed | 数据类型声明 | 有符号整型数 |
| sizeof | 运算符 | 计算表达式或数据类型的字节数 |
| static | 存储种类说明 | 静态变量 |
| struct | 数据类型声明 | 结构体类型数据 |
| switch | 程序语句 | 构成 switch 选择结构 |
| typedef | 数据类型声明 | 重新进行数据类型定义 |
| union | 数据类型声明 | 联合类型数据 |
| unsigned | 数据类型声明 | 无符号数据 |
| void | 数据类型声明 | 无类型数据或函数 |
| volatile | 数据类型声明 | 声明该变量在程序执行中可被隐含地改变 |
| while | 程序语句 | 构成 while 和 do…while 循环结构 |

**表 4 - 2**　　　　　　　　　　　　　　　**C51 编译器扩充关键字**

| 关键字 | 用途 | 说明 |
|---|---|---|
| _ at _ | 地址定位 | 为变量进行绝对地址定位 |
| _ priority _ | 多任务优先声明 | 规定 RTX51 或 RTX51 Tiny 的任务优先级 |
| _ task _ | 任务声明 | 定义实时多任务函数 |
| alien | 函数特性声明 | 用于声明与 PL/M51 兼容的函数 |
| bdata | 存储器类型声明 | 可位寻址的 MCS - 51 内部数据存储器 |
| bit | 位变量声明 | 声明一个位变量或位类型函数 |
| code | 存储器类型声明 | MCS - 51 的程序存储空间 |
| compact | 存储器模式 | 按 compact 模式分配变量的存储空间 |
| data | 存储器类型声明 | 直接寻址 MCS - 51 的内部数据寄存器 |
| idata | 存储器类型声明 | 间接寻址 MCS - 51 的内部数据寄存器 |
| interrupt | 中断函数声明 | 定义一个中断服务函数 |
| large | 存储器模式 | 按 large 模式分配变量的存储空间 |
| pdata | 存储器类型声明 | 分页寻址的 MCS - 5 外部数据空间 |
| sbit | 位变量声明 | 声明一个位变量 |
| sfr | 特殊功能寄存器声明 | 声明一个 8 位特殊功能寄存器 |
| sfr16 | 特殊功能寄存器声明 | 声明一个 16 位特殊功能寄存器 |
| small | 存储器模式 | 按 small 模式分配变量的存储空间 |
| using | 寄存器组定义 | 定义 MCS - 5 的工作寄存器组 |
| xdata | 存储器类型声明 | 定义 MCS - 5 外部数据空间 |

2. 预定义标识符

预定义标识符是指 C51 语言提供的系统函数的名字（如 printf、scanf）和预编译处理命令（如 define、include）等。

C51 语言语法允许用户把这类标识符另作他用，但将使这些标识符失去系统规定的原意。因此，为了避免误解，建议用户不要把预定义标识符另作他用。

3. 自定义标识符

由用户根据需要定义的标识符，一般用来给变量、函数、数组或文件等命名。程序中使用的自定义标识符除要遵循标识符的命名规则外，还应选择具有相关含义的英文单词或汉语拼音，以增加程序的可读性。

如果自定义标识符与关键字相同，程序在编译时将给出出错信息；如果自定义标识符与预定义标识符相同，系统并不报错。

**二、基本数据类型**

1. 数据类型

数据类型是指变量的内在存储方式，即存储变量所需的字节数以及变量的取值范围。

C51 语言中变量的基本数据类型见表 4-3，其中 bit、sbit、sfr、sfr16 为 C51 语言新增的数据类型，可以更加有效地利用 51 系列单片机的内部资源。所谓变量，是指在程序运行过程中其值可以改变的量。

表 4-3　　　　　　　　　　　　　　　Keil C51 支持的数据类型

| 数据类型 | 位数 | 字节数 | 取值范围 |
|---|---|---|---|
| unsigned char | 8 | 1 | 0～255 |
| signed char | 8 | 1 | -128～+127 |
| unsigned int | 16 | 2 | 0～65 535 |
| signed int | 16 | 2 | -32 768～+32 767 |
| unsigned long | 32 | 4 | 0～4 294 967 295 |
| signed long | 32 | 4 | -2 147 483 648～+2 147 483 647 |
| float | 32 | 4 | ±3.402 823E+38 |
| double | 64 | 8 | ±1.175 494E-38 |
| * | 24 | 1～3 | 对象指针 |
| bit | 1 | | 0 或 1 |
| sfr | 8 | 1 | 0～255 |
| sfr16 | 16 | 2 | 0～65 535 |
| sbit | 1 | | 可进行位寻址的特殊功能寄存器的某位的绝对地址 |

2. C51 的扩展数据类型

下面对 C51 扩展的 4 种数据类型进行说明。

（1）bit 位标量。bit 位标量是 C51 编译器的一种扩充数据类型，利用它可定义一个位标量，但不能定义位指针，也不能定义位数组。它的值是一个二进制位，不是 0 就是 1，类似一些高级语言中 Boolean 类型中的 True 和 False。

（2）sfr 特殊功能寄存器。sfr 也是一种扩充数据类型，占用一个内存单元，值域为 0～255。利用它可以访问 51 单片机内部的所有特殊功能寄存器。如用 sfr P1 = 0x90 这一句定 P1 为 P1 端口在片内的寄存器，在后面的语句中用 P1 = 255（对 P1 端口的所有引脚置高电平）之类的语句来操作特殊功能寄存器。

（3）sfr16 16 位特殊功能寄存器。sfr16 也是一种 C51 扩充数据类型，用于定义存在于 MCS-51 单片机内部 RAM 的 16 位特殊功能寄存器，如定时器 T0 和 T1。sfr16 型数据占用 2 个内存单元，取值范围为 0～65535。

（4）特殊功能位。sbit 也是一种 C51 扩充数据类型，利用它可以访问芯片内部 RAM 中的可寻址位或特殊功能寄存器中的可寻址位。定义方法有如下三种：

1）sbit 位变量名=位地址。将位的绝对地址赋给位变量，位地址必须位于 80H～FFH（特殊功能寄存器的位地址）之间。

2）sbit 位变量名=特殊功能寄存器名^位位置。当可寻址位位于特殊功能寄存器中时，可采用这种方法。位位置是一个 0～7 之间的常数。

3）sbit 位变量名＝字节地址ˆ位位置。这种方法是以一个常数（字节地址）作为基地址，该常数必须在 80H～FFH（特殊功能寄存器的字节地址）之间。位位置是一个 0～7 之间的常数。

注意，不要把 bit 与 sbit 混淆。bit 是定义普通的位变量，值只能是二进制的 0 或 1。而 sbit 定义的是特殊功能寄存器的可寻址位，它的值是可进行位寻址的特殊功能寄存器的某位的绝对地址，如 PSW 寄存器 OV 位的绝对地址是 0xd2。

### 三、运算符与表达式

1. C51 算术运算符

C51 算术运算符有五种：

| | |
|---|---|
| ＋ | 加法运算符或正号 |
| － | 减法运算符或负号 |
| * | 乘法运算符 |
| / | 除法运算符 |
| ％ | 模（求余）运算符 |

优先级：先乘除，后加减，先括号内，再括号外。

结合性：自左至右方向。

模运算即求余数，如，7％3，结果是 7 除以 3 所得余数 1。

2. C51 关系运算符

C51 关系运算符有六种：

| | |
|---|---|
| ＜ | 小于 |
| ＞ | 大于 |
| ＜＝ | 小于等于 |
| ＞＝ | 大于等于 |
| ＝＝ | 相等 |
| ！＝ | 不相等 |

优先级：前四个高，后两个"＝＝"和"！＝"级别低。

结合性：自左至右方向。

关系表达式的结果是逻辑值"真"或"假"，C51 中以"1"代表真，"0"代表假。

3. C51 逻辑运算符

C51 逻辑运算符有三种：

| | |
|---|---|
| ＆＆ | 逻辑与 |
| ‖ | 逻辑或 |
| ！ | 逻辑非 |

优先级：逻辑非"！"最高。

结合性："＆＆"和"‖"自左至右方向。"！"自右至左方向。

运算符的两边为关系表达式。逻辑表达式和关系表达式的值相同，以"0"代表假，以"1"代表真。

4. C51 位操作运算符

C51 按位操作运算符有六种：

&  按位与    ～位取反

|  按位或    <<位左移

^  按位异或   >>位右移

注：移位操作为补零移位。位运算符只能对整形和字符型运算，不能对实型数据运算。

【例 4 - 1】  char a = 0x0f；表达式 a = ～a 值为 0xf0。

【例 4 - 2】  char a = 0x22；表达式 a<<2 值为 0x88，即 a 值左移两位，移位后空白位补 0。

5. 自增自减运算符

++  自增 1

——  自减 1

自增、自减运算符可以在变量的前面或后面使用。

如++i 或——i，意为在使用 i 之前，先使 i 值加 1 或减 1。

如 i++或 i——，意为在使用变量 i 之后，再使 i 值加 1 或减 1。

【例 4 - 3】  定义整型变量：int i=6，并有 j=++i，则 j 值为 7，i 值也为 7。而如有 j=i++，则 j 值为 6，i 值为 7。

6. 赋值运算符

=赋值

将"="右边的值赋给"="左边的变量（注：不是相等运算符）。

7. 复合赋值运算符

C51 提供了十种复合赋值运算符：

+=  —=  *=  /=  %=

<<=  >>=  &=  ^=  |=

采用符合赋值运算的目的是为了简化程序，提高 C51 程序的编译效率。

【例 4 - 4】  a+=b 相当于 a=a+b。a>>=b 相当于 a=a>>b。

8. 指针操作运算符

&  取地址运算符

*  指针运算符

注意 & 与 * 的用法意义如下：

"&"与按位与运算符的差别。如果"&"为"与"运算，& 运算符的两边必须为变量或常量，如 a=c&b。"&"是取地址运算时，如 a=&b。

"*"与指针定义时指针前的"*"的差别。如 char * pt，这里的"*"只表示 pt 为指针变量，不代表间址取内容的运算。而 c= * b，是将以 b 的内容为地址的单元内容送 c 变量。

C51 运算的优先级：

！（非）→算术运算→关系运算→&&和‖→赋值运算

**四、数组与指针**

1. C51 的数组

数组是同类数据的一个有序结合，用数组名来标识。整型变量的有序结合称为整型数组，字符型变量的有序结合称为字符型数组。数组中的数据，称为数组元素。

数组中各元素的顺序用下标表示，下标为 n 的元素可以表示为数组名 [n]。改变 [ ] 中的下标就可以访问数组中的所有的元素。

数组有一维、二维、三维和多维数组之分。C51 语言中常用的一维、二维数组和字符数组。在 C51 的编程中，数组一个非常有用的功能是查表。

（1）一维数组。具有一个下标的数组元素组成的数组成为一维数组，一维数组的形式如下。

类型说明符　数组名 [元素个数]；

其中，数组名是一个标识符，元素个数是一个常量表达式，不能是含有变量的表达式。

【例 4 - 5】　int array1 [8]

定义了一个名为 array1 的数组，数组包含 8 个整型元素。

在定义数组时，可以对数组进行整体初始化，若定义后对数组赋值，则只能对每个元素分别赋值。

【例 4 - 6】　数组整体初始化

int a[3]={2,4,6}；　　　/∗给全部元素赋值,a[0]＝2,a[1]＝4,a[2]＝6 ∗/

int b[4]={5,4,3,2}；　　/∗给全部元素赋值,b[0]＝5,b[1]＝4,b[2]＝3,b[3]＝2 ∗/

…

（2）二维数组或多维数组。具有两个或两个以上下标的数组，称为二维数组或多维数组。定义二维数组的一般形式如下：

类型说明符　数组名 [行数] [列数]；

其中，数组名是一个标识符，行数和列数都是常量表达式。

【例 4 - 7】　定义一个二维数组

float　array2 [4][3]　/∗ array2 数组,有 4 行 3 列共 12 个浮点型元素 ∗/

二维数组可以在定义时进行整体初始化，也可在定义后单个地进行赋值。

【例 4 - 8】　二维数组初始化

int a[3][4]={1,2,3,4},{5,6,7,8},{9,10,11,12}；/∗a 数组全部初始化 ∗/

int b[3][4]={1,3,5,7},{2,4,6,8},{ }；　　　　/∗ b 数组部分初始化,未初始化的元素为 0 ∗/

（3）字符数组。若一个数组的元素是字符型的，则该数组就是一个字符数组。

（4）数组与存储空间。当程序中设定了一个数组时，C51 编译器就会在系统的存储空间中开辟一个区域，用于存放数组的内容。数组就包含在这个由连续存储单元组成的模块的存储体内。对字符数组而言，占据了内存中一连串的字节位置。对整型（int）数组而言，将在存储区中占据一连串连续的字节对的位置。对长整型（long）数组或浮点型（float）数组，一个成员将占有 4 字节的存储空间。

当一维数组被创建时，C51 编译器就会根据数组的类型在内存中开辟一块大小等于数组长度乘以数据类型长度（即类型占有的字节数）的区域。

对于二维数组 a [m][n] 而言，其存储顺序是按行存储，先存第 0 行元素的第 0 列、第 1 列、第 2 列，直至第 n−1 列，然后返回到存第 1 行元素的第 0 列、第 1 列、第 2 列，直至第 n−1 列，……，如此顺序存储，直到第 m−1 行的第 n−1 列。

当数组特别是多维数组中大多数元素没有被有效利用地利用时，就会浪费大量的存储空间。对于 51 单片机，不拥有大量的存储区，其存储资源极为有限，因此在进行 C51 语言编程开发时，要仔细地根据需要来选择数组的大小。

2. C51 的指针

指针是 C 语言中一种重要的数据类型，合理地使用指针，可以有效地表示数组等复杂的数据结构，直接处理内存地址。

C51 支持基于存储器的指针和一般指针两种指针类型。当定义一个指针变量时，若未给出它所指向的对象的存储类型，则指针变量被认为是一般指针，反之若给出了它所指向对象的存储类型，则该指针被认为是基于存储器的指针。

基于存储器的指针类型由 C51 语言源代码中存储类型决定，用这种指针可以高效访问对象，且只需 1～2 字节。

一般指针占用 3 字节：1 个字节为存储器类型，2 个字节为偏移量。存储器类型决定了对象所用的 8051 的存储空间，偏移量指向实际地址。一个一般指针可以访问任何变量而不管它在 8051 存储器的位置。

（1）基于存储器的指针。在定义一个指针时，若给出了它所指对象的存储类型，则该指针是基于存储器的指针。

基于存储器的指针以存储类型为变量，在编译时才被确定。因此，为地址选择存储器的方法可以省略，以便在这些指针的长度可为 1 字节（idata＊，data＊，pdata＊）或 2 字节（code＊，xdata＊）。在编译时，这类操作一般被"内嵌"编码，而无须进行库调用。

【例 4 − 9】 char xdata px＊;

在 xdata 存储器中定义了一个指向字符类型（char）的指针。指针自身在默认的存储区，长度为 2 字节，值为 0～0xFFFF。

【例 4 − 10】 char xdata ＊data pdx;

除了明确定定义指针位于 8051 内部存储器（data）外，其他与上例相同，它与编译模式无关。

【例 4 − 11】 data char xdata ＊pdx;

本例与上例完全相同。存储器类型定义既可以放在定义的开头，也可以直接放在定义的对象之前。

C51 语言的所有数据类型都和 8051 的存储器类型相关。所有用于一般指针的操作同样可用于基于存储器的指针。

【例 4 − 12】 char xdata ＊px; /＊ px 指向一个存在片外 RAM 的字符变量，px 本身在默认的存储器中，由编译模式决定，占用 2 字节 ＊/

char xdata ＊data py; /＊ py 指向一个存在片外 RAM 的字符变量，py 本身在

RAM 中，与编译模式无关，占用 2 字节 * /

（2）一般指针。在函数的调用中，函数的指针参数需要用一般指针。一般指针的说明形式如下。

数据类型　* 指针变量；

【例 4 - 13】　char * pz

这里没有给出 pz 所指变量的存储类型，pz 处于编译模式的默认的存储区，长度为 3 字节。一般指针包括 3 字节：2 字节偏移和 1 字节存储器类型。

当常数做指针时，须注意正确定义存储器类型和偏移。

【例 4 - 14】　将常数值 0x41 写入地址 0x8000 的外部数据存储器：

♯define XBYTE((char * )0x10000L)

　　　　XBYTE[0x8000]＝0x41；

其中，XBYTE 被定义为（char * ）0x10000L，0x10000L 为一般指针，其存储类型为 1，偏移量为 0000。这样，XBYTE 成为指向 xdata 零地址的指针，而 XBYTE [0x8000] 则是外部数据存储器 0x8000 的绝对地址。

C51 编译器不检查指针常数，用户须选择有实际意义的值。利用指针变量可以对内存地址直接操作。

**五、程序结构**

与 ANSI C 一样，C51 的程序是一个函数定义的集合，可以由任意一个函数构成，其中必须有一个主函数 main （ ）。

程序的执行是从主函数 main （ ） 开始的，调用其他函数后返回主函数 main （ ），最后在主函数中结束整个程序，而不管函数的排列顺序如何。

全局变量说明　　　/ * 可被各函数引用 * /

类型说明　　　　　main( )/ * 主函数 * /

{

　　　声明部分

　　　语句部分

}

类型说明　　　　　函数名 1(形式参数表)　 / * 函数 1 * /

{

　　　声明部分

　　　语句部分

}

…

类型说明　　　　　函数名 n(形式参数表)　 / * 函数 n * /

{

　　　声明部分

　　　语句部分

}

# 第三节　C51 对单片机的访问

## 一、存储类型

MCS－51 单片机的存储器分为片内数据存储器、特殊功能寄存器、片外数据存储器、片内程序存储器和片外程序存储器。

在 C51 中访问这些存储器时，是通过定义不同存储类型的变量，以说明该变量所访问的存储器位置。

C51 存储类型与 MCS－51 系列单片机实际的存储空间对应关系如表 4－4 所示。

**表 4－4　　　　　　　　　存储类型与存储空间的对应关系**

| 存储区域 | 存储类型 | 与存储空间的对应关系 |
| --- | --- | --- |
| DATA | data | 直接寻址片内数据存储区，位于片内 RAM 的低 128 字节 |
| BDATA | bdata | 可位寻址片内数据存储区，允许位与字节混合访问，位于 20H～2FH（16 字节） |
| IDATA | idata | 间接寻址片内数据存储区，可访问片内全部 RAM 地址空间（256 字节） |
| PDATA | pdata | 分页寻址片外数据存储区（256 字节），使用@Ri 间接寻址 |
| XDATA | xdata | 片外数据存储区（64KB），使用@DPTR 间接寻址 |
| CODE | code | 程序存储区（64KB），使用@DPTR 寻址 |

（1）data 存储类型。data 存储类型变量可直接寻址片内数据存储区 RAM（128 字节），访问速度快。应该把经常使用的变量放在 DATA 区，但 DATA 区存储空间有限，除了包含程序变量外，还包含了堆栈和寄存器组。

（2）bdata 存储类型。bdata 存储类型变量可位寻址片内数据存储区 RAM（16 个字节），字节地址为 20H～2FH，共 128 位，允许位与字节混合访问。

（3）idata 存储类型。idata 存储类型变量可间接寻址片内数据存储区，可访问全部内部地址空间（00～FFH，256 字节），速度比直接寻址慢。该类型对应的存储区域常用来放使用比较频繁的变量。与外部存储器寻址相比，它的指令执行周期和代码长度相对较短。

（4）pdata 存储类型。pdata 存储类型变量可以寻址由@Ri 访问的片外 RAM 的 256 个字节空间。

（5）xdata 存储类型。xdata 存储类型变量可以寻址由@DPTR 访问的 64 KB 片外 RAM 空间。PDATA 区寻址要比 XDATA 区寻址快，因对 PDATA 区只需装入 8 位地址，而对 XDATA 区寻址需要装入 16 位地址，所以要尽量把外部数据存储在 PDATA 区。

（6）code 存储类型。code 存储类型变量可以寻址由@A＋DPTR 访问的 64 KB 片内外 ROM 空间。CODE 区即 MCS－51 单片机的程序代码区，所以代码区的数据是不可改变的，读取 CODE 区存放的数据相当于用汇编语言的 MOVC 寻址。一般代码区中可存放数据表，跳转向量和状态表，对 CODE 区的访问和对 XDATA 区的访问的时间是一样的，代码区中的对象在编译时初始化。

C51 数据存储类型及其大小和值域如表 4 - 5 所示。

表 4 - 5　　　　　　　　　　　**C51 存储类型及其大小和值域**

| 存储类型 | 长度（bit） | 字节（byte） | 值域 |
|---|---|---|---|
| data | 8 | 1 | 0～255 |
| idata | 8 | 1 | 0～255 |
| bdata | 1 | | 0～127 |
| pdata | 8 | 1 | 0～255 |
| xdata | 16 | 2 | 0～65535 |
| code | 16 | 2 | 0～65535 |

总之，单片机访问片内 RAM 比访问片外 RAM 相对快一些，所以应当尽量把频繁使用的变量置于片内 RAM。即采用 data、bdata 或 idata 存储类型，而将容量较大的或使用不太频繁的那些变量置于片外 RAM，即采用 pdata 或 xdata 存储类型。常量只能采用 code 存储类型。

**二、存储模式**

存储模式决定了变量的默认存储类型和参数传递区，如果在变量定义时省略了存储器类型标识符，C51 编译器会选择默认的存储器类型。默认的存储器类型由 SMALL、COMPACT 和 LARGE 存储模式（memory models）指令决定。具体的存储模式说明见表 4 - 6。

表 4 - 6　　　　　　　　　　　**存　储　模　式　说　明**

| 存　储　模　式 | 说　　　　明 |
|---|---|
| 小编译模式 SMALL | 参数及局部变量放入可直接寻址的片内数据存储区（最大 128B，默认存储类型是 data），因此访问十分方便。另外所有对象，包括栈，都必须嵌入片内 RAM。栈长很关键，因为实际栈长依赖于不同函数的嵌套层数 |
| 紧凑模式 COMPACT | 参数及局部变量放入分页片外数据存储区（最大 256B，默认的存储类型是 pdata），通过寄存器 R0 和 R1 间接寻址，栈空间位于内部数据存储区中 |
| 大编译模式 LARGE | 参数及局部变量直接放入片外数据存储区（最大 64KB，默认存储类型为 xdata），使用数据指针 DPTR 来进行寻址。用此数据指针访问的效率较低，尤其是对两个或多个字节的变量，这种数据存储类型的访问机制直接影响代码的长度，不方便之处在于这种数据指针不能对称操作 |

数据存储模式的设定有两种方式：

（1）使用预处理命令设定数据存储模式。需在程序的第一句加预处理命令。如：

#pragma small 　　　　/＊设定数据存储模式为小编译模式＊/

#pragma compact 　　　/＊设定数据存储模式为紧凑编译模式＊/

#pragma large 　　　　/＊设定数据存储模式为大编译模式＊/

（2）使用编译控制命令设定数据存储模式。用 C51 编译程序对 C51 源程序进行编译时，使用编译控制命令，格式如下：

　　C51　源程序名　SMALL

　　C51　源程序名　COMPACT

　　C51　源程序名　LARGE

如 C51 源程序为 file1. C，若使程序中的变量存储类型和参数传递区限定在外部数据存储区，即设定数据存储模式为 COMPACT（紧凑编译模式）。

【例 4-15】　变量和函数的存储模式设置

```
#pragma small          /*默认存储类型为 MCS-51 直接寻址片内 RAM*/
char data i,j,k;       /*在 MCS-51 片内直接寻址 RAM 中定义了 3 个变量,默认为自动变
                          量*/
char i,j,k;            /*未指明存储类型,由 #pragma small 决定,与前一句完全等价*/
int xdata m,n;         /*在 MCS-51 片外 RAM 中定义了两个自动变量*/
static char m,n;       /*在 MCS-51 片内直接寻址 RAM 中定义了两个静态变量*/
unsigned char xdata ram[10];   /*在 MCS-51 片外 RAM 中定义了大小为 10 B 的数组变
                          量*/
int func1(int i,int j) large    /*指定函数中变量是 LARGE 模式*/
{
    return(i+j);
}
int func2(int i,int j)          /*未指明存储模式,按默认的 SMALL 模式*/
{
    return(i-j);
}
```

### 三、对特殊功能寄存器的访问

　　MCS-51 系列单片机片内有 21 个特殊功能寄存器（SFR），分散在片内 RAM 区的 0x80～0xFF 地址范围内。对 SFR 的操作只能用直接寻址方式。

　　为了能直接访问这些特殊功能寄存器，C51 提供了定义 SFR 的方法。这与 ANSI C 不兼容，只适用于 MCS-51 系列单片机。

　　1. 用 sfr 数据类型访问特殊功能寄存器

　　用 sfr 定义特殊功能寄存器名的语法如下。

　　**sfr**　特殊功能寄存器名＝整型常量；

【例 4-16】　sfr 数据类型访问特殊功能寄存器

```
sfr PSW=0xD0;      /*定义程序状态字 PSW,因 MCS-51 单片机的 PSW 地址为 D0H*/
sfr TMOD=0x89;     /*定义定时/计数器方式控制寄存器 TMOD,因 MCS-51 单片机的
                      TMOD 地址为 89H*/
sfr P1=0x90;       /*定义 P1 口,因 MCS-51 单片机的 P1 口地址为 90H*/
sfr SCON=0x98;     /*定义串口控制寄存器 SCON,因 MCS-51 单片机的 SCON 地址为
                      8H*/
```

2. 用 sbit 数据类型访问可位寻址的特殊功能寄存器中的位

MCS - 51 系列单片机片内 21 个特殊功能寄存器（SFR）中有 11 个特殊功能寄存器是可位寻址的。访问这些可位寻址的特殊功能寄存器中的位的方法可由关键字 sbit 定义特殊功能寄存器位寻址数据类型来实现。定义特殊功能寄存器位名的语法有下列三种：

　　　　　sbit 特殊功能寄存器位名＝特殊功能寄存器名ˆ整型常量

其中，特殊功能寄存器名是已由 sfr 定义了的特殊功能寄存器名，整型常量是位可寻址特殊功能寄存器中的位（是一个 0～7 之间的常数）。

　　　　　sbit 特殊功能寄存器位名＝整型常量 1ˆ整型常量 2

其中，整型常量 1 是指可位寻址特殊功能寄存器的字节地址（在 80H～FFH 之间），整型常量 2 是指该寄存器中的位（是一个 0～7 之间的常数）。

　　　　　sbit 特殊功能寄存器位名＝整型常量

其中，整型常量是可位寻址特殊功能寄存器的绝对位地址（位于 80H～FFH 之间）。

【例 4 - 17】　sbit 数据类型访问可位寻址的特殊功能寄存器中的位

```
sfr PSW＝0xD0；        /* 首先定义程序状态字 PSW,因 MCS - 51 单片机的 PSW 地址为
                          D0H */
sbit OV＝PSWˆ2；        /* 在前面定义了 PSW 后,OV 位于 PSW 的第 2 位 */
sbit AC＝0xD0ˆ6；       /* D0H 是程序状态字 PSW 的字节地址,辅助进位标志位 AC 位于
                          PSW 的第 6 位 */
sbit RS0＝0xD0ˆ3；      /* 工作寄存器组控制位 RS0 位于 PSW 的第 3 位 */
sbit CY＝0xD7；         /* 进位标志位 Cy 的绝对位地址为 D7H */
```

标准 SFR 在 reg51.h、reg52.h 等头文件中已经被定义,只要用文件包含做出申明即可使用。

【例 4 - 18】　特殊功能寄存器的访问。

```
#include "reg51.h"
sbit P10＝P1ˆ0；    /* 定义 P10 为 P1 口第 0 位,即 P1.0 口 */
sbit P12＝P1ˆ2；    /* 定义 P12 为 P1 口第 2 位,即 P1.2 口 */
void main( )
{
P10＝1；    /* 置位 P1.0 口 */
P12＝0；    /* 复位 P1.2 口 */
PSW＝0x08；    /* 程序状态字置 0x08 */
…
}
```

### 四、位地址访问

C51 编译器支持 bit 数据类型,在 C51 程序中可以使用 bit 数据类型对位地址进行操作。

C51 对位变量的定义有 3 种方法,在第二节 C51 扩展数据类型里已有介绍,此处重点进行举例说明如下：

1. 用 bit 关键字定义 C51 位变量

例如：

**【例 4 - 19】**

bit lock;　　　　　/ ∗ 将 lock 定义为位变量 ∗ /

bit dirention;　　　/ ∗ 将 direction 定义为位变量 ∗ /

bit display;　　　　/ ∗ 将 display 定义为位变量 ∗ /

注意：不能定义位变量指针，也不能定义位变量数组。

2. 通过指定函数中参数为 bit 类变量

例如：

**【例 4 - 20】**

bit fun(bit a1,bit a2)

{

　　…

　　return(a1);

}

3. 定义位寻址存储区的位变量

C51 编译器允许数据类型为 bdata 的变量放入片内 RAM 可位寻址区中。

**【例 4 - 21】**　　先定义变量的数据类型和存储类型，然后使用 sbit 定义位变量。

bdata int ibdata;　　　　　　　/ ∗ ibdata 定义为 bdata 整型变量 ∗ /

bdata char carry[5];　　　　　　/ ∗ carry 定义为 bdata 字符数组 ∗ /

sbit mybit0＝ ibdata^0;　　　　/ ∗ mybit0 定义为 ibdata 的第 0 位 ∗ /

sbit mybit15＝ ibdata^15;　　　/ ∗ mybit15 定义为 ibdata 的第 15 位 ∗ /

sbit arrybit07＝ carry[0]^7;　/ ∗ arrybit07 定义为 carry[0]的第 7 位 ∗ /

sbit arrybit37＝ carry[3]^7;　/ ∗ arrybit37 定义为 carry[3]的第 7 位 ∗ /

arrybit37＝0;　　　　　　　　/ ∗ carry[3]的第 7 位赋值为 0（位寻址）∗ /

carry[0]＝'A';　　　　　　　　/ ∗ carry[0]赋值为'A'（字节寻址）∗ /

位置（^操作符）后的最大值取决于指定的基本数据类型。对于 char 而言是 0～7；对于 int 而言是 0～15；对于 long 而言是 0～31。

**五、绝对地址访问**

如何对 51 单片机的片内 RAM、片外 RAM 及 I/O 进行访问，C51 语言提供了两种比较常用的访问绝对地址的方法。

1. 绝对宏

C51 编译器提供了一组宏定义来对 code、data、pdata 和 xdata 空间进行绝对寻址。在程序中，用"♯include＜absacc.h＞"来对 absacc.h 中声明的宏来访问绝对地址，包括 CBYTE、CWORD、DBYTE、DWORD、XBYTE、XWORD、PBYTE、PWORD，具体使用方法参考 absacc.h 头文件。其中：

CBYTE 以字节形式对 code 区寻址；

CWORD 以字形式对 code 区寻址；

　　DBYTE 以字节形式对 data 区寻址；

　　DWORD 以字形式对 data 区寻址；

　　XBYTE 以字节形式对 xdata 区寻址；

　　XWORD 以字形式对 xdata 区寻址；

　　PBYTE 以字节形式对 pdata 区寻址；

　　PWORD 以字形式对 pdata 区寻址。

＃include＜absacc. h＞

＃define PORTA XBYTE[0xFFC0] /＊将 PORTA 定义为外部 I/O 口,地址为 0xFFC0,长度 8 位＊/

＃define NRAM DBYTE[0x50]　　/＊将 NRAM 定义为片内 RAM,地址为 0x50,长度 8 位＊/

【例 4－22】　　片内 RAM、片外 RAM 及 I/O 的定义的程序如下：

＃include＜absacc. h＞

＃define PORTA XBYTE[0xFFC0]　　/＊将 PORTA 定义为外部 I/O 口,地址为 0xFFC0＊/

＃define NRAM DBYTE[0x40]　　　　/＊将 NRAM 定义为片内 RAM,地址为 0x40＊/

main(　)

{　PORTA＝0x3D；　/＊数据 3DH 写入地址 0xFFC0 的外部 I/O 端口 PORTA ＊/

　　NRAM＝0x01；　/＊将数据 01H 写入片内 RAM 的 40H 单元＊/

}

　　2. _ at _ 关键字

　　使用关键字 _ at _ 可对指定的存储器空间的绝对地址进行访问，格式如下：

　　[存储器类型]　　数据类型说明符　变量名 _ at _ 地址常数

其中，存储器类型为 C51 语言能识别的数据类型；数据类型为 C51 支持的数据类型；地址常数用于指定变量的绝对地址，必须位于有效的存储器空间之内；使用 _ at _ 定义的变量必须为全局变量。

【例 4－23】　　使用关键字 _ at _ 实现绝对地址的访问，程序如下：

void　main(void)

{　　　data unsigned char y1_at_0x50;/＊在 data 区定义字节变量 y1,它的地址为 50H＊/

xdata unsigned int y2_at_0x4000;/＊在 xdata 区定义字变量 y2,地址为 4000H＊/

y1＝0xff；

y1＝0x1234；

…

while(1)；

}

【例 4－24】　　将片外 RAM 2000H 开始的连续 20 个字节单元清 0。

程序如下：

xdata unsigned char buffer[20]_at_0x2000；

void main(void)

```
{   unsigned char i;
for(i=0;i<20;i++)
{   buffer[i]=0
}
}
```

如果把片内 RAM 40H 单元开始的 8 个单元内容清 0，则程序如下：

```
xdata unsigned char buffer[8]_at_0x40;
void    main(void)
{   unsigned char j ;
for(j=0;j<8;j++)
{           buffer[j]=0
}
}
```

# 第四节　C51 语言的函数

C 程序由一个主函数 main（）和若干个其他函数组成。由主函数调用其他函数，其他函数也可以互相调用，同一个函数可以被调用多次。

## 一、函数的分类

从结构上分，C51 语言函数可分为主函数 main（）和普通函数两种。而普通函数又分为标准库函数和用户自定义函数两种。

### 1. 标准库函数

标准库函数是由 C51 编译器提供的。编程者在进行程序设计时，应该善于充分利用这些功能强大、资源丰富的标准库函数资源，以提高编程效率。

用户可直接调用 C51 库函数而不需为这个函数写任何代码，只需要包含具有该函数说明的头文件即可。例如调用输出函数 printf 时，要求程序在调用输出库函数前包含以下的 include 命令：

【例 4-25】　　#include <stdio. h>

### 2. 用户自定义函数

用户自定义函数是用户根据需要所编写的函数。从函数定义的形式分为：无参函数、有参函数和空函数。

（1）无参函数。此种函数在被调用时，既无参数输入，也不返回结果给调用函数，只是为完成某种操作而编写的函数。无参函数的定义形式为：

返回值类型标识符　函数名（）
　　{　函数体；
　　}

无参函数一般不带返回值，因此函数的返回值类型的标识符可省略。

（2）有参函数。调用此种函数时，必须提供实际的输入函数。有参函数的定义形式为：

返回值类型标识符 函数名（形式参数列表）

形式参数说明：

　　{ 函数体；

　　}

（3）空函数。此种函数体内是空白的。调用空函数时，什么工作也不做，不起任何作用。定义空函数的目的，并不是为了执行某种操作，而是为了以后程序功能的扩充。先将一些基本模块的功能函数定义成空函数，占好位置，并写好注释，以后再用一个编好的函数代替它。这样整个程序的结构清晰，可读性好，以后扩充新功能方便。空函数的定义形式为：

返回值类型标识符 函数名（）

{ }

## 二、函数的参数与返回值

1. 函数的参数

C 语言采用函数之间的参数传递方式，使一个函数能对不同的变量进行功能相同的处理，从而大大提高了函数的通用性与灵活性。

函数之间的参数传递，由主函数调用时主调函数的实际参数与被调函数的形式参数之间进行数据传递来实现。

被调用函数的最后结果由被调用函数的 return 语句返回给调用函数。

函数的参数包括形式参数和实际参数。

（1）形式参数：函数的函数名后面括号中的变量名称为形式参数，简称形参。

（2）实际参数：在函数调用时，主调函数名后面括号中的表达式称实际参数，简称实参。

在 C 语言的函数调用中，实际参数与形式参数之间的数据传递是单向进行的，只能由实际参数传递给形式参数，而不能由形式参数传递给实际参数。

实际参数与形式参数的类型必须一致，否则会发生类型不匹配的错误。被调用函数的形式参数在函数未调用之前，并不占用实际内存单元。只有当函数调用发生时，被调用函数的形式参数才分配给内存单元，此时内存中调用函数的实际参数和被调用函数的形式参数位于不同的单元。在调用结束后，形式参数所占有的内存被系统释放，而实际参数所占有的内存单元仍保留并维持原值。

2. 函数的返回值

函数的返回值是通过函数中的 return 语句获得的。一个函数可以有一个以上的 return 语句，但是多于一个的 return 语句必须在选择结构（if 或 do/case）中使用［例如前面求两个数中的大数函数 max（）的例子］，因为被调用函数一定只能返回一个变量。

函数返回值的类型一般在定义函数时，由返回值的标识符来指定。例如在函数名之前的 int 指定函数的返回值的类型为整型数（int）。若没有指定函数的返回值类型，默认返回值为整型类型。

当函数没有返回值时，则使用标识符 void 进行说明。

### 三、函数的调用

在一个函数中需要用到某个函数的功能时，就调用该函数。调用者称为主调函数，被调用者称为被调函数。

1. 函数调用的一般形式

函数调用的一般形式：

函数名〔实际参数列表〕；

若被调函数是有参函数，则主调函数必须把被调函数所需的参数传递给被调函数。传递给被调函数的数据称为实际参数（简称实参），必须与形参的数据在数量、类型和顺序上都一致。实参可以是常量、变量和表达式。实参对形参的数据是单向的，即只能将实参传递给形参。

2. 函数调用的方式

主调用函数对被调用函数的调用有以下 3 种方式。

(1) 函数调用语句。函数调用语句把被调用函数的函数名作为主调函数的一个语句。例如：

print_message( )；

此时，并不要求函数返回结果数值，只要求函数完成某种操作。

(2) 函数结果作为表达式的一个运算对象。函数结果作为表达式的一个运算对象，例如：

result＝2＊gcd(a,b)；

被调用函数以一个运算对象出现在表达式中。这要求被调用函数带有 return 语句，以便返回一个明确的数值参加表达式的运算。被调用函数 gcd 为表达式的一部分，它的返回值乘 2 再赋给变量 result。

(3) 函数参数。函数参数即被调用函数作为另一个函数的实际参数。例如：

m＝max(a,gcd(u,v))；

其中，gcd (u, v) 是一次函数调用，它的值作为另一个函数的 max ( ) 的实际参数之一。

3. 对调用函数的说明

在一个函数调另一个函数调用另一个函数时，须具备以下条件：

(1) 被调用函数必须是已经存在的函数（库函数或用户自定义的函数）。

(2) 如果程序中使用了库函数，或使用了不在同一文件中的另外自定义函数，则应该在程序的开头处使用 ♯include 包含语句，将所有的函数信息包含到程序中来。在程序编译时，系统会自动将函数库中的有关函数调入到程序中去，编译出完整的程序代码。

(3) 如果程序中使用了自定义函数，且该函数与调用它的函数同在一个文件中，则应根据主调用函数与被调用函数在文件中的位置，决定是否对被调用函数作出说明。

如果被调用函数在主调用函数之后，一般应在主调用函数中，在被调用函数调用之前，对被调用函数的返回值类型作出说明。

如果被调用函数出现在主调用函数之前，不用对被调用函数进行说明。

如果在所有函数定义之前，在文件的开头处，在函数的外部已经说明了函数的类型，则在主调用函数中不必对所调用的函数再做返回值类型说明。

### 四、中断服务函数

中断服务程序是一种特殊的函数，又称为中断函数。使用 interrupt 关键字来实现。
定义中断服务程序的一般格式如下：

**void** 函数名（ ）　　　**interrupt n**［**using m**］

关键字 interrupt 后面的 n 是中断号，理论上可以是 0～31 的整型参数，用来表示中断处理函数所对应的中断号，该参数不能是带运算符的表达式。对于 51 单片机 n 的取值范围是 0～4，具体对应关系如表 4-7 所示。

表 4-7　　　　　　　　　　　　　　中断号和中断源的对应关系

| 中断号 | 中断源 | 中断向量 |
|:---:|:---:|:---:|
| 0 | 外部中断 0 | 0003H |
| 1 | 定时/计数器 0 | 000BH |
| 2 | 外部中断 1 | 0013H |
| 3 | 定时/计数器 1 | 001BH |
| 4 | 串行口 | 0023H |

中断函数应遵循以下规则：

（1）中断函数不能进行参数传递。

（2）中断函数没有返回值。

（3）不能在其他函数中直接调用中断函数。

（4）若在中断中调用了其他函数，则必须保证这些函数和中断函数使用了相同的寄存器组。

### 五、变量及存储方式

1. 变量

（1）局部变量。是某一个函数中存在的变量，它只在该函数内部有效。

（2）全局变量。在整个源文件中都存在的变量。有效区间是从定义点开始到源文件结束，其中的所有函数都可直接访问该变量。如果定义前的函数需要访问该变量，则需要使用 extern 关键词对该变量进行说明，如果全局变量声明文件之外的源文件需要访问该变量，也需要使用 extern 关键词进行说明。

由于全局变量一直存在，占用了大量的内存单元，且加大了程序的耦合性，不利于程序的移植或复用。

全局变量可以使用 static 关键词进行定义，该变量只能在变量定义的源文件内使用，不能被其他源文件引用，这种全局变量称为静态全局变量。如果一个其他文件的非静态全局变量需要被某文件引用，则需要在该文件调用前使用 extern 关键词对该变量声明。

2. 变量的存储方式

单片机的存储区间，可以分为程序存储区、静态存储区和动态存储区 3 个部分。数据存放在静态存储区或动态存储区。其中全局变量存放在静态存储区，在程序开始运行时，给全局变量分配存储空间；局部变量存放在动态存储区，在进入拥有该变量的函数时，给这些变量分配存储间。

## 六、C51 的预处理

预处理功能包括宏定义、文件包含和条件编译 3 个主要部分。预处理命令不同于 C 语言语句。具有以下特点：

（1）预处理命令以"♯"开头，后面不加分号。

（2）预处理命令在编译前执行。

（3）多数预处理命令习惯放在文件的开头。

### 1. 宏定义

宏符号名一般采用大写形式。不带参数的宏定义的格式为：

♯**define** 宏符号名 常量表达式

【例 4 - 26】 ♯define PI 3. 14

表示用宏符号名 PI 代替浮点数 3. 14。

结束宏符号名的定义语句：

♯**undef** 宏符号名

### 2. 包含文件

包含文件的含义是在一个程序文件中包含其他文件的内容。用文件包含命令可以实现文件包含功能，命令格式为：

♯**include**<文件名>或 ♯**include** "文件名"

【例 4 - 27】 在文件 file1. c 中：

```
♯include "file2. c"
main(){
    …
}
```

在编译预处理时，对 ♯include 命令进行文件包含处理。实际上就是将文件 file2. c 中的全部内容复制插入到 ♯include "file2. c" 的命令处。

# 第五节　C51 结构化程序设计

C51 程序是一种结构化程序，由若干模块组成，每个模块中包含若干个基本结构，而每个基本结构中可以有若干条语句。

基本结构有三种：顺序结构、选择结构、循环结构。

## 一、顺序结构

顺序结构是一种最基本、最简单的程序结构。在这种结构中，语句被依次逐条地顺序执行。

【例 4 - 28】 一乘法程序，乘积放在外部 RAM 的 0000H 单元。

```
void main( )
{
unsigned long   xdata * p;      /* 设定 p 是指向外部 RAM 区的 unsigned long 指针 */
unsigned long   x＝12345，  y＝67890，  mum;
```

```
mum＝x * y;
p＝0;                        /* p 指向外部 RAM 区 0000H 单元 */
* p＝mum;                    /* 乘积存入外部 RAM 区 0000H 单元 */
}
```

## 二、选择结构

用 if 语句可以构成选择结构。它根据给定的条件进行判断，以决定执行某个分支程序段。C 语言的 if 语句有四种基本形式。

1. 单分支语句

**if**（条件表达式）语句组；

**【例 4-29】** 寻找两个数中的大数输出

```
void  main()
{
unsigned  xdata * p;
unsigned  a＝35,b＝78,max;
max＝a;
if(max＜b) max＝b;
p＝0;                 /* p 指向外部 RAM 区 0000H 单元 */
* p＝max;             /* 最大值存入外部 RAM 区 0000H 单元 */
}
```

2. 双分支语句

**if**（条件表达式）语句组 1；

**else** 语句组 2；

**【例 4-30】** 寻找两个数中的大数输出。

```
#include "reg51. h"
void  main()
{
unsigned  xdata * p;
unsigned  a＝35,b＝78,max;
if(a＞b)
max＝a;
else
max＝b;
p＝0;                 /* p 指向外部 RAM 区 0000H 单元 */
* p＝max;             /* 最大值存入外部 RAM 区 0000H 单元 */
}
```

3. 多分支语句

当有多个分支选择时，可采用 if - else - if 语句结构，其一般形式为：

**if**（条件表达式 1）

　　语句组 **1**；

**else　if**（条件表达式 **2**）

　　语句组 **2**；

　　**…**

**else　if**（条件表达式 **n**）

　　语句组 **n**；

**else**

　　语句 **m**；

4．开关选择 switch 语句

switch 语句结构的一般形式为：

**switch**（表达式）

{

　　**case** 常量表达式 **1**：语句组 **1**；

　　**case** 常量表达式 **2**：语句组 **2**；

　　**…**

　　**case** 常量表达式 **n**：语句组 **n**；

　　**default**：语句组 **n＋1**；

}

在使用 switch 语句时还应注意以下几点：

（1）在 case 后的各常量表达式的值不能相同，否则会出现错误。

（2）在 case 后，允许有多条语句，可以不用 {  } 括起来。

（3）各 case 和 default 子句的先后顺序可以变动，而不会影响程序执行结果。

（4）default 子句可以省略不用。

（5）在每一 case 语句之后增加 break 语句，使每一次执行之后均可跳出 switch 语句，这样才能实现多分支结构。

### 三、循环结构

循环结构程序的其特点是，在给定条件成立时，反复执行某程序段，直到条件不成立为止。给定的条件称为循环条件，反复执行的程序段称为循环体。C 语言提供了多种循环语句，可以组成各种不同形式的循环结构。

1．while 循环语句

while 循环语句的一般形式为：

**while**（表达式）　语句组

其中表达式是循环条件，语句组为循环体。

while 语句的语义是：计算表达式的值，当值为真（非 0）时，执行循环体语句组。

2．do－while 循环语句

do－while 循环语句的一般形式为：

**do**

　　语句组

**while**（表达式）；

这个循环与 while 循环的不同在于：先执行循环体中的语句组，然后再判断表达式的值是否为真，如果为真（非 0）则继续循环；如果为假（0），则终止循环。因此，do-while 循环至少要执行一次循环体内的语句组。

3. for 循环语句

for 语句使用最为灵活，它完全可以取代 while 语句。for 循环语句的一般形式为：

**for**（表达式 **1**；表达式 **2**；表达式 **3**）语句组

for 循环语句的执行过程如下：

（1）先求解表达式 1。

（2）求解表达式 2，若其值为真（非 0），则执行 for 语句中指定的语句组，然后执行下面第 3 步；若其值为假（0），则转到第 5 步，结束循环。

（3）求解表达式 3。

（4）转回上面第 2 步继续执行。

（5）循环结束，执行 for 语句的下一个语句。

**四、break 语句、continue 语句和 goto 语句**

1. break 语句

break 语句通常用在循环语句和开关语句中。

当 break 用于开关语句 switch 中时，可使程序跳出 switch 而执行 switch 以后的语句。

当 break 语句用于 do-while、for、while 循环语句中时，可使程序终止循环而执行循环结构后面的语句。

通常 break 语句总是与 if 语句连在一起，即满足条件时便跳出循环。

2. continue 语句

continue 语句的作用是跳过循环体中剩余的语句而强行开始执行下一次循环。

continue 语句只用在 for、while、do-while 等循环体中。

continue 语句常与 if 条件语句一起使用，用来加速循环。

3. goto 语句

是一无条件转移语句，当执行 goto 语句时，将程序指针跳转到 goto 给出的下一条代码。基本格式如下：

goto　　标号

goto 语句在 C51 中经常用于无条件跳转某条必须执行的语句以及用于在死循环程序中退出循环。为了方便阅读，也为了避免跳转时引发错误，在程序设计中要慎重使用 goto 语句。

# 第六节　Keil C51 的 开 发 工 具

Keil C51 语言是德国 Keil software 公司开发的用于 51 系列单片机的 C51 语言开发软件。Keil C51 在兼容标准 C 的基础上，又增加了很多与 51 单片机硬件相关的编译特性，使得在 51 系列单片机上开发应用程序更为方便快捷，生产的程序代码运行速度快，所需存储器空间小，完全可以和汇编语言相媲美。它支持众多的 8051 架构芯片，同时集编辑、编译、仿真等功能于一体，具有强大的软件调试功能，是众多单片机应用开发软件中最常用、也是最优秀的软件之一，用过汇编语言后再使用 C51 来开发，体会更加深刻。

目前，Keil C51 已被完全集成到一个功能强大的集成开发环境（IDE - Intergrated Development Eviroment）μVision4 中，该集成开发环境提供了对基于 8051 内核的各种型号单片机的支持，为 51 系列单片机软件开发提供 C 语言开发环境。该开发环境下集成了文件编辑处理、编译链接、项目管理、窗口、工具引用和仿真软件模拟器以及 Monitor51 硬件目标调试器等多种功能，所有这些功能均可在 Keil μVision4 的开发环境中极为简便地操作。

Keil μVision4 完全兼容先前的 μVision2 和 μVision3 版本。

Keil C51 集成开发环境主要由菜单栏、工具栏、源文件编译窗口、工程窗口和输出窗口五部分组成。工具栏为一组快捷工具图标，主要包括基本文件工具栏、建造工具栏和调试工具栏，基本文件工具栏包括新建、打开、拷贝、粘贴等基本操作。建造工具栏主要包括文件编译、目标文件编译连接、所有目标文件编译连接、目标选项和一个目标选择窗口。调试工具栏位于最后，主要包括一些仿真调试源程序的基本操作，如单步、复位、全速运行等。在工具栏下面，默认有三个窗口。左边的工程窗口包含一个工程的目标（target）、组（group）和项目文件。右边为源文件编辑窗口，编辑窗口实质上就是一个文件编辑器，我们可以在这里对源文件进行编辑、修改、粘贴等。下边的为输出窗口，源文件编译之后的结果显示在输出窗口中，会出现通过或错误（包括错误类型及行号）的提示。如果通过则会生成"HEX"格式的目标文件，用于仿真或烧录芯片。

Keil C51 开发过程可简单概括为以下几个步骤。

（1）建立一个工程项目，选择芯片，确定选项。

（2）建立汇编源文件或 C 源文件。

（3）用项目管理器生成各种应用文件。

（4）检查并修改源文件中的错误。

（5）编译连接通过后进行软件模拟仿真或硬件在线仿真。

（6）编程操作。

（7）应用。

# 第七节　C51 程序设计举例

## 一、延时程序

```
void delay(uint x)              /*根据需要由主函数指定延时参数 x 的大小*/
{
uchar i;
while(x－－)
{
  for(i=0;i<120;i++);
}
}
```

## 二、查表程序

片内 RAM 的 20H 单元存放着一个 0～05H 的数，用查表法求出该数的平方值放入内部 RAM 的 21H 单元中。

程序如下：

```
main( )
{
    char x, * p;
    char code tab[6]={0,1,4,9,16,25};
    p=0x20;
    x=tab[ * p];
    p++;
    * p=x;
}
```

## 三、并行 I/O 端口的 C51 编程举例

外部中断 0 引脚（P3.2 口）接一个开关，P1.0 口接一只发光二极管。开关闭合一次，发光二极管改变一次状态。

程序如下：

```
#include<reg51. h>
#include<intrins. h>
sbit  P1_0=P1^0;
void  delay(void)            /*延时函数*/
{   int a=5000;
    while(a——) _nop_();
}
void  int_srv(void)  interrupt  0  using  1      /*外中断函数*/
{   delay();
if(INT0==0)                      /*测试 INT0==0 后 P1.0 取反*/
    {P1_0=! P1_0;   while(INT0==0);}
}
void  main()
{   P1_0=0;
    EA=1;                        /*开中断*/
    EX0=1;
    while(1);
}
```

## 四、定时器/计数器与中断的应用程序

定时器控制单只LED        /*名称：定时器控制单只 LED

                说明：LED 在定时器的中断例程控制下不断闪烁。 */

程序如下：

```
#include<reg51.h>
#define uchar unsigned char
#define uint unsigned int
sbit LED=P0^0;
uchar T_Count=0;
//主程序
void main()
{
    TMOD=0x00;                      //定时器 0 工作方式 0
    TH0=(8192-5000)/32;             //5ms 定时
    TL0=(8192-5000)%32;
    IE=0x82;                        //允许 T0 中断
    TR0=1;
    while(1);
}
//T0 中断函数
void LED_Flash() interrupt 1
{
    TH0=(8192-5000)/32;             //恢复初值
    TL0=(8192-5000)%32;
    if(++T_Count==100)              //0.5s 开关一次 LED
    {
        LED=~LED;
        T_Count=0;
    }
}
```

## 五、方波发生器程序

用定时器 0 实现从 P1.0 口输出方波信号，周期为 50 ms。设单片机的 $focs=$ 6MHz。
程序如下：

```
#include<reg51.h>
sbit P1_0=P1^0;
void   main()                  /*主函数*/
{   TMOD=0x01;                 /*设置 T0 工作于定时方式 1*/
    TH0=-12500/256;            /*写定时器中加 1 计数器的计数初值*/
    TL0=-12500%256;
    ET0=1;                     /*允许定时器 0 中断*/
    EA=1;                      /*全部中断允许*/
```

```
    TR0=1;                      /＊启动定时器 0 工作＊/
    while(1);                   /＊等待中断＊/
}
void   T0_srv(void) interrupt 1 using 1        /＊中断函数＊/
{   TH0=－12500/256;            /＊重写计数初值＊/
    TL0=－12500％256;
    P1_0=！P1_0;                /＊P1.0 取反＊/
}
```

# 习    题

1. C51 在标准 C 的基础上，扩展了哪几种数据类型？

2. C51 数据存储类型有哪几种？其中 idata，xdata，pdata，code 各对应 MCS－51 单片机的哪些存储空间？

3. do－while 循环与 while 循环的区别是什么？

4. 试编写一段程序，将外部数据存储器 40H 单元中的内容传送到 50H 单元。

5. 编写一段程序，将片外 2000H 为首地址的连续 8 个单元内容读入到片内 40H～47H 单元中。

6. 试编写一段程序，将 P1 口的高 5 位置位，低 3 位不变。

7. 从 20H 单元开始有一无符号数据块，其长度在 20H 单元中。编写程序找出数据块中最小值，并存入 21H 单元。

# 第五章　单片机系统扩展技术

## 第一节　系统扩展概述

单片机的芯片内集成了计算机的基本功能部件，因此一块单片机电路往往就是一个基本的微机应用系统。大多数单片机还具有系统扩展能力，允许扩展各种外围电路以补充片内资源的不足，适应特定应用的需要。

本章主要介绍 MCS-51 系列单片机的系统扩展技术，还介绍一些常用的外围电路的接口和编程方式。有关器件的工作原理和软件硬件的设计方法对其他系统的单片机也是适用的。

**一、MCS-51 系列单片机典型扩展方法**

MCS-51 系列单片机具有很强的外扩功能，扩展内容包括数据存储器、程序存储器和 I/O 接口电路等，扩展结构图如图 5-1 所示。扩展电路芯片大多是一些常规芯片，比较规范。扩展方法是通过系统总线将各扩展部件连接起来，以使各部件之间传送数据、地址和控制信号。在单片机的带负载能力范围内，可以同时扩展多片接口芯片。

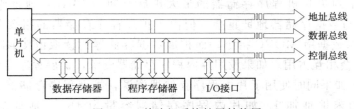

图 5-1　单片机系统扩展结构图

**二、MCS-51 系列单片机系统总线构造**

总线是连接计算机各部件的一组公共信号线，按其功能通常分为地址总线、数据总线和控制总线。单片机与其他微型计算机不同，为了减少芯片的封装引脚，单片机芯片没有专用的地址线和数据线，而是采用 I/O 口线的复用技术，把 I/O 口线复用为总线。MCS-51 的地址总线、数据总线和控制总线的构造情况如图 5-2 所示。

MCS-51 系列单片机为系统的扩展提供了一些控制信号线，主要包括：$\overline{RD}$ 和 $\overline{WR}$ 可作为扩展数据存储器和 I/O 接口时的读/写选通信号；PSEN可作为扩展程序存储器的读选通信号；$\overline{EA}$ 作为外部扩展程序存储器的选择信号；ALE 用于控制锁存器锁存 P0 口输出的低 8 位地址数据。单片机扩展系统的数据线为 P0 口的 8 位口线，地址线为 16 位，其中低 8 位地址线为 P0 口的 8 位口线复用而成，高 8 位地址线为 P2 口的 8 位口线。

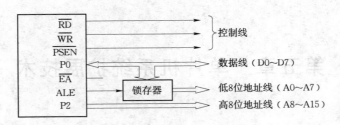

图 5-2 MCS-51 系列单片机系统总线构造图

# 第二节 存储器的扩展

对于处理数据量较大的单片机应用系统，仅用单片机内部的存储器资源往往不够，如 MCS-51 系列单片机内部的程序存储器一般只有 4KB，数据存储器不过有 200 多个字节。外部扩展存储器资源是解决上述问题的必要途径。MCS-51 系列单片机数据存储器和程序存储器的最大扩展空间为 64KB。

**一、程序存储器扩展**

由图 5-2 可知，扩展外部存储器时系统地址线为 16 位，其中高 8 位由 P2 口提供，低 8 位由 P0 口提供；系统数据线为 8 位，由 P0 口提供，扩展程序存储器的地址线和数据线的构造也是如此，另外扩展程序存储器的指令和数据的读取由 $\overline{PSEN}$ 控制，读取数据用 MOVC 指令。

1. 扩展程序存储器的地址

MCS-51 系列单片机程序存储器的最大扩展空间为 64KB，地址编号为 0000H～0FFFFH，虽然与数据存储器地址重叠，但由于扩展程序存储器的指令和数据的读取由 $\overline{PSEN}$ 控制，读取数据用 MOVC 指令，而扩展数据存储器的读取由 $\overline{RD}$ 控制和 MOVX 指令，所以两者不会相互占用。如果没用片内程序存储器资源，扩展程序存储器的起始地址从 0000H 开始，如果同时使用了片内程序存储器资源，扩展程序存储器的起始地址为片内程序存储器的末地址加 1。如片内程序存储器容量为 4KB，地址范围为 0000H～0FFFH，即末地址为 0FFFH，则扩展程序存储器的起始地址为 1000H。

读取扩展程序存储器的指令时，地址存放在程序计数器 PC 中。利用 MOVC 指令读取扩展程序存储器的数据时，可由 @A+DPTR 或 @A+PC 间接寻址。

2. 扩展程序存储器的操作时序

熟悉了扩展程序存储器的操作时序，很容易理解和掌握程序存储器的扩展方法。扩展程序存储器的操作时序如图 5-3 所示。在单片机中程序存储器和数据存储器是相互独立的，所以扩展程序存储器的操作时序有两种情况，即不执行 MOVX 指令情况和执行 MOVX 指令的情况。

两图表明了地址信息、数据或指令信息、控制信号 PSEN 和 ALE 等信息，在一个机器周期内的时间配合关系。

图 5-3 (a) 反映的是取非 MOVX 指令的时序。取指令开始，在 S2P1 时，P0 口输出

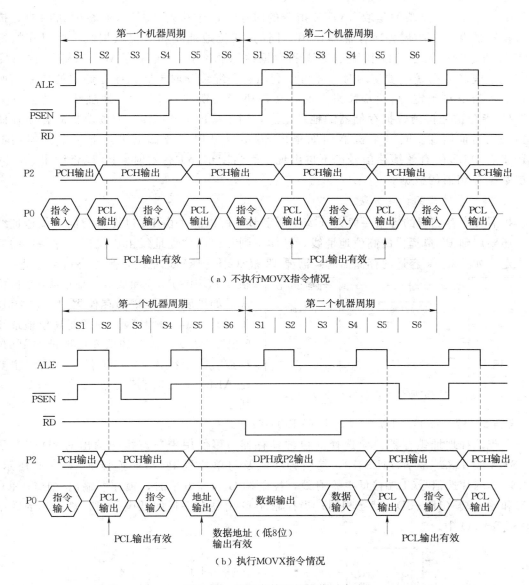

图 5-3 扩展存储器的操作时序

指向程序存储器的低 8 位地址 PCL，P2 口专门输出指向程序存储器的高 8 位地址 PCH。由于 P0 口还要输入指令，必须用 ALE 信号来锁存 P0 口输出的地址数据 PCL 到锁存器中，所以在一个机器周期内 ALE 信号两次有效，即在 S2P1 和 S5P1 时，有效信号为下降沿。在 S3P1 时，$\overline{PSEN}$ 变为低电平，通常此信号作为扩展程序存储器的输出选通信号，则扩展存储器输出允许，指令将出现在数据线 P0 口上，在 S4P1 时指令出现在数据线 P0 口上，CPU 在 $\overline{PSEN}$ 的上升沿前将指令读入并寄存到指令寄存器 IR 中。在一个机器周期内 ALE 信号和 $\overline{PSEN}$ 信号两次有效，可以允许单片机两次访问扩展程序存储器，即取出两个字节指令。

图 5 - 3 （b）反映的是取 MOVX 指令的时序。由于执行 MOVX 指令时访问的是扩展数据存储器，与扩展程序存储器使用共同的 16 位地址线和 8 位数据线，所以在执行 MOVX 指令时，无法继续利用地址线和数据线取指令，必须等待 MOVX 指令执行完后，地址线和数据线不被使用时，才可以利用它们继续读取扩展程序存储器的指令。所以在输入指令并判定为 MOVX 指令时，在该机器周期的 S5P1 时，地址线上的信息为 MOVX 指令访问扩展数据存储器的地址信息，而不像图 5 - 3 （a）为读取扩展程序存储器指令的地址信息。同一个机器周期里 $\overline{\text{PSEN}}$ 不再呈现有效低电平，下一个机器周期 S2P1 时，ALE 的有效锁存信号也不再出现，而当 $\overline{\text{RD}}$ 或 $\overline{\text{WR}}$ 有效时，P0 口将读出或写入扩展数据存储器的数据。

3. 程序存储器的扩展方法

扩展程序存储器的容量一般大于 256 个字节，所以除了由 P0 口提供的低 8 位地址线外，还要用到 P2 口提供的高位地址线，具体用到几根高位地址线由扩展程序存储器的容量决定。如扩展 4k 容量的存储器时，需要 12 根（$2^{12}=4k$）地址线，则需要高位地址线 4 根即 P2.0～P2.3 和低 8 位地址线 P0 口构成。如扩展 8k 容量的存储器时，需要 13 根（$2^{13}=8k$）地址线，则需要高位地址线 5 根即 P2.0～P2.4 和低 8 位地址线 P0 口构成。数据线由 P0 口提供。控制线主要是 ALE，$\overline{\text{EA}}$ 和 $\overline{\text{PSEN}}$。连接方法如图 5 - 4 所示。

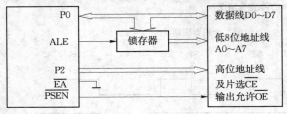

图 5 - 4　扩展程序存储器的连接

【例 5 - 1】　8031 外扩一片 2kB EPROM2716。

首先选择地址锁存器。应选择 8 位的锁存器，可使用带三态缓冲输出的 8D 锁存器 74LS373 或 8282。选择 74LS373，其引脚功能及与单片机 P0 口的连接如图 5 - 5 所示。74LS373 的片选信号 $\overline{\text{CE}}$ 端接低电平有效，控制端 G 为高电平时，锁存器输出（1Q～8Q）状态和输入端（1D～8D）状态相同；当控制端 G 由高电平返回低电平时，输入端的数据锁入 1Q～8Q 中。

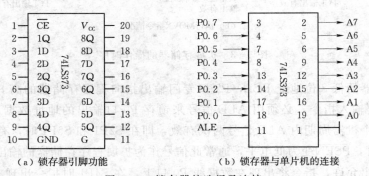

（a）锁存器引脚功能　　　　　　（b）锁存器与单片机的连接

图 5 - 5　锁存器的选择及连接

其次，进行数据线、控制线和地址线的连接。2716 芯片的引脚功能及与 8031 的连接如图 5 - 6 所示。

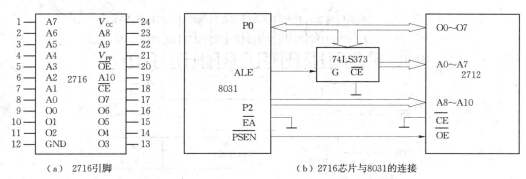

（a）2716引脚　　　　　　（b）2716芯片与8031的连接

图 5-6　2716 芯片引脚及与 8031 的连接

最后，根据地址线的连接确定扩展程序存储器的地址。如把 P2 口没用到的高位地址线假定为"0"（也可假定为"1"）状态，则本例扩展程序存储器 2716 芯片的地址范围是：0000H～07FFH。

**二、数据存储器扩展**

1. 扩展数据存储器的地址

扩展数据存储器的寻址范围是 64KB（0000H～0FFFFH），并与扩展的 I/O 接口统一编址。通过执行 MOVX 指令访问扩展的数据存储器和 I/O 接口，其产生的读写控制信号为 $\overline{RD}$ 和 $\overline{WR}$。地址指针为 DPTR，若按页面寻址，则用 R0 或 R1 作页内地址指针，P2 口作页地址指针。

2. 扩展数据存储器的操作时序

CPU 读外部数据 RAM 时，各相关信号的时序如图 5-7 所示。

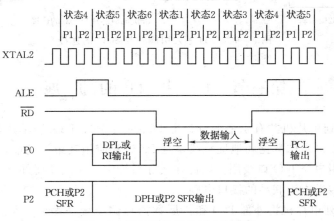

图 5-7　读外部数据 RAM 的时序

CPU 写外部数据 RAM 时，各相关信号的时序如图 5-8 所示。

3. 数据存储器的控制方法

扩展外部数据存储器时，地址总线和数据总线的连接方法与扩展程序存储器相同，控制总线主要是读信号 $\overline{RD}$ 和写信号 $\overline{WR}$。其中读信号与控制 RAM 的输出允许 $\overline{OE}$ 相连，写信号与外 RAM 的写信号 $\overline{WR}$ 相连。

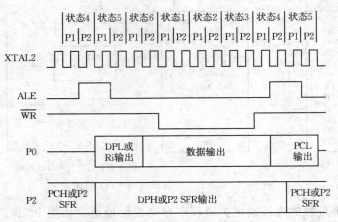

图 5-8 写外部数据 RAM 的时序

**【例 5-2】** 8031 外扩一片 8kB 静态 RAM 芯片 6264。

锁存器仍选择 74LS373。数据总线、地址总线和控制总线的连接如图 5-9 所示。

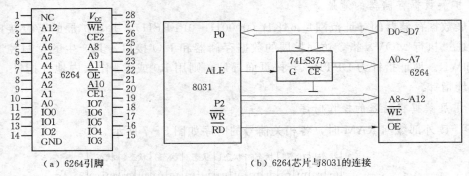

（a）6264引脚          （b）6264芯片与8031的连接

图 5-9 6264 芯片引脚及与 8031 的连接

# 第三节 I/O 接 口 的 扩 展

MCS-51 系列单片机共有 4 个 I/O 口即 P0、P1、P2、P3。若单片机在外部扩展了存储器后，P0 和 P2 口用作数据和地址总线，且 P3 口常使用其第二功能，所以往往只有 P1 的 8 根口线可供用户作 I/O 口线用。因此在实际系统中，往往还要外扩 I/O 口，即计算机与外设之间数据传送方面联系的接口电路。

MCS-51 系列单片机将外部 I/O 和扩展数据存储器统一编址，每一个扩展的接口中的寄存器相当于一个扩展数据存储器单元，存储器和 I/O 使用同一的地址空间，也是利用 MOVX 指令访问，所以外部 I/O 的读/写过程也受 $\overline{RD}$ 和 $\overline{WR}$ 的控制。

## 一、简单 I/O 扩展

1. 简单输入口的扩展

输入口的扩展主要解决的是数据输入的缓冲问题，利用三态缓冲器可以实现，当输入设备被选通时使数据总线与数据源连通；当输入设备未被选通时把数据总线与数据源隔离。如以 2 个 4 位的三态缓冲器 74LS244 为例进行扩展如图 5－10 所示。

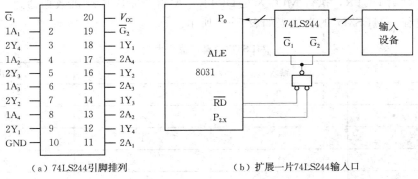

（a）74LS244引脚排列　　　　　（b）扩展一片74LS244输入口

图 5－10　输入口扩展举例

图 5－10（b）图例子中使用 P2 口任何一根 I/O 线均可作为 74LS244 的地址选通信号，地址可赋给 DPTR，执行 MOVX　A，@DPTR 指令完成外设通过 74LS244 的输入单片机的过程。使用多片 74LS244 实现多个输入口的扩展电路如图 5－11 所示。

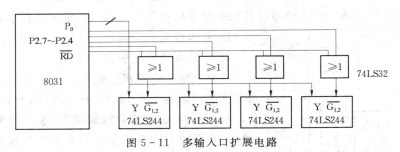

图 5－11　多输入口扩展电路

图 5－11 中四片 74LS244 的选通端分别由或门的输出控制，当 $\overline{RD}$ 有效为低电平时，四个或门从左到右分别由 P2.7 ～ P2.4 控制，相对应的四片 74LS244 的地址分别为7FFFH、0BFFFH、0DFFFH、0EFFFH。

2．简单输出口的扩展

输出口应能够实现数据保持，所以输出口的扩展通常使用锁存器芯片。如以 74LS377为例，74LS377 芯片是一个具有"使能"控制端的 8D 锁存器，其信号引脚和与单片机的连接如图 5－12 所示。

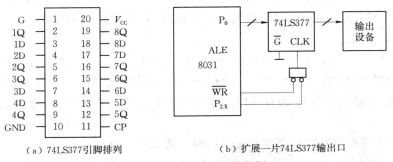

（a）74LS377引脚排列　　　　　（b）扩展一片74LS377输出口

图 5－12　输出口扩展举例

97

图 5 - 12（b）图例子中使用 P2 口任何一根 I/O 线均可作为 74LS377 的地址选通信号，地址可赋给 DPTR，执行 MOVX @DPTR，A 指令完成单片机数据通过 74LS377 输出到外设过程。74LS377 的真值表如表 5 - 1 所示。

**表 5 - 1**                     **74LS377 真 值 表**

| 输入 | | | 输出 |
| --- | --- | --- | --- |
| $\overline{G}$ | CP | D | Q |
| 1 | × | × | $Q_0$ |
| 0 | ↑ | 1 | 1 |
| 0 | ↑ | 0 | 0 |
| × | 0 | × | $Q_0$ |

## 二、8155 可编程并行接口芯片

可编程接口芯片最大的特点是工作方式的确定和改变由程序以软件的方式实现。与中小规模集成电路实现的 I/O 接口扩展相比，可编程接口芯片可实现复杂的 I/O 接口扩展。8155 是 Intel 公司 8080/8085 微型计算机的外围接口芯片，其片内资源比较丰富。

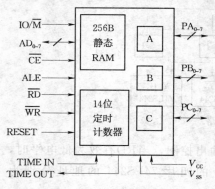

图 5 - 13   8155 基本功能逻辑结构

### 1. 基本结构和引脚功能

8155 基本功能逻辑结构如图 5 - 13 所示。主要包括 256 字节的静态随机存储器、一个 14 位的定时计数器和 3 个可编程 I/O 口，其中 A 口和 B 口为 8 位 I/O 口，有基本输入/输出和选通输入/输出两种工作方式；C 口为 6 位的 I/O 口，在 A 口和 B 口工作在选通输入/输出方式时，C 口的 6 位提供联络信号，当 A 口和 B 口工作在基本输入/输出方式时，C 口可以实现与外设进行 6 位数据的传送。

8155 芯片为 40 引脚双列直插封装，引脚功能如下：

（1）AD7～AD0（12～19 号引脚）为地址数据复用引脚，接收单片机访问 8155 相应资源的地址，并与单片机之间传送数据、命令和状态信息。

（2）ALE（11 号引脚）为地址锁存信号输入引脚，一般与单片机的 ALE 引脚相连，在 ALE 的下降沿将单片机 P0 口输出的低 8 位地址信息、8155 的 $\overline{CE}$ 和 IO/$\overline{M}$ 的状态锁存到 8155 内部寄存器。

（3）IO/$\overline{M}$（7 号引脚）为 RAM 和 IO 部分选择信号输入引脚。当其输入为低电平时，单片机选择 8155 的 RAM 读/写，AD7～AD0 上的地址为 8155 的 RAM 的地址；当其输入为高电平时，单片机选择 8155 的 IO 部分 AD2～AD0 上的地址为 8155 的 IO 地址。

（4）$\overline{CE}$（8 号引脚）为片选信号输入引脚，低电平有效。

（5）$\overline{RD}$、$\overline{WR}$（9、10 号引脚）为输入引脚，分别输入读选通和写选通信号。

（6）RESET（4号引脚）为复位引脚，输入复位信号，8155以600ns的正脉冲进行复位。

（7）$V_{CC}$、$V_{SS}$（40、20号引脚）为电源引脚。$V_{CC}$接单一＋5V电源，$V_{SS}$接地。

（8）TIME IN、TIME OUT（3、6号引脚）为定时计数器的计数脉冲输入和输出引脚。

（9）$PA_{0\sim7}$、$PB_{0\sim7}$（21～28号引脚、29～36号引脚）为A口和B口的输入输出引脚，实现8155和外设之间数据的传送。

（10）$PC_{0\sim5}$（37、38、39、1、2、5号引脚）为C口输入输出引脚，在A口和B口以选通方式（中断方式）进行数据传送时，PC口提供联络信号，各联络信号的定义如表5-2所示。

表 5-2 PC口各联络信号定义

| $PC_5$ | $PC_4$ | $PC_3$ | $PC_2$ | $PC_1$ | $PC_0$ |
|---|---|---|---|---|---|
| BSTB | BBF | BINTR | ASTB | ABF | AINTR |

其中INTR为输出的中断请求信号，高电平时表示产生中断请求，送给单片机的外部中断请求；BF为缓冲器满状态信号，输出高电平时表示数据写入缓冲器；STB为选通信号，输入低电平有效，数据输入时，STB为外设送来的选通信号，数据输出时STB为外设送来的应答信号。选通工作方式下，数据输入/输出的时序如图5-14所示。

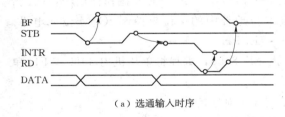
（a）选通输入时序

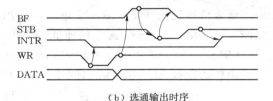
（b）选通输出时序

图 5-14 8155 选通方式下输入/输出时序

2. 与 MCS-51 单片机的连接

8155的引脚信号与MCS-51单片机兼容，可以直接连接，不需外接任何逻辑。8031与8155常用的连接方法如图5-15所示。

8155片内有一地址锁存器资源，所以P0口不需另加锁存器。8155的RAM和I/O资源的地址分别见表5-3。当访问8155时，其片选应有效，P2.7输出为低电平。若选择RAM时，P2.0输出为低电平，单片机输出的高8位地址中相对应的P2.7和P2.0必须为"0"，其余位可以为"1"，高8位地址为7EH，低8位地址译码8155的一个RAM单元。若选择I/O部

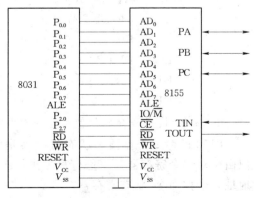

图 5-15 8031 与 8155 的连接方法

99

分，P2.0 输出为高电平来控制 IO/$\overline{M}$，单片机输出的高 8 位地址中相对应的 P2.7 为 "0"，P2.0 为 "1"，高 8 位地址为 7FH，低 8 位地址中 8155 只对 $AD_{3\sim0}$ 引脚上的地址信息译码，以选择一个 I/O 单元。

表 5-3                    8155 RAM 和 I/O 资源地址

| 各单元 16 进制地址 | | | $P_{2.7}$ | $P_{2.0}$ | $P_{0.7}$ | $P_{0.6}$ | $P_{0.5}$ | $P_{0.4}$ | $P_{0.3}$ | $P_{0.2}$ | $P_{0.1}$ | $P_{0.0}$ |
|---|---|---|---|---|---|---|---|---|---|---|---|---|
| | | | CE | IO/$\overline{M}$ | $AD_7$ | $AD_6$ | $AD_5$ | $AD_4$ | $AD_3$ | $AD_2$ | $AD_1$ | $AD_0$ |
| RAM 地址 | 最小地址 | 7E00H | $\overline{0}$ | $\overline{0}$ | 0 | 0 | 0 | 0 | 0 | 0 | 0 | 0 |
| | 最大地址 | 7EFFH | 0 | 0 | 1 | 1 | 1 | 1 | 1 | 1 | 1 | 1 |
| I/O 部分 地址 | 命令/状态寄存器 | 7F00H | 0 | 1 | × | × | × | × | × | 0 | 0 | 0 |
| | A 口 | 7F01H | 0 | 1 | × | × | × | × | × | 0 | 0 | 1 |
| | B 口 | 7F02H | 0 | 1 | × | × | × | × | × | 0 | 1 | 0 |
| | C 口 | 7F03H | 0 | 1 | × | × | × | × | × | 0 | 1 | 1 |
| | 定时计数器（低 8 位） | 7F04H | 0 | 1 | × | × | × | × | × | 1 | 0 | 0 |
| | 定时计数器（高 6 位及输出方式 $M_1M_2$） | 7F05H | 0 | 1 | × | × | × | × | × | 1 | 0 | 1 |

3. 256 字节 RAM 的使用

8155 的 256 字节 RAM 只能作外部扩展的数据存储器使用，读/写操作使用 MOVX 指令，低 8 位地址选择某一 RAM 单元，使用高 8 位地址中的一位来控制 IO/$\overline{M}$ 位低电平。如图 5-15 中，256 个 RAM 的地址为 7E00H～7EFFH。

【例 5-3】 单片机以图 5-15 的方法扩展一片 8155，编程将单片机内 30H～3FH 单元的内容传送到 8155 的 7E00H～7E0FH 中。

```
        MOV   R0,#30H        ;内部 RAM 地址指针
        MOV   DPTR,#7E00H    ;8155RAM 地址指针
        MOV   R7,#10H        ;循环计数器
LOOP：  MOV   A,  @R0
        MOVX  @DPTR,A
        INC   R0
        INC   DPTR
        DJNZ  R7,LOOP
        RET
```

4. 命令/状态寄存器的使用

8155 的命令寄存器和状态寄存器是两个不同的寄存器，分别存放命令字和状态字。但由于对命令寄存器只需进行写操作，而对状态寄存器只进行读操作，因此它们编为同一地址，合称命令/状态寄存器。

（1）命令字。命令字用于定义 I/O 端口及定时计数器的工作方式，对命令字只能写不能读。命令字共 8 位，其格式如图 5-16 所示。其中 C 口有四种方式，见表 5-4。

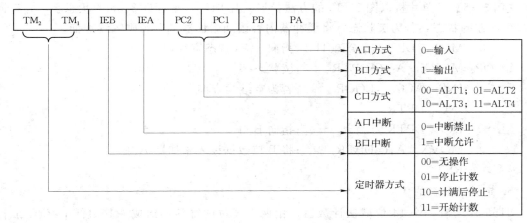

图 5-16  8155 命令字格式

表 5-4                                     C  口  方  式

| 项目 | PC₅ | PC₄ | PC₃ | PC₂ | PC₁ | PC₀ |
|------|------|------|------|------|------|------|
| ALT1 | 输入 | | | | | |
| ALT2 | 输出 | | | ASTB | ABF | AINTR |
| ALT3 | BSTB | BBF | BINTR | ASTB | ABF | AINTR |
| ALT4 | 输出 | | | | | |

【例 5-4】    单片机以图 5-15 的方法扩展一片 8155，编程将 8155 的 A 口设为选通输出方式，B 口设为选通输入方式。

MOV   A，#00111001B        ;定义命令字
MOV   DPTR，#7F00H         ;指向 8155 命令寄存器
MOVX  @DPTR，A             ;写命令字

（2）状态字。状态字表示了各 I/O 端口及定时计数器的工作状态，对状态字只能读不能写。状态字共 7 位，其格式如图 5-17 所示。

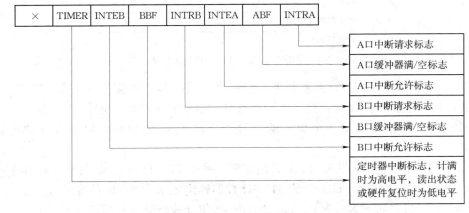

图 5-17  8155 状态字格式

【例 5-5】 单片机以图 5-15 的方法扩展一片 8155,编程读 8155 的状态字,并查询 B 口缓冲器的状态,若为满状态,将缓冲器内容读到累加器 A,否则继续查询。

```
        MOV   DPTR,♯7F00H    ;指向 8155 状态寄存器
LOOP: MOVX  A ,@DPTR         ;读状态字
        JNB   ACC.5,LOOP      ;若为空继续查询
        INC   DPTR
        INC   DPTR            ;指向 B 口
        MOVX  A,@DPTR         ;将 B 口数据读入累加器 A 中
        RET
```

5. 定时计数器的使用

8155 片内有一个 14 位减法计数器,由两个 8 位的寄存器组成,其中低 14 位组成计数器,高两位 M2、M1 用于定义计算机输出信号的形式。两个寄存器的格式如图 5-18 所示。

| D7 | D6 | D5 | D4 | D3 | D2 | D1 | D0 |
|----|----|----|----|----|----|----|----|
| T7 | T6 | T5 | T4 | T3 | T2 | T1 | T0 |

定时计数器低 8 位

| D7 | D6 | D5 | D4 | D3 | D2 | D1 | D0 |
|----|----|----|----|----|----|----|----|
| M2 | M1 | T13 | T12 | T11 | T10 | T9 | T8 |

定时计数器高 6 位及定时器输出信号方式定义位

图 5-18　8155 定时器格式

8155 的计数器只有 14 位计数一种工作方式,通过软件进行初值的加载,计数脉冲通过 TIME IN 引脚从外部引入,计数溢出时,通过 TIME OUT 引脚输出一种信号,这一信号形式有脉冲和方波两种,供用户选择。具体由 M2、M1 定义,如图 5-19 所示。

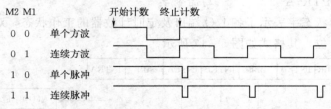

图 5-19　8155 定时计数器各输出方式的定义及信号形式

由图 5-19 可知,定时/计数器任何一种输出方式,都可将输入的计数脉冲进行分频。如当计数器的初值设置为 4 时,则在 4 个外部计数脉冲输入期间,即 4 个外部计数脉冲的周期,8155 的计数器只输出一个周期的信号,所以 8155 的计数器对输入脉冲进行了 4 分频。

【例 5-6】 单片机以图 5-15 的方法扩展一片 8155,已知 8155 的计数器对输入频率为 2MHz 的脉冲进行计数,试编程使 8155 计数器输出频率为 2kHz 的连续方波。

MOV A,♯11××××××B　;定义命令字,使计数器装入初值后启动计数

```
MOV   DPTR,#7F00H        ;指向 8155 命令寄存器
MOVX  @DPTR,A
MOV   A,#0E8H            ;计数初值低 8 位
MOV   DPTR,#7F04H        ;指向 8155 计数器低 8 位
MOVX  @DPTR,A            ;赋计数初值低 8 位
INC   DPTR              ;指向 8155 计数器高 6 位
MOV   A,#43H             ;高 6 位初值即输出方式定义
MOVX  @DPTR,A
```

# 第四节　D/A、A/D 接口的扩展

**一、D/A 和 A/D 转换器接口概述**

微型计算机只能接收数字量进行运算，而运算的结果也只能以数字量输出，然而在实际应用系统中处理的量大多数为在数值和时间上都是连续变化的物理量。这种连续变化的物理量，我们称之为模拟量，例如压力、流量、位移、光亮度、速度等都属于这种模拟量（Anolog）。因此，模拟量要输入计算机，首先要经过模拟量到数字量的转换（简称 A/D 转换），计算机才能接收。同样，如果计算机的控制对象是模拟量，则必须把计算机输出的数字量转换成模拟量（简称 D/A 转换），才能用于控制。所以 A/D 转换器和 D/A 转换器在计算机控制系统中是联系外界和计算机的重要部件。

目前 A/D 和 D/A 转换器种类很多，不同电路结构的 A/D 和 D/A 转换器工作原理也不相同，本节主要介绍几种单片集成型的 A/D 和 D/A 芯片的转换原理、主要参数、与CPU 的接口以及使用这些芯片的程序。

**二、D/A 转换器**

1. D/A 转换器的一般工作原理

D/A 转换器将 CPU 送来的数字信息转换成与此数值成正比的电压或电流。一个二进制数字是由各位代码组合起来的，每位代码都有一定的权。为了将数字量转换成相应比例的模拟量，应将每一位代码按权大小转换成相应的模拟输出分量，然后根据叠加原理将各位代码对应的模拟输出分量相加，其总和就是与数字量成正比的模拟量，由此完成 D/A 转换。

为实现上述 D/A 转换，需要使用解码网络，解码网络的主要形式有二进制权电阻解码网络和 T 型解码网络。

（1）二进制权电阻解码网络 D/A 转换器。图 5-20 就是一个由权电阻解码网络组成的 4 位 D/A 转换器原理图。这种转换器由"电子模拟开关"、"权电阻求和网络"、"运算放大器"和"基准电源"等部分组成。

电子模拟开关（$S_0 \sim S_3$）由电子器件构成，其动作受二进制数 $D_0 \sim D_3$ 控制。当 $D_i = 1$（$i = 0 \sim 3$）时，则相应的开关 $S_i$ 接到位置 1 上，将基准电源 $U_R$ 经电阻 $R_i$ 引起的电流接到运算放大器的虚地点（图 5-20 中 $S_0$、$S_1$）；当 $D_i = 0$ 时，开关 $S_i$ 接到位置 0，将相应电流直接接地而不进运算放大器（图 5-20 中 $S_2$、$S_3$）。

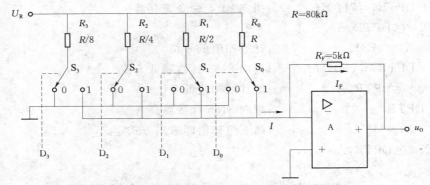

图 5-20　权电阻解码网络 D/A 转换器原理图

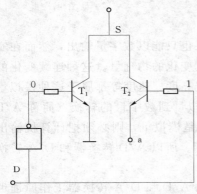

图 5-21　电子模拟开关的简化原理图

电子模拟开关 S 的结构如图 5-21 所示。当 D=1 时，$T_2$ 管饱和导通，$T_1$ 管截止，则 S 与 a 点通；当 D=0 时，$T_1$ 管饱和导通，$T_2$ 管截止，则 S 被接地。前者相当于开关 S 接到"1"端，后者则相当于开关 S 接到"0"端。

运算放大器的两个基本特点：一个特点是放大倍数很大，故运算放大器的反相输入端电平接近于"地"（即虚地）；另外一个特点是输入阻抗很大，故输入电流 $I=-I_F$。根据反相比例运算公式可得：$U_0 = -\dfrac{U_R R_F}{R}(2^3 D_3 + 2^2 D_2 + 2^1 D_1 + 2^0 D_0)$

显然，输出模拟电压的大小直接与输入二进制数的大小成正比，从而实现了数字量到模拟量的转换。

权电阻解码网络的 D/A 转换器的缺点是位数越多，权电阻的阻值变化范围就越大。例如 12 位 D/A 转换器，其阻值比例为 4096∶1；若当高位电阻为 10k 时，低位电阻将达到 40M，这不仅增加了电路集成的难度，而且使转换精度减小。

（2）T 型解码网络 D/A 转换器。T 型解码网络如图 5-22 所示。和权电阻网络相比，T 型解码网络中电阻的类型少，只有 R、2R 两种，电路构成比较方便。整个电路是由相同的电路环节组成的。每节有两个电阻，一个开关，相当于二进制数的一位，开关由该位的代码所控制。由于电阻接成 T 型，故称 T 型解码网络。

由于解码网络的电路结构和参数匹配，使得图 5-22 中 D、C、B、A 四点的电位逐位减半，即 $U_D = U_R$；$U_C = U_R/2$；$U_B = U_R/4$；$U_A = U_R/8$。因此，每个 2R 支路中的电流也逐位减半，电流为：

$$I = I_3 + I_2 + I_1 + I_0 = \frac{U_R}{2^4 R}(2^3 D_3 + 2^2 D_2 + 2^1 D_1 + 2^0 D_0)$$

所以输出电压 $U_0$ 计算如下：

$$U_0 = -\frac{U_R R_F}{2^4 R}(2^3 D_3 + 2^2 D_2 + 2^1 D_1 + 2^0 D_0)$$

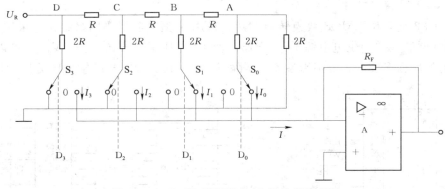

图 5 - 22　T 型解码网络 D/A 转换器原理图

可以推知 n 位 D/A 转换器输出电压与输入数字量的关系如下式：

$$U_0 = -\frac{U_R R_F}{2^n R} \left( 2^n D_n + 2^{n-1} D_{n-1} + \cdots + 2^1 D_1 + 2^0 D_0 \right)$$

2. D/A 转换器的主要技术指标

衡量一个 D/A 转换器性能的主要技术指标有：

（1）分辨率。用 D/A 转换器能够转换的二进制有效位数来表示分辨率。也可以用 D/A 转换器能够分辨出来的最小输出电压（此时输入的数字代码只有最低有效位为 1，其余各位都是 0）与最大输出电压（此时输入的数字代码所有各位全是 1）之比来给出分辨率。例如，对一个十位 D/A 转换器来说，其分辨率可以如下表示：

$$\frac{1}{2^{10}-1} = \frac{1}{1023} = 0.001$$

（2）转换时间。指完成一次数字量转换所需的时间。电流型 D/A 转换较快，一般在几纳秒（ns）到几百微秒（μs）之内。电压型 D/A 转换较慢，取决于运算放大器的响应时间。

（3）转换精度。指 D/A 转换器实际输出电压与理论值之间的误差，可表示成绝对误差和相对误差。一般采用数字量的最低有效位作为衡量单位。

（4）线性度。当数字量变化时，D/A 转换器输出的模拟量按比例关系变化的精度。理想的 D/A 转换器是线性的，但实际上有误差，模拟输出偏离理想输出的最大值称为线性误差。

（5）转换误差。转换误差通常用输出电压满刻度 FSR（Full Scale Range）的百分数表示，也可以用最低有效位的倍数表示。例如给出转换误差为 1/2 LSB，这就表示输出模拟电压的绝对误差等于输入数字代码为 00…01 时输出电压的一半。造成转换误差的原因主要有：

1）参考电压的波动。

2）运算放大器的零点漂移。

3）模拟开关的导通内阻和导通电压。

4）电阻网络中的电阻值偏差。

### 3. DAC0832 接口芯片

DAC0832 是 8 位 CMOS 数模转换芯片，采用 T 型电阻解码网络结构，采用 20 引脚双列直插式封装。单一供电电源 +5～+15V，参考电压源，−10～+10V。它可以直接与 MCS-51 单片机连接。分辨率为参考电压除以 256。其引脚图和结构框图分别为图 5-23 所示。

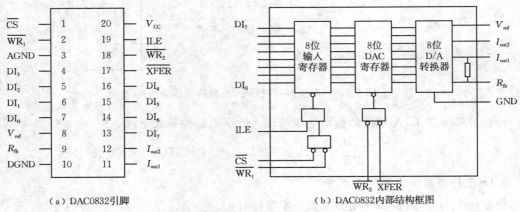

（a）DAC0832 引脚　　　　　　　　（b）DAC0832 内部结构框图

图 5-23　DAC0832 相关电路结构图

（1）DAC0832 引脚定义。

$D_0$～$D_7$：8 位数字量输入端。

$\overline{CS}$：片选端，低电平有效。

ILE：数据锁存允许，高电平有效。

$\overline{WR_1}$：写控制信号 1，低电平有效。该信号与 ILE 共同控制 8 位输入寄存器是数据直通方式还是数据锁存方式。当 ILE=1，$\overline{WR_1}$=0 时，为输入寄存器直通方式；当 ILE=1，$\overline{WR_1}$=1 时，为输入寄存器锁存方式。

$\overline{WR_2}$：写控制信号 2，低电平有效。

$\overline{XFER}$：数据传送控制信号。该信号与 $\overline{WR_2}$ 合在一起控制 DAC 寄存器数据直通方式还是数据锁存方式。当 $\overline{XFER}$=0，$\overline{WR_2}$=0 时，为 DAC 寄存器直通方式；当 $\overline{XFER}$=0，$\overline{WR_2}$=1 时，为 DAC 寄存器锁存方式。

$I_{out1}$：电流输出端 1。当数据为全"1"时，输出电流最大；为全"0"时，输出电流最小。

$I_{out2}$：电流输出端 2。$I_{out1}+I_{out2}$=常数。

$R_{fb}$：内置反馈电阻输出端。是运算放大器的反馈电阻端，电阻（15kΩ）已固化在芯片中。DAC0832 是电流输出型 D/A 转换器，为得到电压的转换输出，使用时需在两个电流输出端接运算放大器，$R_{fb}$ 为运算放大器的反馈电阻。

$V_{ref}$：参考电压源，−10～+10V。

DGND：数字量地。

AGND：模拟量地。

$V_{CC}$：+5～+15V 单电源供电端。

（2）DAC0832 与单片机的接口与应用。DAC0832 内部结构中由一个 8 位的输入锁存器和一个 8 位 DAC 寄存器组成,都可以工作在直通方式和锁存方式,最多可以构成双缓冲结构。通常在使用一片 DAC0832 转换器时,可以使其工作在单缓冲方式,多片 DAC0832 转换器同时使用时,使它们工作在双缓冲方式。

【例 5 - 7】 产生锯齿波。

图 5 - 24 中 DAC0832 工作于单缓冲方式,8 位输入寄存器和 8 位 DAC 寄存器的锁存控制端受控于同一组信号即单片机的 $P_{2.7}$ 和 $\overline{WR}$ 输出信号。DAC0832 的地址为 7FFFH。下列程序可以产生锯齿波。

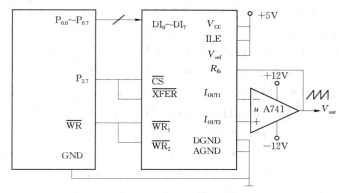

图 5 - 24 DAC0832 单缓冲方式

```
        MOV A,#00H          ;起始值
        MOV DPTR,#7FFFH
MM：MOVX @DPTR,A            ;送去转换
        INC A               ;转换值增量
        NOP
        NOP
        NOP                 ;决定坡度
        SJMP    MM
        RET
```

【例 5 - 8】 产生正弦波。

正弦波电压输出为双极性电压。实现输出正弦波的方法可以将一个周期内电压变化的幅值(-5~+5V)按 8 位 D/A 分辨率分为 256 个数值列成表格,然后依次将这些数字量送入 0832 进行转换输出。循环送数,就可以获得连续的正弦波输出。

```
        MOV R5,#00H          ;起始值
MM：MOV A,R5
        MOV DPTR,#TAB
        MOVC   A,@A+DPTR
        MOV DPTR,#7FFFH
        MOVX @DPTR,A         ;送去转换
        INC   R5
```

```
    AJMP MM
    RET
TAB:DB 80H 83H 86H 89H 8DH 90H 93H 96H 99H 9CH 9FH A2H A5H A8H ABH
       AEH B1H B4H B7H BAH BCH BFH C2H C5H C7H CAH CCH CFH D1H D4H
       D6H D8H DAH DDH DFH E1H E3H E5H E7H E9H EAH ECH EEH EFH F1H
       F2H F4H F5H F6H F7H F8H F9H FAH FBH FCH FDH FDH FEH FFH FFH
       FFH FFH FFH FFH FFH FFH FFH FFH FFH FFH FEH FDH FDH FCH FBH
       FAH F9H F8H F7H F6H F5H F4H F2H F1H EFH EEH ECH EAH E9H E7H
       E5H E3H E1H DEH DDH DAH D8H D6H D4H D1H CFH CCH CAH C7H C5H
       C2H BFH BCH BAH B7H B4H B1H AEH ABH A8H A5H A2H 9FH 9CH 99H 96H
       93H 90H 8DH 89H 86H 83H 80H 80H 7CH 79H 76H 72H 6FH 6CH 69H 66H
       63H 60H 5DH 5AH 57H 55H 51H 4EH 4CH 48H 45H 43H 40H 3DH 3AH 38H
       35H 33H 30H 2EH 2BH 29H 27H 25H 22H 20H 1EH 1CH 1AH 18H 16H 15H
       13H 11H 10H 0EH 0DH 0BH 0AH 09H 08H 07H 06H 05H 04H 03H 02H 02H
       01H 00H 00H 00H 00H 00H 00H 00H 00H 00H 00H 00H 01H 02H 02H
       03H 04H 05H 06H 07H 08H 09H 0AH 0BH 0DH 0EH 10H 11H 13H 15H 16H
       18H 1AH 1CH 1EH 20H 22H 25H 27H 29H 2BH 2EH 30H 33H 35H 38H 3AH
       3DH 40H 43H 45H 48H 4CH 4EH 51H 55H 57H 5AH 5DH 60H 63H 66H 69H
       6CH 6FH 72H 76H 79H 7CH 80H
```

### 三、A/D 转换器

1. A/D 转换器的一般工作原理

A/D 转换器用以实现模拟量向数字量的转换。按转换原理常分为 4 种：计数式、双积分式、逐次逼近式以及并行式 A/D 转换器。

（1）计数型 A/D 转换器的转换原理。计数型 A/D 转换器一般有计数器、D/A 转换器和电压比较器组成，以图 5-25 所示 8 位计数型 A/D 转换器为例说明其工作原理。计数器从零开始计数，并将数字量送 D/A 转换器，经 D/A 转换后的模拟量值与输入模拟量比较，若两者不等计数器逐一增加，直到两者相等为止。此时的数字量正比于模拟量，完成了 A/D 转换。缺点为计数速度慢。

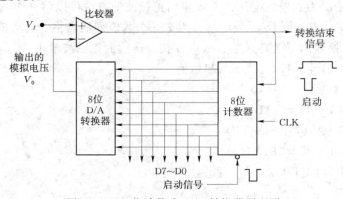

图 5-25 8 位计数式 A/D 转换器原理图

（2）逐次逼近式 A/D 转换器的转换原理。逐次逼近式 A/D 转换器一般由倒 T 形电阻网络 DAC、比较器和逐次逼近寄存器三部分组成。如图 5-26 所示为 4 位逐次逼近式 A/D 转换器的原理图。逐次逼近型 A/D 转换器的转换原理与计数型基本相同，但转换速度快。

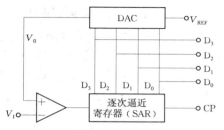

图 5-26　4 位逐次逼近式 A/D
转换器的原理图

开始转换时逐次逼近寄存器输出 1000，经 DAC 转换为电压 $V_0$ 后与输入转换电压 $V_1$ 比较，若 $V_0 > V_1$，则逐次逼近寄存器输出最高位清 0 次高位置 1，输出 0100；若 $V_0 < V_1$，则逐次逼近寄存器输出最高位保持不变，次高位同样置 1，输出 1100。输出在经 DAC 转换为电压 $V_0$ 与 $V_1$ 继续比较直到比较到最后一位。

（3）双积分式 A/D 转换器的转换原理。双积分式 A/D 转换器是基于间接测量原理，将被测电压值 $V_X$ 转换成时间常数，通过测量时间常数得到未知电压值，如图 5-27（a）所示。双积分式 A/D 转换器由电子开关、积分器、比较器和控制逻辑等部件组成。

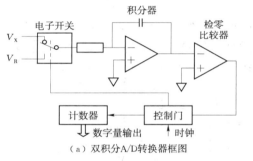

（a）双积分 A/D 转换器框图

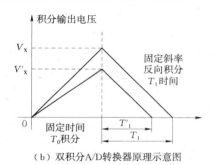

（b）双积分 A/D 转换器原理示意图

图 5-27　双积分 A/D 转换器原理图

所谓双积分，就是整个 A/D 转换过程需要二次积分。在进行一次积分时，电子开关先把 $V_X$ 输入到积分器，积分器从 0V 开始进行固定时间的 $T_0$ 的正向积分，积分输出终值与 $V_X$ 成正比；积分 $T_0$ 时间到后，电子开关将与极性相反的基准电压 $V_R$ 输入到积分器进行反向积分，由于基准电压 $V_R$ 恒定，所以积分输出将按 $T_0$ 期间正向积分的终值以恒定的斜率下降，由比较器检测积分输出过零时，停止积分器工作。反向积分的时间 $T_1$ 与固定时间积分的终值成比例关系，故可以通过测量反向积分时间 $T_1$ 算出 $V_X$，而反向积分时间 $T_1$ 可由计数器对时钟脉冲计数得到，即可得

$$V_X = \frac{T_1}{T_0} V_R$$

图 5-27（b）给出了两种不同输入电压（$V_X > V'_X$）的积分情况。显然 $V_X'$ 值小，在定时积分 $T_0$ 期间积分器输出值也就小，而下降斜率相同，故反向积分时间 $T'_1$ 也就短。

由于双积分 A/D 转换器需经过二次积分，时间较长，所以这种类型的 A/D 转换速度慢，但精度可以做得比较高，因对周期变化的干扰信号积分为零，故抗干扰性能也比较好。

目前，双积分式 A/D 转换集成电路芯片也比较多，常用的有 MC14433、ICL7135 等，

这类 A/D 电路芯片大部分应用于数字显示仪表上。

2. A/D 转换器的主要参数

(1) 分辨率。分辨率是指 A/D 转换器输出数字量的最低位变化一个数码时，对应输入模拟量的变化量。可以用输出二进制数的位数表示，位数越多，误差越小，转换精度越高。也可以用下式表示：

$$分辨率 = \frac{满量程电压}{2^n - 1}$$

(2) 相对精度。在理想情况下，所有的转换点应当在一条直线上。但是实际的各个转换点是有所偏离的，相对精度是指 A/D 转换器实际输出数字量与理论输出数字量之间的最大差值。

通常用最低有效位 (LSB) 的倍数来表示。如相对精度不大于 (1/2) LSB，就说明实际输出数字量与理论输出数字量的最大误差不超过 (1/2) LSB。

(3) 转换速度。转换速度是指 A/D 转换器完成一次转换所需要的时间，即从转换开始到输出端出现稳定的数字信号所需要的时间。

3. ADC0809 接口芯片

ADC0809 是 CMOS 材料的 8 位单片 A/D 转换器件。其引脚及结构如图 5-28 所示。片内有 8 路模拟开关、模拟开关的地址锁存与译码电路、比较器、256R 电阻 T 型网络、树状电子开关、逐次逼近寄存器 SAR、三态输出锁存缓冲器、控制与时序电路等。

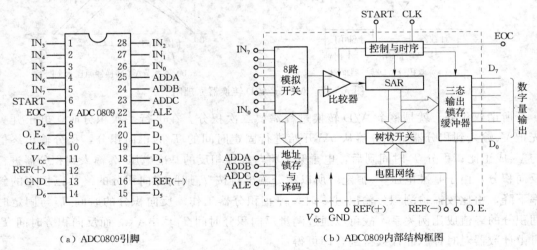

(a) ADC0809 引脚　　　　　　　　(b) ADC0809 内部结构框图

图 5-28　ADC0809 相关电路结构图

(1) ADC0809 引脚定义。ADC0809 芯片为 28 引脚双列直插式封装，其引脚排列见图 5-28 (a) 所示。

$IN_7 \sim IN_0$：模拟量输入通道。

ADDA、ADDB、ADDC：模拟通道地址线。具体选择如表 5-5 所示。

ALE：地址锁存信号。上升沿有效。

START：转换启动信号。脉冲式启动，脉冲下降沿有效。

$D_7 \sim D_0$：数据输出线。

OE：输出允许信号。为脉冲信号，脉冲的有效高电平打开三态输出锁存器，将转换结果的数字量输出到数据总线上。OE 信号由 CPU 读信号和片选信号组合产生。

CLK：时钟信号。

EOC：转换结束状态信号。高电平有效。转换结束到下次启动转换期间，此信号保持高电平不变。

$V_{CC}$：＋5V 电源。

$V_{ref}$：参考电压。

表 5-5　　　　　　　　　　　ADC0809 通道选择表

| 地址码 | | | 对应的输入通道 | 地址码 | | | 对应的输入通道 |
|---|---|---|---|---|---|---|---|
| C | B | A | | C | B | A | |
| 0 | 0 | 0 | $IN_0$ | 1 | 0 | 0 | $IN_4$ |
| 0 | 0 | 1 | $IN_1$ | 1 | 0 | 1 | $IN_5$ |
| 0 | 1 | 0 | $IN_2$ | 1 | 1 | 0 | $IN_6$ |
| 0 | 1 | 1 | $IN_3$ | 1 | 1 | 1 | $IN_7$ |

ADC0809 转换的时序如图 5-29 所示。

在 ALE 的上升沿锁存模拟通道地址线 ADDA、ADDB、ADDC 上的地址信息，选择模拟量输入通道。ST（START）的下降沿启动 AD 转换。在转换过程中 EOC 呈现低电平，转换结束后，EOC 变为高电平。在发出读命令后，即使 OE 输入正脉冲后转换结果输出到数据总线上。

（2）ADC0809 与单片机的接口与应用。ADC0809 单片机与 MCS-51 单片机的硬件接

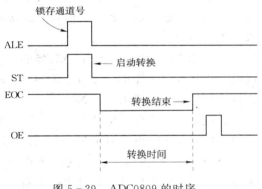

图 5-29　ADC0809 的时序

口有三种方式：查询方式、中断方式和等待延时方式。究竟采用何种方式，应视具体情况和总体要求而定。下面介绍常用的中断方式。

采用中断方式时，ADC0809 与 MCS-51 单片机的连接如图 5-30 所示。

由于 ADC0809 片内无时钟，可利用 8031 提供的地址锁存允许信号 ALE 经 D 触发器二分频后获得，ALE 脚的频率是 8031 单片机时钟频率的 1/6。若单片机片内时钟频率采用 6MHz，则 ALE 引脚的输出频率为 1MHz，再经二分频后为 500kHz，正好符合 ADC0809 时钟频率的要求，地址译码引脚 ADDA、ADDB、ADDC，分别与地址总线的低三位 $A_0$、$A_1$、$A_2$ 相连，以选通 $IN_0$~$IN_7$ 中的某一通道。将 P2.7 口为 0（地址总线最高位 A15）作为启动信号，在启动 A/D 转换时，由输出指令 MOVX @Ri，A 或 MOVX @DPTR，A 产生写信号 $\overline{WR}$ 和 P2.7 都为零。经与非门后启动转换信号 START 和地址锁存允许信号 ALE 同时为高电平（两者连在一起）。因此把 $A_0$、$A_1$、$A_2$ 地址进行锁存的同时对这 3 位地址所指定的模拟输入进行转换。大约经过 $125\mu s$ 的转换时间后，转换结束。转

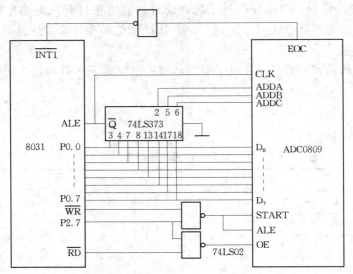

图 5 - 30　ADC0809 与 MCS - 51 单片机的连接图

换结束后，由读指令 MOVX A，@DPTR 或 MOV A，@Ri 产生的 $\overline{RD}$ 和 P2.7 的 0 信号，经与非门后，使输出允许 OE 信号变成高电平。于是打开三态输出锁存器，将转换结果读入累加器 A 中。

　　由于用 P2.7 地址作为 A/D 转换的启动和转换结果的读取信号，因而其端口地址的最高位必须是 0。我们可以取 7FF8H～7FFFH 地址，作为 8 路输入模拟量的端口地址。它们依次对应输入通道 $IN_0$～$IN_7$。

　　转换器的低 3 位地址 A2、A1、A0（即 74LS373 的 2、5、6 引脚）分别接到选择模拟通道 ADDC、ADDB、ADDA。转换结束信号 EOC 经反相后接到单片机的 $\overline{INT1}$ 引脚，因此当 ADC0809 转换结束后，EOC 由低电平转换为高电平，经非门后得到时钟的下降沿，可以作为中断请求信号，通过执行中断服务程序读取转换结果。

　　下面的程序是采用中断方式，分别对 8 路模拟信号轮流采样一次，并依次把结果存放在 20H 开始的内部数据存储区，其程序清单为：

```
        ORG   0000H
        LJMP  MAIN
        ORG   0013H
        LJMP PINT1
        ORG   0100H
MAIN: MOV   R1,#20H        ;设置存放结果首地址
        MOV   DPTR,#07FF8H    ;指向通道 0
        MOV   R7,#08H         ;置通道数
        SETB IT1             ;设置外部中断 1 为边沿触发方式
        SETB EA
        SETB EX1             ;开外部中断 1
```

```
        MOVX @DPTR,A          ;启动 AD 转换
HERE:SJMP HETE               ;等待中断
        ORG   0200H
PINT1:MOVX   A,@DPTR          ;读取转换结果
        MOV   @R1,A           ;存放数据
        INC   R1              ;指向下一个存储单元
        INC   DPTR            ;指向下一个通道
        DJNZ R7,NEXT          ;8 个通道未完,返回主程序取下一数
        CLR   EA              ;关中断
        STOP:SJMP STOP        ;结束
NEXT:RETI                     ;返回
```

# 第五节　V/F、F/V 接口的扩展

**一、V/F 接口**

V/F 转换器具有良好的精度、线性和输入特性,将其用作数/模转换器,具有如下特点:

(1) 接口简单、占用计算机资源少。对于一路模拟信号只要占用一个输入通道。

(2) 频率信号输入灵活。可以输入单片机或微处理器的任何一根 I/O 口线或作为中断源输入、计数输入等。

(3) 抗干扰性能好。频率测量本身是一个计数过程。V/F 转换过程是对输入信号的不断积分,因而能对噪声或变化的输入信号进行平滑。另外,V/F 转换与计算机接口很容易采用光电隔离。

(4) 便于远距离传输。它还可以调制在射频信号上,进行无线传播,实现遥测。调制成光脉冲,可用光纤传送,不受电磁干扰。

由于这些优点,因此,在一些非快速过程的前向通道中,愈来愈趋向使用 V/F 转换来代换 A/D 转换。

1. V/F 转换输入通道结构

这种输入通道结构与一般 A/D 转换器输入结构相似,只不过是将 A/D 转换器改换成 V/F 转换器。如图 5-31 所示。传感器一般都是模拟量小信号电流或电压输出,经过信号调节器调节成能满足 V/F 转换器输入要求的大电压信号。V/F 转换器把这些模拟输入电压转换成相应的 TTL 频率信号,经光电耦合后送入计算机。同样可以送入 I/O 口、计数器输入端或中断源输入端上。在这类通道中,信号调节器及其前端电路皆为模拟电路。

图 5-31　V/F 转换输入通道结构

2. V/F 转换原理

将模拟电压转换成频率的方法很多，这里主要介绍电荷平衡式 V/F 转换器。典型的电荷平衡式 V/F 转换器的电路结构如图 5-32 所示。$A_1$ 和 RC 组成一积分器，$A_2$ 为零电压比较器。$I_R$ 恒流源与模拟开关 S 提供积分器以反充电回路。每当单稳态定时器受触发而产生一个 $t_0$ 脉冲时，模拟开关 S 接通积分器的反充电回路，使积分电容 C 充入一定量的电荷 $Q_c = I_R t$。

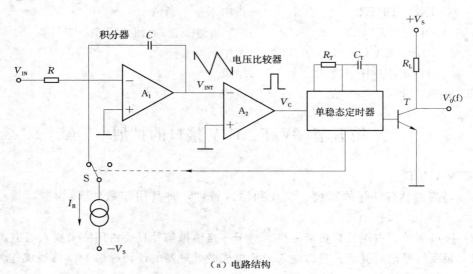

（a）电路结构

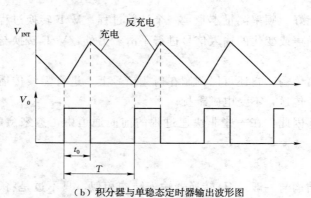

（b）积分器与单稳态定时器输出波形图

图 5-32 电荷平衡式 V/F 转换器原理

整个电路可视为一个振荡频率受输入电压 $V_{IN}$ 控制的多谐振荡器。其工作原理如下：当积分器的输出电压 $V_{INT}$ 下降到零伏时，零电压比较器发生跳变，触发单稳态定时器，使之产生一个 $t_0$ 宽度的脉冲，使 S 导通 $t_0$ 时间。由于电路设计成 $I_R > \dfrac{V_{INmax}}{R}$，因此，在 $t_0$ 期间积分器一定以反充电为主，使 $V_{INT}$ 线性上升到某一正电压。$t_0$ 结束时，由于只有正的输入电压 $V_{IN}$ 作用，使积分器负积（充电），输出电压 $V_{INT}$ 沿斜线下降。当 $V_{INT}$ 下降到 0V 时，比较器翻转，又使单稳态定时器产生一个 $t_0$ 脉冲，再次反充电，如此反复进行下去振荡不止。于是在积分器输出端和单稳态定时器输出端产生了图 5-32 （b）所示之波形。

根据反充电电荷量与充电电荷量相等的电荷平衡原理，可以得出：

$$I_R t_0 = \frac{V_{INT}}{R} T$$

可推出输出振荡频率为：

$$f = \frac{1}{T} = \frac{1}{R I_R t_0} V_{INT}$$

即输出电压频率 $f$ 与输入模拟电压 $V_{INT}$ 成正比。显然，要精确地实现 V/F 转换，要求 $I_R$、$R$ 及 $t_0$ 必须准确而稳定。一般选积分电阻 $R$ 作为调整刻度系数的环节，以满足 V/F 的标称传递关系。图 5-32 （a）所示的电路是一种自由振荡器。它不仅使振荡频率随 $V_{IN}$ 变化而变化，而且积分器输出锯齿波的幅值大小和形状也随之改变。积分器输出的最大电压 $V_{INTmax}$ 可用下式计算：

$$V_{INTmax} = I_R t_0 / C$$

也可以根据此式来确定积分电容的数值。

3. V/F 转换芯片

随着市场的需求，很多公司都推出了 V/F 集成电路芯片。如 Analog Devices （美）公司的 ADVFC32、AD578、AD537、AD650、AD651、National semiconductor 公司的 LM131、LM231、LM331，Burr－Brown （美）公司的 VFC32、VFC42/52、VFC62、VFC100、VFC320 等以及 Exar （美）公司的 XR4151。下面以常用的 National semiconductor 公司的 LMX31 （X＝1，2，3）产品为例介绍一下 V/F 转换芯片。

（1）LMX31 主要特性：①频率范围：1～100kHz；②低的非线性：±0.01％；③单电源或双电源供电（单电源可以在 5V 以下工作）；④温度特性：最大 ±50ppm/℃；⑤低功耗：$V_s$＝5V 时为 15mW。

LMX31 有两种封装形式如图 5-33 所示。

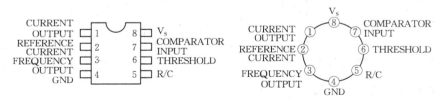

图 5-33　LMX31 封装图

（2）LMX31 的 V/F 转换外部接线图。LMX31 的外部接线如图 5-34 所示。

电源电压为 ＋15V，输入电压范围 0～10V，输出频率 10Hz～11kHz，最大输出频率有下式计算可知：

$$f_{out} = \frac{V_{IN}}{2.09 V} \times \frac{R_S}{R_L} \times \frac{1}{R_t C_t}$$

输入电阻 $R_{IN}$ 为 100kΩ±10％，使 7 脚偏流抵消 6 脚偏流的影响，从而减小频率偏差。$R_S$ 应为 14kΩ，这里用一只 12kΩ 的固定电阻和一只 5kΩ 的可调电阻串联组成，它的作用是调整 LMX31 的增益偏差和由 $R_L$、$R_t$ 和 $C_t$ 引起的偏差。$C_{IN}$ 为滤波电容，一般在 0.01～

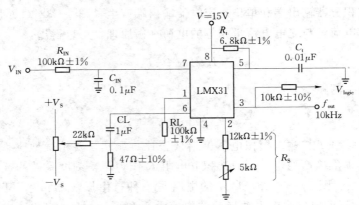

图 5－34　LMX31 外部接线图

$0.1\mu F$ 之间较为合适。当 6 脚、7 脚的 $RC$ 时间常数匹配时，输入电压的阶跃变化将引起输出频率的阶跃变化，如果 $C_{IN}$ 比 CL 小得多，那么输入电压的阶跃变化可能会使输出频率瞬间停止。6 脚的 $47\Omega$ 电阻和 $1\mu F$ 电容器串联可产生滞后效应，以获得良好的线性度。

为了提高精度及稳定性，阻容元件要用低温度系数的器件，最好是金属膜电阻和聚苯乙烯或聚丙烯电容器。

4. V/F 转换芯片与 MCS－51 单片机接口

V/F 转换芯片可以直接与 MCS－51 单片机接口。这种接口方式比较简单，把频率信号直接接入定时/计数器的输入端即可，如图 5－35 所示。

在一些电源干扰大，模拟电路部分容易对单片机产生电气干扰等恶劣环境中，可采用光电隔离的方法使 V/F 转换器与单片机无电信号联系，如图 5－36 所示。

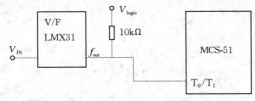

图 5－35　V/F 转换器与单片机接口

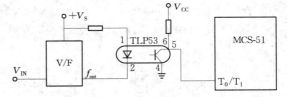

图 5－36　使用光电隔离器的接口

5. V/F 转换芯片应用举例

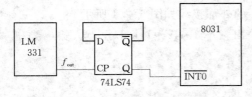

图 5－37　LMX31 应用电路

V/F 转换芯片 LMX31 输入电压范围是 $0\sim10V$，最大输出频率是 10kHz。由于输出频率较低，若将其作为计数脉冲则会降低精度，因此采用测周期的方法。V/F 输出的频率经 D 触发器二分频后接至外部中断 0 输入端，作为定时/计数器 0 的控制信号，设定定时/计数器 0 以工作方式 1 实现定时功能，由 TR0 和外部中断 0 引脚的输入信号共同启动定时器工作。这种接法只能测量小于 65535 个机器周期的信号周期。硬件连接如图 5－37 所示。

程序设计如下。

```
SUB:NOP
    MOV TMOD,#09H ;将 T0 方式 1,定时,启动由外中断 0 和 TR0 共同决定
    MOV TL0,#00H
    MOV  TH0,#00H  ;设置计数初值为 0
LOOP1:NOP
    JB  P3.2,LOOP1
    SETB TR0    ;若 P3.2 为低电平有效,便启动 C/T0 工作,T0 开始定时
LOOP2:NOP
    JNB  P3.2,LOOP2  ;等待这个外部脉冲低电平消失
LOOP3:NOP
    JB  P3.2 LOOP3    ;等待这个外部脉冲高电平消失
    CLR   TR0         ;T0 停止计时
    MOV B,TH0
    MOV A,TL0         ;将定时值存入 A 和 B
    MOV  TL0,#00H
    MOV  TH0,#00H  ;设置计数初值为 0,为下一轮定时准备
    RET
```

本程序以单片机的机器周期为基本单位测量了一个信号周期的长度,其长度值存放到累加器 A 和 B 寄存器中。累加器 A 存放低 8 位,B 寄存器存放高 8 位。

**二、F/V 接口**

与 V/F 转换器的功能相反,F/V 转换器是把脉冲频率信号转换成电压信号,因此具有实现 D/A 转换的功能。用来实现 F/V 转换的方法很多,但比较简单而又常用的方法是利用上述 V/F 转换器,外加适当的电路,改变其工作方式。

利用 LM331 V/F 转换器实现 F/V 转换的电路如图 5-38 所示。这是一种基本的 F/V 转换连接方式,输入脉冲经 RC 网络连接到 LM331 的输入电压比较器的阈值端（引脚 6）,引脚 7 接一固定高电压。这样,输入脉冲的下降沿使得输入电压比较器去触发定时电路。与 V/F 转换相同,引脚 1 输出电流,且与脉冲频率成正比。经外部输出电路平滑滤波后,产生一个与输入脉冲频率成正比的电压信号,即实现了 F/V 转换。当输出电路中滤波网络 $R_L$ 的值为 100kΩ, $C_L$ 的值为 1μF

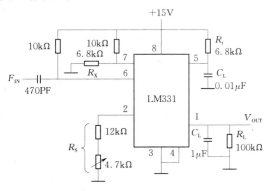

图 5-38　LM331 V/F 转换器实现 F/V 转换器的电路

时,纹波峰值可小于 10mV。对于 0.1s 的时间常数（$R_L C_L$）,当精度为 0.11% 时,输入信号的建立时间大约为 0.7s。

单片机与 F/V 转换电路的接口方法很简单,利用一根引脚将脉冲频率信号直接送入 F/V 电路即可。单片机输出程序设计包括查表、定时、脉冲输出。根据需要输出的电压

值，通过查表或计算，获得其对应的频率数或脉冲周期，再通过定时计数，将此脉冲输出到预定的引脚，然后 F/V 转换电路就将此脉冲转换为电压信号。

## 习 题

1. 单片机进行存储扩展时，片外三总线是如何构造的？程序存储器和数据存储器共用地址线和数据线，是否会发生总线冲突？

2. 单片机访问外部数据存储器时，存储单元的地址由什么寄存器提供？单片机访问外部程序存储器时，存储单元的地址由什么寄存器提供？

3. 要求以 8031 为核心扩展一片 2764EPROM 芯片和一片 6264RAM 芯片，试设计硬件电路图。

4. 以 8031 为核心扩展一片 2764EPROM 芯片和一片 8155RAM 芯片，确定 EPROM 和 8155 各资源的地址，并对 8155 初始化，A 口为选通输出方式，B 口为基本输入方式，启动定时计数器工作，使 8155 的计数器对输入频率为 1MHz 的脉冲进行分频，输出频率为 2kHz 的连续脉冲。

5. 以 8031 为核心扩展一片 ADC0809 芯片，并设计 8 路输入通道巡回采样 8 路模拟量输入信号的程序，采样数据依次存放在内部 RAM 70H～77 中。

6. 以 8031 为核心扩展一片 DAC0832 芯片，并设计通过 DAC0832 芯片输出幅值为 5V 的三角波的程序。

# 第六章　单片机的输入/输出设备接口

输入/输出（I/O）设备是单片机应用系统的重要组成部分。原始的数据信息需通过输入设备输入到计算机，计算机的处理结果通过输出设备显示、打印和实现各种控制功能。

## 第一节　键　盘　接　口

键盘是由若干个按键组成的开关矩阵，它是最简单的单片机输入设备，操作员可以通过键盘输入数据或命令，实现简单的人机通信。键盘上闭合的识别由专用的硬件实现的称为编码键盘，靠软件识别的称为未编码键盘。本节主要讨论未编码键盘的工作原理、接口技术和程序设计。

### 一、键盘接口概述

1. 单片机实现键盘接口的常用方法

单片机应用系统使用的键盘通常分为独立式和矩阵式键盘两种硬件结构。独立式键盘是由一组相互独立的按键组成，每个按键与一位 I/O 口相连，接口简单，但是占用 I/O 口较多。矩阵式按键因为键的数目较多，所以键按行列组成矩阵，行和列相交处安放一个按键，每条行线或列线与一位 I/O 相连，节省 I/O 资源。可以为 MCS-51 单片机实现键盘接口的常用方法和接口芯片有：

（1）使用单片机本身的并行 I/O 口。

（2）使用单片机本身的串行 I/O 口。

（3）使用通用接口芯片（如 8155、8255）。

（4）使用专用的接口芯片 8279。

2. 键盘输入接口解决的任务

（1）键盘扫描和去抖动。键盘的扫描工作主要是判断键盘上是否有键按下。

单片机常用的按键和键盘都是利用机械触点的闭合和断开作用，当有键被按下时，由于机械触点的弹性和电压突变等原因，在键闭合和断开的瞬间会出现电压抖动，如图 6-1 所示。抖动时间长短与触点的机械特性有关，一般为 5~10ms，键的稳定闭合时间与操作人员的按键动作有关，大约几百毫秒到几秒不等。为了保证键盘扫描的正确性，需要进行键去抖动处理。通常消除抖动的方法有软件、硬件两种。图 6-2 是用 R-S 触发器构成的去抖动电路，图 6-3 是滤波消抖电路。

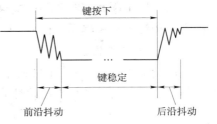

图 6-1　键闭合和断开时的电压抖动

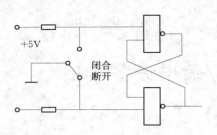

图 6-2　R-S触发器消抖电路

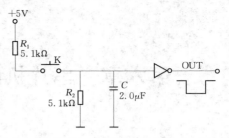

图 6-3　滤波消抖电路

软件消除抖动的方法比较简单，其具体办法是在检测到有键按下时，执行一段时间延时 20～30ms 即可，再确认该键电平是否为闭合状态，若为闭合状态电平，说明键进入稳定按下状态，从而避开了抖动的影响。

（2）键值或键号的计算。当确定有键按下时，需进一步根据行线和列线的状态确定按下键的值或键号，以实现键功能的程序。

（3）等待键释放。获得键值后在以延时或查询的方法等待键释放，以保证键的一次闭合只进行一次键功能的实现。

（4）确定键盘的监控方法。键盘的扫描工作只是单片机工作的一部分，什么时候执行键盘扫描工作，单片机主要有两种选择。

1）中断方式执行。当有键被按下时，向单片机发出中断请求，中断响应后执行键盘扫描工作。

2）定时方式执行。利用内部定时计数器完成一段时间的重复定时，每次定时完成执行一次键盘扫描工作。

上述四个任务，除了硬件方法消除抖动之外，其他都要通过软件实现。一个完善的键盘程序除了实现上述过程，即键扫描和延时消抖、计算键值、等待键释放以及键盘监控之外，还应实现每个键所对应的功能，通常是利用散转指令 JMP @A＋DPTR 转移去某个键值对应的子程序，来实现其功能。

**二、独立式按键**

独立式按键结构，每个按键单独占有一根 I/O 资源，当按键较多时，I/O 资源占用较多。其优点是程序设计简单。

1. 独立式按键逻辑结构图

通常以中断和定时两种方式执行键扫描程序来获得键值。这两种方式实现键盘扫描的独立式按键结构逻辑图如图 6-4 所示。

2. 键盘扫描程序

假设键盘与单片机 P1 口相连，则判断是否有键按下、计算键值以及转移到相应分支的程序如下，其中各分支的地址分别为 PROG0～PROG7。

```
MAIN:MOV   A，♯0FFH
     MOV  P1，  A        ;置 P1 为输入方式
     MOV  A，P1          ;读 P1 连接的外设状态,即按键状态
     JNB  ACC.0，  SUB0  ;P1.0 上的键按下转移 SUB0
```

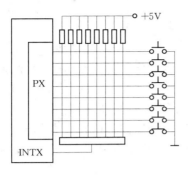 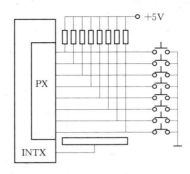

（a）中断方式　　　　　　　　　　（b）定时方式

图 6-4　独立式按键电路

|  |  |  |  |
|---|---|---|---|
| JNB | ACC.1， | SUB1 | ;P1.1 上的键按下转移 SUB1 |
| JNB | ACC.2， | SUB2 | ;P1.2 上的键按下转移 SUB2 |
| JNB | ACC.3， | SUB3 | ;P1.3 上的键按下转移 SUB3 |
| JNB | ACC.4， | SUB4 | ;P1.4 上的键按下转移 SUB4 |
| JNB | ACC.5， | SUB5 | ;P1.5 上的键按下转移 SUB5 |
| JNB | ACC.6， | SUB6 | ;P1.6 上的键按下转移 SUB6 |
| JNB | ACC.7， | SUB7 | ;P1.7 上的键按下转移 SUB7 |
| JMP | MAIN |  | ;无键按下返回 |

```
SUB0:AJMP    PROG0
SUB1:AJMP    PROG1
SUB2:AJMP    PROG2
SUB3:AJMP    PROG3
SUB4:AJMP    PROG4
SUB5:AJMP    PROG5
SUB6:AJMP    PROG6
SUB7:AJMP    PROG7
PROG0：   …          ;0 号键功能
             ⋮
     LJMP    MAIN     ;0 号键执行完返回
PROG1：   …          ;1 号键功能
             ⋮
     LJMP    MAIN     ;1 号键执行完返回
             ⋮
PROG7：   …          ;7 号键功能
             ⋮
     LJMP    MAIN     ;7 号键执行完返回
```

### 三、矩阵式按键

#### 1. 矩阵式键盘的工作原理

矩阵式键盘的电路原理图如图 6-5 所示。图中 X0～X3 为键盘的行线,通过电阻

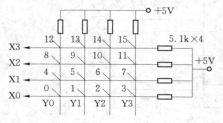

图 6-5 矩阵式键盘的电路原理图

接＋5V;Y0～Y3 为键盘的列线,由单片机控制其输入信号。每条行线和列线处有一个按键结构,当所有键未被按下时,行线与列线断开,每条行线都呈现高电平。当有键被按下时,按键所在行线与列线短路,此时行线的电平由列线的电位所决定,若列线输入低电平则行线也为低电平。

利用上述原理并进行相应的程序设计可以判断按键是否动作和计算按键键值或键号。首先,单片机输出控制所有列线电位为低电平,输入行线状态,判断各条行线是否有低电平状态,若都为高电平,说明无按键按下,若某条行线为低电平说明有按键按下。若有按键动作,下一步要判断键值或键号,常用的方法有扫描法和反转法。

(1)扫描法是逐列(或逐行)置低电平,同时读入行的状态(或列),如果行的状态不全为 1 状态,那么 0 状态行与 0 状态列的交点处的键就是按下的键。

(2)反转法主要分两步进行。假设图 6-5 中 X0～X3 与某 I/O 口的低四位 D0～D3 相连,Y0～Y3 与高四位 D4～D7 相连。第一步,将 I/O 口的高四位 D4～D7 输出为 0000,将 I/O口的状态(即低四位状态,高四位为 0000)输入到单片机某一内存单元 N 中存放,其中为 0 的位对应的是被按下键的行位置。第二步,将 I/O 口的低四位 D0～D3 输出为 0000,读 I/O 口(即高四位状态,低四位状态为 0000)的状态到单片机某一内存单元 N＋1 中存放,其中为 0 的位对应的是被按下键的列位置。最后将 N 单元中低四位即 D0～D3 状态与 N＋1 单元中的高四位 D4～D7 的状态进行或操作,结果就是按下的键值。例 6 号键按下,当执行完第一步后存到 N 单元的数据为 00001101B,执行完第二步后,存放到 N＋1 单元的数据为 10110000B,两者进行或操作的结果为 10111101B＝0BDH,即 6 号键的键值为 0BDH。

#### 2. 矩阵式键盘接口

图 6-6 为 4×8 键盘、6 位显示器和 8031 的接口逻辑。图中 8031 外接一片 8155,8155 的 RAM 地址为 7E00～7EFFH,I/O 口地址为 7F00～7F05H,8155 的 PA 口为输出口,控制键盘的列线 Y0～Y7 的电位作为键扫描口,同时又是 6 位显示器的扫描口,PB 口作为显示器的段数据口,8155 的 C 口作为输入口,PC0～PC3 接行线 Y0～Y3,称为键输入口。

#### 3. 键盘扫描程序

在单片机应用系统中,键盘和显示器往往同时存在,所以可以把键盘扫描程序和显示程序配合起来使用,将显示程序作为键盘软件去抖动的延时程序,这样既保证了显示器常亮的客观效果,并省去了一段延时程序。该程序返回后输入键的键号在 A。

键盘扫描程序如下:

```
KEY1:ACALL  KS1          ;调用判别有无键闭合子程序
      JNZ  LK1
      ACALL  DIR          ;调用显示子程序,延迟 6ms
```

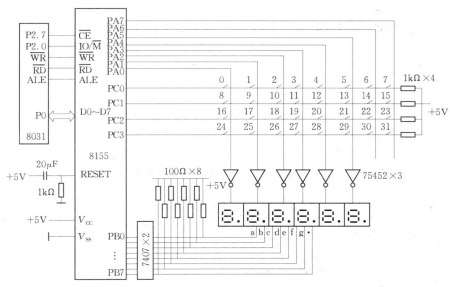

图 6-6　扩展 8155 矩阵式键盘接口

```
        AJMP    KEY1
LK1:ACALL    DIR
        ACALL    DIR
        ACALL    KS1              ;调用判别有无闭合键子程序
        JNZ    LK2
        ACALL DIR
        AJMP    KEY1
LK2:MOV    R2,#0FEH             ;扫描初值送 R2
        MOV R4,#00H              ;扫描列号送 R4
LK4:MOV    DPTR,#7F01H          ;指向 A 口
        MOV    A,R2
        MOVX    @DPTR,A          ;扫描初值送 A 口
        INC DPTR
        INC    DPTR             ;指向 C 口
        MOVX    @DPTR,A          ;读 C 口
        JB    ACC.0,LONE        ;ACC.0=1,第 0 行无键按下,转 LONE
        MOV    A,#00H           ;装第 0 行行值
        AJMP    LKP             ;转去计算键值
LONE:JB    ACC.1,LTWO          ;ACC.1=1,第 1 行无键按下,转 LTWO
        MOV    A,#08H           ;装第 1 行行值
        AJMP    LKP             ;转去计算键值
LTWO:JB ACC.2,LTHR             ;ACC.2=1,第 2 行无键按下,转 LTHR
        MOV    A,#10H           ;装第 2 行行值
```

```
        AJMP   LKP                    ;转去计算键值
LTHR:JB ACC.3,NEXT                    ;ACC.3＝1,第3行无键按下,转 NEXT
        MOV    A,♯18H                 ;装第3行值
LKP:ADD   A,R4                        ;计算键值
        PUSH   ACC                    ;保护键值
LK3:ACALL DIR                         ;延时 6ms
        ACALL  KS1                    ;查键是否继续闭合,若闭合再延时
        JNZ  LK3
        POP    ACC                    ;若键起,则键码送 A
        RET
NEXT:INC   R4
        MOV    A,R2
        JNB    ACC.7,KND
        RL   A
        MOV   R2,A
        AJMP LK4
KND:AJMP   KEY1
KS1:MOV   DPTR,♯7F01H                 ;指向 A 口
        MOV   A,♯00H
        MOVX   @DPTR,A                 ;全"0"扫描
        INC   DPTR
        INC   DPTR                    ;指向 C 口
        MOVX A,@DPTR                  ;读键入状态
        CPL   A
        ANL   A,♯0FH                  ;屏蔽高位
        RET
DIR:  …                              ;显示子程序,延迟 6ms
```

# 第二节　LED 显 示 器 接 口

LED（Light Emiting Diode）是发光二极管的缩写,发光二极管组成的显示器是单片机应用产品中最常用的廉价输出设备。它由若干个发光二极管按一定的规律排列而成,当某一个发光二极管导通时,相应的一个点或一笔画被点亮,控制不同组合的二极管导通,就能显示出各种字符。

**一、显示器的结构**

常用的七段 LED 显示器的结构如图 6－7 所示。发光二极管的阳极连在一起为公共极的称为共阳极显示器。发光二极管的阴极连在一起为公共极的称为共阴极显示器。

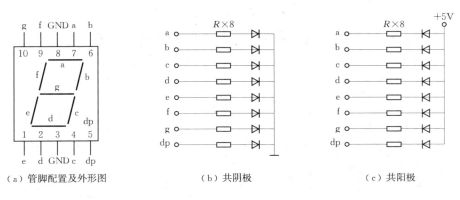

图 6 - 7　七段 LED 显示器

七段 LED 显示器与单片机的连接非常简单，只要将其引脚与单片机的 I/O 口相连便可。8 位 I/O 口输出不同的信号，七段 LED 显示器就可显示不同的字符。表 6 - 1 给出了常用字符的显示码。

表 6 - 1　　　　　　　　　　　　七段 LED 显示器的显示码（段选码）

| 显示字符 | 共阴极显示码 | 共阳极显示码 | 显示字符 | 共阴极显示码 | 共阳极显示码 |
|---|---|---|---|---|---|
| 0 | 3FH | C0H | B | 7CH | 83H |
| 1 | 06H | F9H | C | 39H | C6H |
| 2 | 5BH | A4H | D | 5EH | A1H |
| 3 | 4FH | B0H | E | 79H | 86H |
| 4 | 66H | 99H | F | 71H | 8EH |
| 5 | 6DH | 92H | P | 73H | 8CH |
| 6 | 7DH | 82H | U | C1H | 3EH |
| 7 | 07H | F8H | y | 6EH | 91H |
| 8 | 7FH | 80H | 8. | FFH | 00H |
| 9 | 6FH | 90H | 全灭 | 00H | FFH |
| A | 77H | 88H | … | … | … |

## 二、显示方式

通常在单片机应用系统中使用 LED 显示器构成多位显示结构，图 6 - 8 是 N 位 LED 显示器的构成原理图。这组显示结构由 N 根位选线（一根位选线接一片 LED 显示器的公共极）和 N×8 根段选线（每片 LED 显示器的 8 个发光二极管引脚连接 8 根段选线）组成。位选线控制 N 位中某一位的亮或暗，段选线控制 LED 显示器显示的字符。

LED 显示器有静态显示和动态显示两种方式。

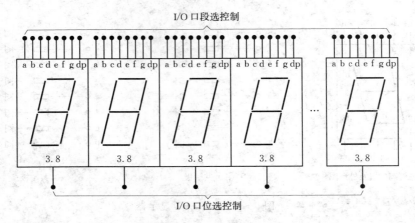

I/O 口段选控制

I/O 口位选控制

图 6-8 多位 LED 显示器结构

### 1. LED 静态显示方式

在静态显示方式下，各位 LED 显示器的公共极（位选线）连接在一起接有效电平，每位的段选线（a～dp）与一个并行的 8 位口相连。图 6-9 是利用串行口的工作方式 0 扩展为两片并行 8 位口连接两片 LED 显示器的静态显示电路。两片 LED 显示器的公共阳极接有效电平+5V，每片的段选线分别接一片 74LS164 并行接口。

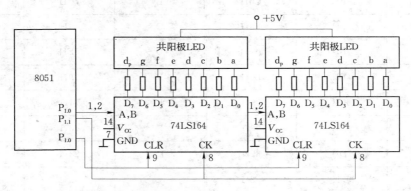

图 6-9 利用串行口扩展两片静态显示电路

**【例 6-1】** 编写图 6-9 所示静态显示电路的显示程序。

设显示缓冲区为 30H、31H，由 R1 作显示缓冲区的地址指针，74LS164 的清零端 CLR 由 P1.0 控制，低电平有效。程序设计如下：

```
DISP:MOV  R6,  #02H        ;显示位数
     MOV  R1,  #30H        ;设显示区指针
     MOV  SCON,  #00H      ;设串行口控制寄存器,方式0
LOOP:MOV  A,  @R1
     MOV  DPTR,  #TAB
     MOVC A,  @A+DPTR      ;查表,获得显示码
     MOV SBUF,A            ;送去显示
```

```
      JNB   TI,$              ;等待发送完毕
      CLR   TI
      INC   R1                ;取下一个数
      DJNZ  R6,LOOP
      RET
TAB:DB  C0H,F9H,A4H,B0H,99H,
        92H,82H,F8H,80H,90H
```

2. LED 动态显示方式

与 LED 静态显示相比，LED 动态显示方式可以有效地简化电路，减少 I/O 接口的使用。在这种显示方式下，所有 LED 的段选线并联在一起，每片 LED 的位选线（公共极）由相应的 I/O 口线控制。图 6-10 为一个 8 位 LED 动态显示器电路，共使用两个 8 位并行 I/O 口资源。

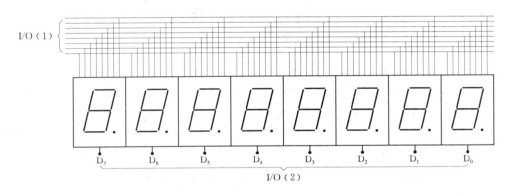

图 6-10　8 位 LED 动态显示电路

其中一个并行口 I/O（1）作段选码接口，另外一个并行口 I/O（2）作位选码接口。假设显示器为共阴极型，那么当位选接口 I/O（2）的某位输出低电平（其他 7 位均为高电平）时，则与此位连接的显示器便显示与段选码所对应的字符。另外 7 位显示块虽然也同时接收到同一段选码，但由于位选线均为高电平，因此显示器不显示。

这种工作方式是分时循环选通显示器的公共端，使 8 个显示器轮流点亮。每个显示器虽然是分时循环点亮，但由于发光管具有余辉特性及人具有视觉暂留，所以适当选取点亮时间和间隔时间，看上去所有显示器是同时点亮的，这种显示过程为动态扫描显示方式。

【例 6-2】　对图 6-11 所示动态显示电路编程使 LED 显示器从右到左依次显示，然后循环这个过程。

图 6-11 为使用 8155 扩展 I/O 接口控制 6 位共阴极 LED 显示器的电路。8155 的 B 口作为段选码锁存器，A 口作为位选码（位选线）锁存器，二者经过两个反相驱动器送出段选码和位选码。

假设在主程序中已经设置 8155 的 A 口和 B 口均工作在基本输出方式，PA 口的地址为 7F01H，PB 口的地址为 7F02H，显示缓冲区为 79H～7EH。程序设计如下：

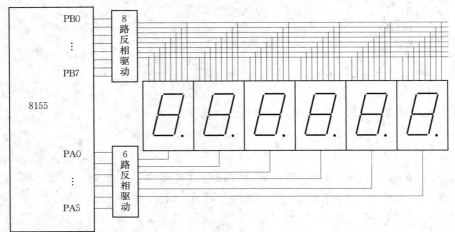

图 6-11　扩展 8155 构成的 6 位动态显示电路

```
DISP:MOV   R0,＃7EH        ;显示缓冲区首地址
     MOV   R2,＃01H        ;位选码
     MOV   A,R2
LOOP:MOV   DPTR,＃7F01H    ;指向 PA 口
     MOVX@DPTR,A           ;送位选码
     INC   DPTR            ;指向 PB 口
     MOV   A,@R0           ;取欲显数据
     ADD   A.＃0DH
     MOVC A,@A＋PC         ;查表,取得欲显数据显示码
     CPL   A               ;由于输出经反相器,显示码取反
     MOVX@DPTR,A           ;送出显示
     ACALL D1MS            ;调用延时子程序
     DEC   R0              ;显示缓冲区地址指针减1,指向下一个欲显数据
     MOV   A,R2
     JB    ACC.5,STOP      ;若扫描到最左面的显示器,则循环
     RL    A               ;没到,左移一位
     MOV   R2,A
     AJMPLOOP
STOP:AJMP  DISP
     DB   3FH,06H,5BH,4FH,66H,6DH,7DH,07H,
     7FH,6FH,77H,7CH,39H,5EH,79H,71H
D1MS:MOV   R7,  ＃02H      ;延时 1ms 子程序
  DL:MOV   R6,  ＃0FFH
 DL1:DJNZ  R6,DL1
     DJNZ  R7,DL
     RET
```

128

# 第三节　LCD 显 示 器 接 口

液晶显示器（LCD）由于具有体积小、低耗电量、无辐射危险、平面直角显示以及影像稳定不闪烁等优势，越来越多地被使用到各种仪表设备中去，代替传统的 CRT 显示器使用。常见的液晶显示器分为字符型和点阵型两种。字符型 LCD 只能显示特定的字符，应用在特定的场合，可以代替常用的 LED 显示和进行其他特殊字符的显示；点阵型 LCD 则可以以点阵的形式显示字符、图形和汉字，满足各种需要。

## 一、LCD 的概述

### 1. 常用液晶显示器件的种类

TN 型液晶显示器件是最常见的一种液晶显示器件。常见的手表、数字仪表、电子钟等都是 TN 型器件。一般来讲，只要是笔段式的液晶显示器大都是采用 TN 型液晶显示材料。

STN 型液晶显示器件在定义中被称为超扭曲向列液晶显示器件。与 TN 型 LCD 显著不同之处在于，它的分子排列的扭曲角加大，使其具有更适合多路驱动的特性。目前，几乎所有的点阵图形和大部分点阵字符液晶显示器件都是采用 STN 型液晶材料。

### 2. 尺寸说明

显示区域：又称为视窗尺寸，即观察者可以直接看到的液晶屏区域。

LCD 尺寸：液晶片由上下两片玻璃组成，一片较大，一片较小，重叠后一边或对边的边缘形成 1～3mm 左右的台阶，为液晶引线出处。一般来说，小玻璃尺寸各边要比视窗尺寸大 3mm 左右，即上下左右各留 1.5mm 左右的空白区域。

### 3. 基本参数

电气特性：由于液晶材料内阻较大，所以只要施加一个很小的电压，就可以在液晶层两侧之间建立起一个电场。液晶显示材料的驱动工作电压很低，电流也很小，一般常用液晶显示产品驱动电压都设在 3～5V 之间。

温度特性：液晶显示产品对温度要求较高，一般分为常温型和宽温型两种，常温型储存温度为 $-10\sim+60℃$，工作温度为 $0\sim50℃$；宽温型产品储存温度为 $-30\sim+70℃$，工作温度为 $-20\sim60℃$。

工作视角：液晶显示的对比度随视角的变化而变化，视角是观察方向与液晶显示器平面法线之间的最大夹角。如将液晶显示器件表面当作一个钟面，则根据观察者视线的来自的方向，可以将视角划分为 12：00、3：00、6：00、9：00 四种。

## 二、LCD 显示原理

液晶显示器的显像原理，是将液晶置于两片导电玻璃之间，靠两个电极间电场的驱动，引起液晶分子扭曲向列的电场效应，以控制光源透射或遮蔽功能，在电源开关之间产生明暗而将影像显示出来。若加上彩色滤光片，则可显示彩色影像。在两片玻璃基板上装有配向膜，所以液晶会沿着沟槽配向，由于玻璃基板配向膜沟槽偏离 90°，所以液晶分子成为扭转型，当玻璃基板没有加入电场时，光线透过偏光板跟着液晶做 90°扭转，通过下方偏光板，液晶面板显示白色；当玻璃基板加入电场时，液晶分子产生配列变化，光线通过液晶分子空隙维持原方向，被下方偏光板遮蔽，光线被吸收无法透出，液晶面板显示黑色，如图 6-12 所示。

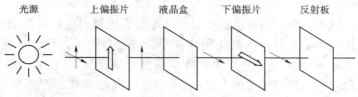

图 6-12 LCD 显示工作原理

液晶显示器便是根据此电压有无，使面板达到显示效果。

### 三、液晶显示模块 LCM （Liquid Crystal Display Module）

现在市面上供开发使用的常为液晶显示模块 LCM。液晶显示模块是一种将液晶显示器件、连接件、集成电路、PCB 线路板、背光源、结构件装配在一起的组件，实际上它是一种商品化的部件。

常用的 LCM 有以下几种。

#### 1. 数显液晶模块

这是一种由段型液晶显示器件与专用的集成电路组装成一体的功能部件，只能显示数字和一些标识符号。段型液晶显示器件大多应用在便携、袖珍设备上。由于这些设备体积小，所以尽可能不将显示部分设计成单独的部件，即使一些应用领域需要单独的显示组件，那么也应该使其除具有显示功能外，还应具有一些信息接收、处理、存储传递等功能，由于它们具有某种通用的、特定的功能而受市场的欢迎。

#### 2. 液晶点阵字符模块

它是由点阵字符液晶显示器件和专用的行、列驱动器、控制器及必要的连接件、结构件装配而成的，可以显示数字和西文字符。这种点阵字符模块本身具有字符发生器，显示容量大，功能丰富。一般该种模块最少也可以显示 8 位 1 行或 16 位 1 行以上的字符。这种模块的点阵排列是由 5×7、5×8 或 5×11 的一组组像素点阵排列组成的。每组为 1 位，每位间有一点的间隔，每行间也有一行的间隔，所以不能显示图形，其规格如表 6-2 所示。

表 6-2             点阵式字符 LCM 常用规格

| 位数 | 行数 | 位数 | 行数 |
| --- | --- | --- | --- |
| 8 位 | 1 行；2 行 | 24 位 | 1 行；2 行；4 行 |
| 16 位 | 1 行；2 行；4 行 | 32 位 | 1 行；2 行；4 行 |
| 20 位 | 1 行；2 行；4 行 | 40 位 | 1 行；2 行；4 行 |

一般在模块控制、驱动器内具有已固化好 192 个字符字模的字符库 CGROM，还具有让用户自定义建立专用字符的随机存储器 CGRAM，允许用户建立 8 个 5×8 点阵的字符。

#### 3. 点阵图形液晶模块

这种模块也是点阵模块的一种，其特点是点阵像素连续排列，行和列在排布中均没有空隔。因此可以显示连续、完整的图形。由于它也是由 X—Y 矩阵像素构成的，所以除显示图形外，也可以显示字符。它按驱动方式的不同又可分为 3 类：

（1）行、列驱动型：这是一种必须外接专用控制器的模块，其模块只装配有通用的行、列驱动器，这种驱动器实际上只有对像素的一般驱动输出端，而输入端一般只有 4 位以下的数据输入端、移位信号输入端、锁存输入端、交流信号输入端等，如 HD44100，HD66100 等。此种模块必须外接控制电路（如 HD61830，SED1330 等）才能与计算机连接。该种模块数量最多、最普遍。虽然需要采用自配控制器，但它也给用户留下了可以自行选择不同控制器的自由。

（2）行、列驱动—控制型：这是一种可直接与计算机接口，依靠计算机直接控制驱动器的模块。这类模块所用的列驱动器具有 I/O 总线数据接口，可以将模块直接挂在计算机的总线上，省去了专用控制器，因此对整机系统降低成本有好处。对于像素数量不大，整机功能不多，对计算机软件的编程很熟悉的用户非常适用。不过它会占用系统的部分资源。

（3）行、列控制型：这是一种内藏控制器型的点阵图形模块。也是比较受欢迎的一种类型。这种模块不仅装有如第一类的行、列驱动器，而且也装配有如 T6963C 等的专用控制器。这种控制器是液晶驱动器与计算机的接口，它以最简单的方式受控于计算机，接收并反馈计算机的各种信息，经过自己独立的信息处理实现对显示缓冲区的管理，并向驱动器提供所需要的各种信号、脉冲，操纵驱动器实现模块的显示功能。这种控制器具有自己一套专用的指令，并具有自己的字符发生器 CGROM。

用户必须熟悉这种控制器的详细说明书，才能进行操作。这种模块使用户摆脱了对控制器的设计、加工、制作等一系列工作，又使计算机避免了对显示器的繁琐控制，节约了主机系统的内部资源。

**四、点阵字符型 LCM**

字符型液晶板上排列着若干个 5×7 或 5×8 或 5×11 点阵的字符显示位，每个显示位可显示一个字符。

1. 内部结构

它主要由以下几个部件组成：

DDRAM：显示数据 RAM。用来寄存待显示字符的代码，此代码由 CPU 从数据总线送入。DDRAM 容量为 80×8bits。

CGROM：字符发生器 ROM。它内部已经储存了 160 个不同的点阵字符图形，供用户调用，进行字符的显示。每一个字符代码对应一个 CGROM 中的 5×7 点阵图形。

CGRAM：字符发生器 RAM。它是 8 个可供用户自定义的字符图形 RAM。

DDRAM 地址：待显示字符的显示位置。这个地址共 7 位。

指令寄存器：用来接收 CPU 送来的指令码，也寄存 DDRAM 和 CGRAM 的地址。

数据寄存器：寄存 CPU 发来的字符代码数据。CPU 进行读操作时，也是先读数据到数据寄存器。

AC：地址计数器。AC 是 DDRAM 或 CGRAM 的单元地址。指令写入时，由指令寄存器送入 AC，同时区别是 DDRAM 或 CGRAM 地址。当对 DDRAM 或 CGRAM 进行读写操作后，AC 值自动加 1 或减 1。

状态标志位：主要是 LCD 忙标志 BF。当 BF＝1 时，表示 LCD 正在进行内部处理，不响应外部命令。BF 标志位是只读的，由内部硬件清零。读状态寄存器时，最高位 D7 为忙状态标志 BF，D0～D6 则为 AC 内容。

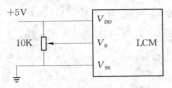

图 6-13　LCD 电压调节电路

光标/闪烁控制：用于控制光标的显示和闪烁。光标显示位置为 AC 中 DDRAM 地址。在 CPU 与 CGRAM 进行数据传送时，应禁止此功能。

外接电压调整电路：给 LCD 提供电压，用于调节显示亮度。常用电路如图 6-13 所示。

驱动电路：根据控制信号和数据信号，驱动 LCD 在相应位置显示相应字符。

2. 与单片机的接口

点阵字符型 LCM 一般有 14 个引脚，其中 8 个数据脚，用来传送数据；3 个电源脚，用来提供电压；3 个控制脚，控制 LCD 的显示，如表 6-3 所示为 LCM 引脚描述。

表 6-3　　　　　　　　　　　　LCM 引 脚 描 述

| 引脚号 | 符号 | 名称 | 功能 |
|---|---|---|---|
| 1 | $V_{SS}$ | 地 | 0V |
| 2 | $V_{DD}$ | 电源 | 5V |
| 3 | $V_{LCD}$ | 液晶驱动电压 | |
| 4 | RS | 寄存器选择 | H：数据寄存器，L：指令寄存器 |
| 5 | R/$\overline{W}$ | 读/写控制 | H：读，L：写 |
| 6 | E | 使能 | 下降沿触发 |
| 7～14 | $DB_0 \sim DB_7$ | 8 位数据线 | 数据传送 |

它与单片机的一种简单连接如图 6-14 所示。由图可见，LCM 与单片机的接口非常简单。其中 8 条数据线上都要加上拉电阻。

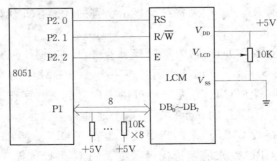

图 6-14　MCS-51 单片机与 LCM 接口电路

3. 指令说明

通常使用的点阵字符型 LCM 有 11 条指令，如表 6-4 所示。

**表 6 - 4**　　　　　　　　　　　　**字符型 LCD 模块的指令表**

| 指令 | 指令 | | | | | | | | | | 说明 | 执行时间 |
|------|----|----|----|----|----|----|----|----|----|----|------|------|
| | RS | R/W | D0 | D1 | D2 | D3 | D4 | D5 | D6 | D7 | | |
| 清屏 | 0 | 0 | 0 | 0 | 0 | 0 | 0 | 0 | 0 | 1 | AC＝0 时，光标回位 | 1.6ms |
| 光标返回 | 0 | 0 | 0 | 0 | 0 | 0 | 0 | 0 | 1 | * | ADD＝0 时，回原位 | 1.64ms |
| 输入方式 | 0 | 0 | 0 | 0 | 0 | 0 | 0 | 1 | I/D | S | 决定是否移动以及移动方向 | 40$\mu$s |
| 显示开关 | 0 | 0 | 0 | 0 | 0 | 0 | 1 | D | C | B | D—显示，C—光标，B—光标闪烁 | 40$\mu$s |
| 移位 | 0 | 0 | 0 | 0 | 0 | 1 | S/C | R/L | * | * | 移动光标及整体显示 | 40$\mu$s |
| 功能设置 | 0 | 0 | 0 | 0 | 1 | DL | N | F | * | * | DL—数据位数，L—行数，F—字体 | 40$\mu$s |
| CGRAM 地址设置 | 0 | 0 | 0 | 1 | 字符发生存储器地址 ACG | | | | | | 设置 CGRAM 的地址 | 40$\mu$s |
| DDRAM 地址设置 | 0 | 0 | 1 | 显示数据存储器地址 ADD | | | | | | | 设置 DDRAM 的地址 | 40$\mu$s |
| 读忙标志或地址 | 0 | 1 | BF | 计数器地址 AC | | | | | | | 读出忙标志位（BF）及 AC 值 | 40$\mu$s |
| 写数据到 CGRAM 或 DDRAM | 1 | 0 | 要写数据 | | | | | | | | 将内容写入 RAM 中 | 40$\mu$s |
| 从 CGRAM 或 DDRAM 读数 | 1 | 1 | 读出数据 | | | | | | | | 将内容从 RAM 中读出 | 40$\mu$s |
| 补充说明 | I/D：1—增量方式；0—减量方式<br>S：1—位移<br>S/C：1—显示位移；0—光标移位<br>R/L：1—右移；0—左移<br>DL：1—8 位；0—4 位<br>N：1—2 行；0—1 行<br>F：1—5×10 字体；0—5×7 字体<br>BF：1—正在执行内部操作；0—可接收指令 | | | | | | | | | | | |

4. 软件编程

硬件连接采用图 6-14 所示的电路图,假设要在双行显示的 LCD 的第一行第 5 个位置开始显示 "HELLO" 字符,程序清单如下:

```
S          EQU    P2.0           ;定义管脚标志
RW         EQU    P2.1
E          EQU    P2.2
START:CALL   DELAY15MS      ;延时 15ms,等待初始化
       CLR  RS                ;执行功能设置命令
       CLR  RW
       MOV  P1,#3FH          ;传送命令,置 DL=1
       CALL   DELAY5MS        ;延时 5ms
       CLR  RS
       CLR  RW
       MOV  P1,#3FH
       CALL   DELAY5MS
       CLR  RS
       CLR  RW
       MOV  P1,#3FH
       CALL  F_BUSY           ;查忙标志,直至不忙
MAIN:  CLR  RS
       CLR  RW
       MOV  P1,#30H          ;8 位接口,2 行显示,5×7 点阵
       CALL  F_BUSY
       MOV  P1,#0EH          ;开显示及光标,光标不闪烁
       CALL  F_BUSY
       MOV  P1,#06H          ;显示不移位,AC 为增量方式
       CALL   F_BUSY
       MOV  P1,84H           ;从第 1 行第 5 个位置开始显示
       CALL  F_BUSY
       SETB RS                ;开始写数据到 LCD
       MOV  P1,#48H          ;H 的 ASCII 码
       CALL  F_BUSY
       SETB RS
       MOV  P1,#45H          ;E 的 ASCII 码
       CALL  F_BUSY
       SETB RS
       MOV  P1,#4CH          ;L 的 ASCII 码
       CALL  F_BUSY
```

```
SETB   RS
MOV    P1,♯4CH          ;L 的 ASCII 码
CALL   F_BUSY
SETB   RS
MOV    P1,♯4FH          ;O 的 ASCII 码,完成显示 HELLO
CALL   F_BUSY
SJMP   $
F_BUSY:CLR   RS         ;判断忙标志的子程序
SETB   RW
MOV    A,P1
JB     ACC.7,F_BUSY     ;BF=1,继续等待
CLR    RW
RET
```

## 五、点阵图形型 LCM

点阵图形型 LCM 因为能显示汉字,所以获得了更广泛的应用。并且因其显示面积大小的不同,其控制脚数目和控制方法也有所不同。另外点阵图形型 LCM 还分为带字库和不带字库的两种,带字库的 LCM 做显示的时候,只要调用出相应汉字的代码即可;不带字库的 LCM 还需用户在 ROM 中或外接存储器中自己定义字库,显示时调用出自定义字库中相应的内容。不同的 LCM 使用方法不同,这里以 FG12232B 为例,来讲述它的应用。

FG12232B 是一种不带字库的点阵图形型 LCM,需用户自定义字库。LCM 型号里 12232 表明了液晶显示面积的大小,即其点阵为 $122 \times 32$,如果使用常用的 $16 \times 16$ 点阵的汉字,则每屏可以显示 $7.5 \times 2$ 个汉字(经过软件处理,可以显示 $8 \times 2$ 个汉字)。类似常用的还有 12864(显示 $8 \times 4$ 汉字)、128128(显示 $8 \times 8$ 汉字)、19264(显示 $12 \times 4$ 汉字)等类型。用户可以根据实际需要显示面积的大小合理选用。

1. 引脚功能

FG12232B 与外部的接口只有 18 个引脚,其中 8 个数据脚,5 个电源脚,5 个控制脚。用户只需按照要求在这些引脚上加上适当的电平数据,就可以完成 LCD 显示。其引脚描述如表 6-5 所示。

表 6-5　　　　　　　　　　　FG12232 引脚功能描述

| 引脚号 | 引脚名称 | 电压水平 | 引脚功能描述 |
|---|---|---|---|
| 1 | $V_{DD}$ | +3～+5V | 电源电压 |
| 2 | $V_{SS}$ | 0V | 电源地 |
| 3 | $V_{LCD}$ | 0～+5V 或<br>0～-5V | LCD 外接驱动负电压<br>当 $V_{DD}$=+3V 时,$V_{LCD}$ 接 0～-5V 负电压 |
| 4 | RES | H/L | 复位信号(低电平有效) |

续表

| 引脚号 | 引脚名称 | 电压水平 | 引脚功能描述 |
|---|---|---|---|
| 5 | E1 | H/L | 读写使能信号 |
| 6 | E2 | H/L | 读写使能信号 |
| 7 | R/$\overline{W}$ | H/L | 读写控制信号 |
| 8 | A0 | H/L | H：DB7～DB0 为显示数据<br>L：DB7～DB0 为显示指令数据 |
| 9～16 | DB0～DB8 | H/L | 数据线 |
| 17 | $V_{LED+}$ | | LED（+5V）或 EL 背光源 |
| 18 | $V_{LED-}$ | | LED（0V）或 EL 背光源 |

2. 工作原理

FG12232B 的工作原理如图 6-15 所示。

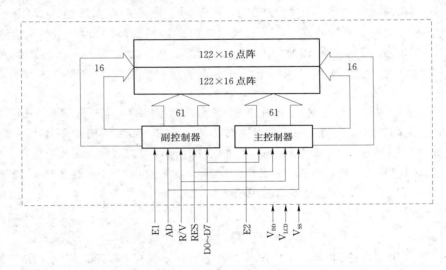

图 6-15　FG12232B 工作原理图

由图中可知，FG12232BLCM 是由两个控制器来控制的：主控制器控制右半部分的显示；副控制器控制左半部分的显示。E1、E2 分别是各自的读写使能信号，因此它可以看作两个独立的 61×32 点阵 LCM 的结合。

3. DDRAM 地址安排

DDRAM 地址决定待显示字符的显示位置，它在屏幕上并不是按顺序依次排列的，而是按照表 6-6 所示的方式排列的。

4. 指令说明

同字符点阵 LCM 一样，FG12232B 也有自己的指令，它共有 14 条指令，如表 6-7 所示。

**表 6 - 6**　　　　　　　　**FG12232B 的 DDRAM 地址表**

| 页面 | 数据 | 屏幕 | 行号 | 控制器 |
|---|---|---|---|---|
| 2 | $D_0$ ⋮ $D_7$ | ⋯ ⋯122×16 点阵 | 0 | 副控制器 |
| 3 | $D_0$ ⋮ $D_7$ | ⋯ ⋯122×16 点阵 | ⋮ 15 | |
| 0 | $D_0$ ⋮ $D_7$ | ⋯ ⋯122×16 点阵 | 16 | 主控制器 |
| 1 | $D_0$ ⋮ $D_7$ | ⋯ ⋯122×16 点阵 | ⋮ 31 | |
| | | 列地址（ADC＝0） | 00H⋯3CH | 00H⋯3CH | |
| | | | 0⋯60（十进制表示） | 0⋯60（十进制表示） | |
| | | | 副驱动器 | 主驱动器 | |

**表 6 - 7**　　　　　　　　**FG12232B 指令表**

| 指令 | 指令码 | | | | | | | | | 功能 |
|---|---|---|---|---|---|---|---|---|---|---|
| | R/W | D/I | D7 | D6 | D5 | D4 | D3 | D2 | D1 | D0 | |
| 显示/开关 | 0 | 0 | 1 | 0 | 1 | 0 | 1 | 1 | 1 | 1/0 | 开或关 LCD 显示 1：开；0：关 |
| 从哪行开始显示 | 0 | 0 | 1 | 1 | 0 | 选择开始行（0⋯31） | | | | | 决定从哪一行开始显示 |
| 页面设置 | 0 | 0 | 1 | 0 | 1 | 1 | 1 | 0 | (0~3) | | 设置显示页面 |
| 列地址设置 | 0 | 0 | 0 | 选择列地址（0~79） | | | | | | | 设置显示列地址 |
| 读状态 | 1 | 0 | Busy | ADC | ON/OFF | RST | 0 | 0 | 0 | 0 | Busy＝1：内部操作 Busy＝0：不忙 RST＝1：复位 RST＝0：正常 ON/OFF＝1：关显示 ON/OFF＝0：开显示 |

续表

| 指令 | 指令码 | | | | | | | | | | 功能 |
|---|---|---|---|---|---|---|---|---|---|---|---|
| | R/W | D/I | D7 | D6 | D5 | D4 | D3 | D2 | D1 | D0 | |
| 写显示数据 | 0 | 1 | 要写入数据 | | | | | | | | 写数据到显示 RAM |
| 读显示数据 | 1 | 1 | 要读的数据 | | | | | | | | 读取显示 RAM 数据 |
| 方向选择 | 0 | 0 | 1 | 0 | 1 | 0 | 0 | 0 | 0 | 0/1 | 决定读取显示 RAM 的顺序<br>0：顺时针<br>1：逆时针 |
| 静态显示开/关 | 0 | 0 | 1 | 0 | 1 | 0 | 0 | 1 | 0 | 0/1 | 选择静态或动态驱动方式<br>1：静态驱动<br>0：动态驱动 |
| 占空比选择 | 0 | 0 | 1 | 0 | 1 | 0 | 1 | 0 | 0 | 0/1 | 选择占空比<br>1：1/32<br>0：1/16 |
| 读－修改－写 | 0 | 0 | 1 | 1 | 1 | 0 | 0 | 0 | 0 | 0 | 写时自动增加列地址；读时则不变 |
| 结束 | 0 | 0 | 1 | 1 | 1 | 0 | 1 | 1 | 1 | 0 | 释放"读－修改－写"方式 |
| 复位 | 0 | 0 | 1 | 1 | 1 | 0 | 0 | 0 | 1 | 0 | 选择起始显示位置为第 0 页第 1 行 0 列 |
| 存电 | 0 | 0 | 0 | 1 | 0 | 1 | 0 | 1 | 1 | 0 | 设置静态驱动和关显示方式存电 |
| | 0 | 0 | 0 | 1 | 0 | 1 | 0 | 1 | 0 | 1 | |

5. 读写时序

FG12232B 的读写时序如图 6-16 所示。对它进行读写操作时，一定要严格按照时序来完成，否则就会得不到要求的结果。

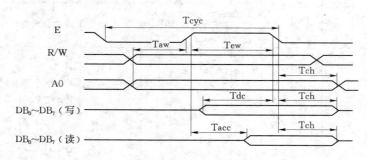

图 6-16 FG12232B 读写时序图

其中各时间段的定义及数值标准说明如下。

Tcyc：系统循环时间，最小值2000ns。

Taw：地址设置时间，最小值40ns。

Tew：有效脉宽，读操作时，其最小值为200ns；写操作时，其最小值为160ns。

Tch：输出禁止时间，当CL＝100pF时，最小值20ns，最大值120ns。

Tacc：传输时间，当CL＝100pF时，最大值为180ns。

6. 与MCS-51单片机的接口

FG12232B与单片机的接口非常简单，其一种接口电路如图6-17所示。

图6-17中，R/$\overline{\text{W}}$直接接到地，这种连接就是将LCM只置于允许写的情况。如果要读LCM数据，可用单片机的一个I/O脚来控制R/$\overline{\text{W}}$，通过电平变化完成读写切换。用P2口做数据线，一样要加上拉电阻驱动。

10K滑动变阻器完成LCM内部电压转换，用来调节亮度。

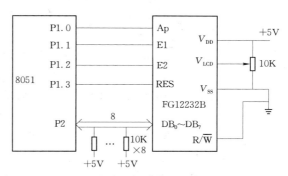

图6-17　FG12232B与MCS-51单片机的接口电路

7. 程序设计

用图6-17所示的连接，在LCD上依次完成黑屏—白屏—显示"我爱单片机"，其中$fosc＝6MHz$。

FG12232显示程序清单如下：

```
E1    EQU    P1.2
E2    EQU    P1.1        ;定义口符号,便于更改
A0    EQU    P1.0
RST   EQU    P1.3
X     EQU    30H         ;显示页地址
Y     EQU    31H         ;列地址
      ORG   0000H
      LJMP  MAIN
      ORG   0100H
MAIN:NOP
      CLR   EA
      CLR   E1
      CLR   E2
      LCALL  INTN         ;初始化LCM模块
      MOV  34H,#0FFH       ;显示所有点,即黑屏
      LCALL  DISPLAY_ALL
      LCALL  DLY100        ;延时
```

```
        MOV  34H,#00H            ;所有点不显示,即白屏
        LCALL  DISPLAY_ALL
        MOV  R1,#0E3H            ;复位
        LCALL  WRI
        MOV  34H,#00H            ;清显示,即显示白屏
        LCALL  DISPLAY_ALL
        MOV  R,#0E3H             ;复位
        LCALL  WRI
        MOV  X,#2                ;确定显示位置,页面赋初值
        MOV  Y,#8                ;列赋初值
        MOV  DPTR,#HZI1          ;显示"我"
        LCALL  OUTHZ
        MOV  X,#2                ;重设显示位置
        MOV  Y,#40
        MOV  DPTR,#HZI2          ;显示"爱"
        LCALL  OUTHZ
        MOV  X,#0                ;设显示位置
        MOV  Y,#0
        MOV  DPTR,#HZI3          ;显示"单"
        LCALL  OUTHZ
        MOV  X,#0                ;重设显示位置
        MOV  Y,#16
        MOV  DPTR,#HZI4          ;显示"片"
        LCALL  OUTHZ
        MOV  X,#0                ;重设显示位置
        MOV  Y,#32
        MOV  DPTR,#HZI5          ;显示"机"
        LCALL  OUTHZ
        LCALL  DLY100            ;延时
        LJMP  MAIN              ;返回,循环
初始化程序
INIT: CLR  RST                 ;复位
        LCALL  DLY50            ;延时
        LCALL  DLY50
        LCALL  DLY50
        LCALL  DLY50
        SETB  RST
        MOV  R1,#0AFH           ;开显示
```

```
          LCALL   WRI
          MOV   R1,♯0COH              ;开始行＝0
          LCALL   WRI
          MOV   R1,♯0A4H              ;动态驱动
          LCALL    WRI
          MOV   R1,♯0A9H              ;占空比＝1/32
          LCALL   WRI
          MOV   R1,♯0A0H              ;顺时针方式读显示 RAM
          LCALL   WRI
          MOV   R1,♯0E3H              ;复位
          LCALL   WRI
          MOV   34H,♯00H              ;清屏
          LCALL   DISPLAY＿ALL
          RET
```

完成整屏显示,黑屏或白屏。

```
DISPLAY＿ALL:MOV   R1,♯0E3H           ;复位
              LCALL   WRI
              MOV   R7,♯4             ;共 4 行
              MOV   R2,♯0B8H          ;page0 开始
   LOP1：     MOV   A,R2
              MOV   R1,A
              LCALL   WRI
              MOV   R1,♯00H
              LCALL   WRI
              MOV   R5,♯61            ;共 61 列
              MOV   R1,♯0EOH          ;写数据时,列地址自动加 1
              LCALL   WRI
   LOP11：    MOV   R1,34H            ;34H 中保存要显示的数据
              LCALL   WRD
              DJNZ   R5,LOP11         ;未显示完,继续显示
              MOV   R1,♯0EEH          ;显示完毕,结束列地址自动加 1 方式
              LCALL   WRI
              INC   R2                ;页面加 1
              DJNZ   R7,LOP1          ;4 行没有显示完,继续显示
              RIT
```

显示汉字子程序,入口参数:X(0～6),Y(0～61),DPTR 指向字库开始地址。

```
      OUTH2：MOV   R1,♯0E3H           ;复位
              LCALL   WRI
```

```
            MOV   R7,#2
            MOV   A,#0B8H
            ADD   A,X            ;起始行号
            MOV   X,A            ;保存
    HZ2:    MOV   R1,X
            LCALL  WRI
            MOV   A,#00H         ;得到列号
            ADD   A,Y
            MOV   R1,A
            LCALL  WRI           ;送列号
            MOV   R5,#16         ;16×16 点阵汉字
            MOV   R1,#0EOH       ;写数据时,列地址自动加 1
            LCALL  WRI
    HZ1:    MOV   A,#00H         ;取字库信息
            MOVC  A,@A+DPTR
            MOV   R1,A
            LCALL  WRD           ;送点阵数据
            LCALL  DLY10         ;延时,等待数据传送完毕
            INC   DPTR           ;指向下一个点阵数据
            DJNZ  R5,HZ1         ;16 字节字库信息未传送完,继续传送
            MOV   R1,#0EEH       ;传送完毕,列地址自动加 1 方式
            LCALL  WRI
            INC   X              ;行号加 1
            DJNZ  R7,HZ2
            RET
```

写指令子程序。

```
    WRI:    CLR   E1
            CLR   E2
            CLR   A0
            MOV  P2,R1           ;送指令到 LCM
            LCALL  DLY10
            SETB  E1
            SETB  E2
            LCALL  DLY10
            CLR   E1
            CLR   E2
            LCALL  DLY10         ;等待指令数据传送完毕
            LCALL  DLY10
```

```
                LCALL   DLY10
                RET
```

写数据子程序。

```
        WRD：CLR    E1
                CLR    E2
                SETB   A0
                MOV    P2,R1          ;送数据到 LCM
                LCALL  DLY10
                SETB   E1
                SETB   E2
                LCALL  DLY10
                CLR    E1
                CLR    E2
                LCALL  DLY10          ;等待数据传送完毕
                LCALL  DLY10
                LCALL  DLY10
                RET
```

延时程序。

```
        DLY10： MOV    R3,♯02H
        DL1：  MOV    R4,♯05H
        DL2：  MOV    R6,♯0FH
        DL3：  DJNZ   R6,DL3
                DJNZ   R4,DL2
                DJNZ   R3,DL1
                RET
        DLY50： MOV    R3,♯02H
        DL111：MOV    R4,♯0FH
        DL222：MOV    R6,♯0AFH
        DL333：DJNZ   R6,DL333
                DJNZ   R4,DL222
                DJNZ   R3,DL111
                RET
        DLY100：MOV    R3,♯0CH
        DL11： MOV    R4,♯0FFH
        DL22： MOV    R6,♯0FFH
        DL33： DJNZ   R6,DL33
                DJNZ   R4,DL22
                DJNZ   R3,DL11
```

　　　　　　RET

汉字字模。

文字:我,宋体 12;此字体下对应的点阵为:宽×高＝16×16。

　HZI1:DB　　20H,20H,22H,22H,0FEH,21H,21H,20H,20H,0FFH,20H,22H,
　　　　　　0ACH,20H,20H,00H,04H,04H,42H,82H,7FH,01H,01H,10H,
　　　　　　10H,08H,07H,1AH,21H,40H,0F0H,00H。

文字:爱,宋体 12;此字体下对应的点阵为:宽×高＝16×16。

　HZI2:DB　　00H,40H,0B2H,96H,9AH,92H,0F6H,9AH,93H,91H,99H,97H,
　　　　　　91H,90H,30H,00H,40H,20H,0A0H,90H,4CH,47H,2AH,2AH,
　　　　　　12H,1AH,26H,22H,40H,0C0H,40H,00H。

文字:单,宋体 12;此字体下对应的点阵为:宽×高＝16×16。

　HZI3:DB　　00H,00H,0F8H,28H,29H,2EH,2AH,0F8H,28H,2CH,2BH,2AH,
　　　　　　0F8H,00H,00H,00H,08H,08H,0BH,09H,09H,09H,0FFH,
　　　　　　09H,09H,09H,09H,0BH,08H,08H,00H。

文字:片,宋体 12;此字体下对应的点阵为:宽×高＝16×16。

　HZI4:DB　　00H,00H,00H,0FEH,10H,10H,10H,10H,10H,1FH,10H,10H,
　　　　　　10H,18H,10H,00H,80H,40H,30H,0FH,01H,01H,01H,01H,
　　　　　　01H,01H,01H,0FFH,00H,00H,00H,00H。

文字:机,宋体 12;此字体下对应的点阵为:宽×高＝16×16。

　HZI5:DB　　08H,08H,0C8H,0FFH,48H,88H,08H,00H,0FEH,02H,02H,02H,
　　　　　　0FEH,00H,00H,00H,04H,03H,00H,0FFH,00H,41H,30H,0CH,
　　　　　　03H,00H,00H,00H,3FH,40H,78H,00H。

　　　　　　END

**8. 汉字取模方式**

对于不带字库的 LCM 来说,需要用户自己添加字模。现在有很多汉字取模软件可供使用,用户利用它们可以方便容易地得到想要显示汉字的字模。

汉字取模中需要注意两点:

(1) 横向取模和纵向取模的选择。由于要对每个文字单独取模,在把文字转化为图像的处理方法上有所不同,具体说来是如果要横向取模的话,则把输入的文字纵向排列成图像;而要纵向取模的话,则把输入的文字横向排列成图像。

(2) 字节倒序的问题。字节倒序是为了满足某些液晶的要求而设。即一个字节倒过来,例如 17H,要把它变成 0E8H。每一种 LCM 都有自己的取模方式,对于 FG12232B 来说,应该选择纵向取模和字节倒序。用户应根据自己购买液晶产品的不同合理选择。

# 第四节　打 印 机 接 口

微型打印机是单片机应用系统中常用的输出设备,在电子收款机、电子计费等场合经常使用。常见型号有 TP$\mu$P-16A/40A、GP16 等。

### 一、TPμP‐40A/16A 微型打印机及其接口

TPμP‐40A/16A 微型打印机是由单片机控制的智能型打印机。TPμP‐40A 与 TPμP‐16A 的接口与时序完全相同，硬件电路及插脚完全兼容，只是指令代码不完全相同。TPμP‐40A 每行打印 40 个字符，而 TPμP‐16A 每行打印 16 个字符。下面主要介绍 PμP‐40A 的接口电路及打印软件。

1. TPμP‐40A 主要性能、接口要求及时序

TPμP‐40A 的主要技术性能：

（1）采用单片机控制，具有 2KB 监控程序及标准的 Centronic 并行接口，便于与各种计算机应用系统或智能仪器仪表联机使用。

（2）具有较丰富的打印命令，命令代码均为单字节，格式简单。

（3）可产生全部标准的 ASCII 代码字符，以及 128 个非标准字符和图符。有 16 个代码字符（6×7 点阵）可由用户通过程序自行定义。并可通过命令用此 16 个代码字符去更换任何驻留代码字形，以使用于多种文字的打印。

（4）可打印出 8×240 点阵的图样（汉字或图案点阵）。代码字符和点阵图样可在一行中混合打印。

（5）字符、图符和点阵图可以在高和宽的方向放大为×2、×3、×4 倍。

（6）每行字符的点行数（包括字符的行间距）可用命令更换，即字符行间距空点行在 0～256 间任选。

（7）带有水平和垂直制表命令，便于打印表格。

（8）具有重复打印同一字符命令，以减少输送代码的数量。

（9）带有命令格式的检错功能。当输入错误命令时，打印机立即打出错误信息代码。

TPμP‐40A 微型打印机与计算机应用系统通过机箱后部的 20 芯扁平电缆及插件相连。打印机箱后部与插件引脚信号相接如图 6‐18 所示。

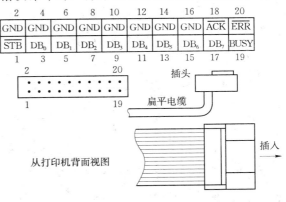

图 6‐18　TPμP‐40A/16A 打印机插脚

$DB_0$～$DB_7$：数据线，单向由计算机输入打印机。

$\overline{STB}$（STROBE）：数据选通信号。在该信号的上升沿时，数据线上的 8 位并行数据被打印机读入机内锁存。

BUSY：打印机"忙"状态信号。当该信号有效（高电平）时，表示打印机正忙于处理数据。此时，单片机不得使数据选通信号有效，向打印机送入新的数据。

$\overline{ACK}$（ACKNOWLEGE）：打印机的应答信号。低电平有效，表明打印机已取走数据线上的数据。

$\overline{ERR}$（ERROR）：出错信号。当送入打印机的命令格式出错时，打印机立即打印一行出错信息，提示出错。在打印出错信息之前，该信号线出现一个负脉冲，脉冲宽度为 30μs。

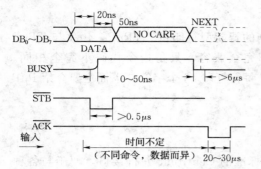

图 6-19　TPμP-40A/16A 接口信号时序

接口信号时序如图 6-19 所示。

数据选通信号的宽度需大于 $0.5\mu s$。应答信号可与数据选通信号作为一对应答联络信号。也可以与"忙"状态信号作为一对应答联络信号。

2. 字符代码及打印命令

TPμP-40A/16A 微型打印机的全部代码共 256 个，其中 00H 无效。代码 01H～0FH 为打印命令，代码 10H～1FH 为用户自定义代码；代码 20H～7FH 为标准 ASCII 代码；代码 80H～0FFH 为非 ASCII 代码，其中包括少量汉字、希腊字母、块图固符和一些特殊的字符。

TPμP-16A 的有效代码表与 TPμP-40A 不同之处在于 01H～0FH 中的指令代码，前者为 16 个，后者为 12 个，功能也不尽相同。

打印命令由一个命令字和若干个参数字节组成。其格式为 $CCXX_0\cdots XX_n$。其中 CC 为命令代码字节，01H～0FH，$XX_n$ 为第 $n$ 个参数字节，$n=0\sim250$，随不同命令而异。命令结束符为 0DH，除下述表中代码为 06H 的命令必须用它外，其余均可省略。TPμP-40A 命令代码及功能如表 6-8 所示。更详细的说明请参见技术说明书。

表 6-8　　　　　　　　　　TPμP-40A 打印命令代码及功能

| 命令代码 | 命令功能 |
| --- | --- |
| 01H | 打印字符、图等，增宽（×1，×2，×3，×4） |
| 02H | 打印字符、图等，增高（×1，×2，×3，×4） |
| 03H | 打印字符、图等，宽和高同时增加（×1，×2，×3，×4） |
| 04H | 字符行间距更换/定义 |
| 05H | 用户自定义字符点阵 |
| 06H | 驻留代码字符点阵式样更换 |
| 07H | 水平（制表）跳区 |
| 08H | 垂直（制表）跳区 |
| 09H | 恢复 ASCII 代码和请输入缓冲区命令 |
| 0AH | 一个空位后回车换行 |
| 0BH～0CH | 无效 |
| 0DH | 回车换行 |
| 0EH | 重复打印同一字符命令 |
| 0FH | 打印位点阵图命令 |

3. TPμP-40A/16A 与 MCS-51 单片机接口

TPμP-40A/16A 是智能打印机，其控制电路由单片机构成，在输入电路中有锁存器，在输出电路中有三态门控制。因此可以直接与单片机相接。TPμP-40A/16A 没有读、写信号，只有握手线$\overline{STB}$、BUSY，其接口电路如图6-20所示。打印机的地址为7FFFH。

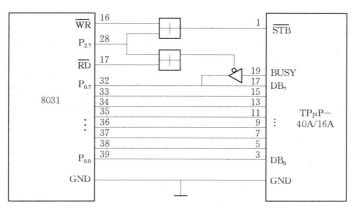

图 6-20 TPμP-40A/16A 与 8031 单片机的连接图

【例 6-3】 空表打印程序。

空表样式

Data： 年 月 日

NO.

程序清单：

```
        MOV    DPTR,♯7FFFH
LP1：  MOVX   A,@ DPTR
        JB    ACC.7，  LP1
        MOV    R4,♯TABST      ；TABST 为表首地址
LP2：  MOV    A，  R4
        ADD    A,♯ 0DH        ；查表修正
        MOVC   A,@A＋PC        ；查表
        MOVX   @ DPTR,A       ；打印
LP3：  MOVX   A，  @ DPTR
        JB    ACC.7，  LP3
        INC    R4
        MOV    A，  R4
        XRL    A,♯TABED       ；TABED 为表尾地址
        JNZ    LP2
LP0：  SJMP   LP0
TAB：DB 03H，02H，44H，61H，   74H，65H，3AH，20H，
        20H，20H，20H，8CH，   20H，20H，3DH，20H，
        20H，8EH，08H，01H，   4EH，4FH，2EH，20H，
        20H，20H，20H，0DH
```

图 6-21 是 8031 单片机扩展 8155 芯片，通过 8155 的 A 口的选通工作方式与 TPμP

-40A/16A 微型打印机进行连接的示例。TPμP-40A/16A 的 BUSY 信号与 8031 的外部中断 1 输入引脚（P3.3）相连，这样 8031 可以通过查询或中断方式来控制打印机工作。

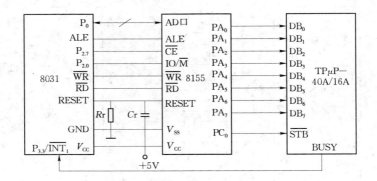

图 6-21　TPμP-40A/16A 与 8031 扩展 I/O 口的连接

## 二、GP16 微型打印机及其接口

GP16 为智能微型打印机，即其内部有计算机控制其工作。机芯为 Model-150-Ⅱ 16 行针打，控制器由 8039（MCS-48 系列）单片机系统构成。GP16-Ⅱ 为 GP16 的改进型，控制器由 8031 单片机系统构成。

1. GP16 微型打印机结构及其接口信号

GP16 微型打印机的结构如图 6-22 所示，GP16 微型打印机的控制器具有寄存器，可以方便地与主单片机连接。8039 单片机执行固化在 EPROM 中的控打程序，接收和执行主机送来的命令，通过控制口和驱动电路，实现对打印机芯机械动作的控制，从而把主机送来的数据以字符串、数据、图表等形式打印出来，也可以响应停机、自检、走纸等开关操作，方便操作员随时对打印机状态进行干预。GP16 微型打印机的接口信号如表 6-9 所示。

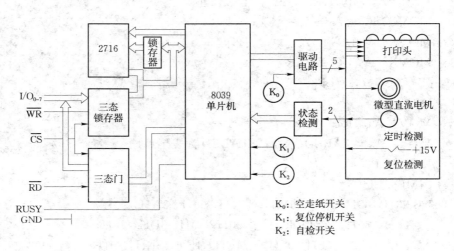

图 6-22　GP16 微型打印机结构框图

表 6 - 9　　　　　　　　　　　　　　GP16 微型打印机接口信号

| 1 | 2 | 3 | 4 | 5 | 6 | 7 | 8 | 9 | 10 | 11 | 12 | 13 | 14 | 15 | 16 |
|---|---|---|---|---|---|---|---|---|---|---|---|---|---|---|---|
| +5V | +5V | IO.0 | IO.1 | IO.2 | IO.3 | IO.4 | IO.5 | IO.6 | IO.7 | $\overline{CS}$ | $\overline{WR}$ | $\overline{RD}$ | BUSY | 地 | 地 |

各信号功能如下：

IO.0～IO.7：双向三态数据总线，是主机 CPU 与打印机之间命令、状态和数据信息的传输线。

$\overline{CS}$：设备选择线。

$\overline{RD}$、$\overline{WR}$：读、写信号线。

BUSY：打印机状态输出信号线。当为高电平时表示打印机处于忙状态，不能接收主机的命令和数据。此输出线可以作为主机的查询打印机状态的信号线，也可以作为向主机申请中断的请求线。

2. GP16 微型打印机的打印命令和工作方式

GP16 的打印命令共两个字节，第一个字节的高 4 位是操作码，低 4 位是点行数 n；第二个字节是打印行数 NN。其格式如下：

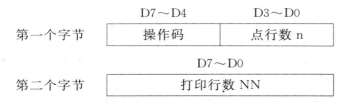

第二个字节的打印行数是指打印字符的行数。GP16 为微型针打，字符本身占据 7 个点行，第一个字节中的点行数 n 是选择字符行之间的行距，若 n＝10，则行距为 3 个点行数，打印点行数应大于或等于 8。操作码规定了打印机的打印方式，如表 6 - 10 所示。

表 6 - 10　　　　　　　　　　　　　　GP16 操作码的功能

| D7 D6 D5 D4 （操作码） | 命令功能 | D7 D6 D5 D4 （操作码） | 命令功能 |
|---|---|---|---|
| 1　0　0　0 | 空走纸 | 1　0　1　0 | 十六进制数据打印 |
| 1　0　0　1 | 字符串打印 | 1　0　1　1 | 图形打印 |

空走纸方式（8nNNH）：执行空走纸命令时，打印机自动空走纸 N×n 点行，期间 BUSY 信号为高电平，执行完后清 0。

打印字符串（9nNNH）：执行打印字符串命令后，打印机等待 CPU 写入字符数据，当接收完 16 个字符（一行）后，转入打印。打印一行约 1s 时间。若收到非法字符作空格处理。若收到换行（0AH），作停机处理，打完本行便停止打印。当打印完命令的 NNH 行后，忙状态（BUSY）清 0。GP16 可打印字符如图 6 - 23 所示。

| 代码表 | | 代码的底半字节（十六进制） | | | | | | | | | | | | | | | | 命令图符 |
|---|---|---|---|---|---|---|---|---|---|---|---|---|---|---|---|---|---|---|
| | | 0 | 1 | 2 | 3 | 4 | 5 | 6 | 7 | 8 | 9 | A | B | C | D | E | F | |
| 代码的高半字节（十六进制） | ASCII代码 | 0 | | | | | | | | | | | | | | | | |
| | | 1 | | | | | | | | | | | | | | | | |
| | | 2 | | ! | " | # | $ | % | & | ' | ( | ) | * | + | , | − | . | / |
| | | 3 | 0 | 1 | 2 | 3 | 4 | 5 | 6 | 7 | 8 | 9 | : | ; | < | = | > | ? |
| | | 4 | @ | A | B | C | D | E | F | G | H | I | J | K | L | M | N | O |
| | | 5 | P | Q | R | S | T | U | V | W | X | Y | Z | [ | \ | ] | ↑ | ← |
| | | 6 | ` | a | b | c | d | e | f | g | h | i | j | k | l | m | n | o |
| | | 7 | p | q | r | s | t | u | v | w | x | y | z | { | | | } | ~ |
| | 非ASCII代码 | 8 | ○ | 一 | 二 | 三 | 四 | 五 | 六 | 七 | 八 | 九 | 十 | ¥ | 甲 | 乙 | 丙 | 丁 |
| | | 9 | 个 | 百 | 千 | 万 | 元 | 分 | 年 | 月 | 日 | 共 | ㄴ | ㄱ | 丨 | 一 | ㄱ | ∃ |
| | | A | ² | ° | φ | ∠ | ⋯ | ± | × | | | | | | | | | |
| | | B | | | | | | | | | | | | | | | | |
| | | C | | | | | | | | | | | | | | | | |
| | | D | | | | | | | | | | | | | | | | |
| | | E | | | | | | | | | | | | | | | | |
| | | F | | | | | | | | | | | | | | | | |

图 6-23　GP16 打印的字符编码

十六进制数据打印（AnNNH）：本指令通常用来直接打印内存数据。当 GP16 接收到数据打印命令后，把 CPU 写入的数据字节分两次打印，先打印高 4 位，后打印低 4 位。一行打印 4 个字节数据。行首为相对地址，其格式如下：

```
00H：××　××　××　××
04H：××　××　××　××
08H：××　××　××　××
0CH：××　××　××　××
10H：××　××　××　××
……
```

图形打印（BnNNH）：GP16 接收到图形打印命令和规定的行数以后，等待主机送来一行 96 个字节的数据便进行打印，把这些数据所确定的图形打印出来，然后再接收 CPU 的图形数据，直到规定的行数打印完为止。图形数据编排规则如图 6-24 所示。

图中打印图形为一个周期的正弦波。打印点为 1，空白点为 0。设正弦波分两次打印，先打印正半周，后打印负半周。下面为两行正弦波图形数据：

第一行：80H,20H,04H,02H,01H,01H,02H,04H,20H,80H,00H,00H,00H,00H,00H,00H,00H,00H,00H,00H,00H,……00H。

第二行：00H,00H,00H,00H,00H,00H,00H,00H,00H,00H,01H,04H,20H,40H,80H,40H,20H,04H,01H,00H,00H,……00H。

GP16 状态字的格式如下：

| D7 | D6 | D5 | D4 | D3 | D2 | D1 | D0 |
|---|---|---|---|---|---|---|---|
| 错 | | | | | | | 忙 |

D0 为忙位，与 BUSY 信号同。当 CPU 输入的数据、命令没处理完时或处于自检状态

| 行 | 数位 | 1 | 2 | 3 | 4 | 5 | 6 | 7 | 8 | 9 | 10 | 11 | 12 | 13 | 14 | 15 | 16 | 17 | 18 | 19 | 20 | 21 | 22 | ⋯ | 96 |
|---|---|---|---|---|---|---|---|---|---|---|---|---|---|---|---|---|---|---|---|---|---|---|---|---|---|
| 1 | $D_0$ | | | | | | | | | | | | | | | | | | | | | | | | |
| | $D_1$ | | | | | | | | | | | | | | | | | | | | | | | | |
| | $D_2$ | | | | | | | | | | | | | | | | | | | | | | | | |
| | $D_3$ | | | | | | | | | | | | | | | | | | | | | | | | |
| | $D_4$ | | | | | | | | | | | | | | | | | | | | | | | | |
| | $D_5$ | | | | | | | | | | | | | | | | | | | | | | | | |
| | $D_6$ | | | | | | | | | | | | | | | | | | | | | | | | |
| | $D_7$ | | | | | | | | | | | | | | | | | | | | | | | | |
| 2 | $D_0$ | | | | | | | | | | | | | | | | | | | | | | | | |
| | $D_1$ | | | | | | | | | | | | | | | | | | | | | | | | |
| | $D_2$ | | | | | | | | | | | | | | | | | | | | | | | | |
| | $D_3$ | | | | | | | | | | | | | | | | | | | | | | | | |
| | $D_4$ | | | | | | | | | | | | | | | | | | | | | | | | |
| | $D_5$ | | | | | | | | | | | | | | | | | | | | | | | | |
| | $D_6$ | | | | | | | | | | | | | | | | | | | | | | | | |
| | $D_7$ | | | | | | | | | | | | | | | | | | | | | | | | |

图 6 - 24　图形数据编排示例

时均被置 1，空闲时清 0。D7 为错误位。当接收到非法命令时置 1，接收到正确命令后复位。

3. MCS - 51 单片机和 GP16 的接口

由于 GP16 的控制电路中有三态锁存器，在$\overline{CS}$和$\overline{WR}$控制下能锁存 CPU 总线数据，三态门又能实现与 CPU 隔离。故 GP16 可以直接与 MCS - 51 单片机的数据总线相连，不需外加锁存器。其连接方法如图 6 - 25 所示。

图中 BUSY 接$\overline{INT1}$（P3.3），因此，MCS - 51 单片机可以用中断方式和查询方式与打印机通信。打印机的地址为 7FFFH。

将命令或数据写入 GP16 时，单片机执行下列程序：

　　MOV　DPTR,♯7FFFH

　　MOV　A，♯data;data 为命令或数据

　　MOVX　@DPTR，A

读取 GP16 的状态字时,单片机执行下列程序：

　　MOV　DPTR,♯7FFFH

　　MOVX　A，@DPTR

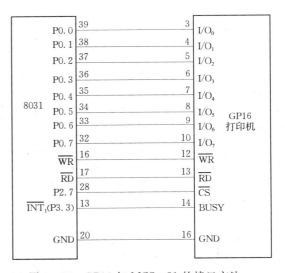

图 6 - 25　GP16 与 MCS - 51 的接口方法

## 习　　题

1. 八段 LED 显示器主要有哪几种显示方式？动态显示方式的原理是什么？

2. 以 8031 为核心，作一个 4 只按键的键盘连接电路，设计键盘扫描程序。

3. 试采用 TTL 芯片（74LS273）作为六位 LED 动态显示器接口，画出原理图。

4. 如图 6 - 17 所示的连接，在 LCD 上依次完成黑屏——白屏——显示"中国"，其中 $fosc = 6\mathrm{MHz}$。

5. 利用图 6 - 20 的打印机接口电路，编写打印"HELLO"字符的打印程序。

# 第七章 串 行 通 信 技 术

## 第一节 串行通信的接口标准

单片机自身带的串口可以方便地实现单片机之间、单片机与外设之间的串行通信。串行通信接口标准的选择是实现单片机接口设计需要解决的主要问题。单片机常用的接口标准主要有 RS-232C、RS-485、RS-422 等。

### 一、RS-232C 接口标准

RS-232C 标准的全称是 EIA-RS-232C 标准，它规定了串行数据传递的连接电缆、机械特性、电气特性、信号功能及传送过程的标准。RS-232C 接口标准是美国 EIA（电子工业联合会）与 BELL 等公司一起开发的通信协议，于 1969 年公布。它适合于数据传输速率在 0~20000bit/s 范围内的通信。这个标准对串行通信接口的有关问题，如信号线功能、电器特性都作了明确规定。由于通信设备厂商都生产与 RS-232C 制式兼容的通信设备，因此，它作为一种标准，目前已在微机通信接口中广泛采用，如 IBM PC 机上的 COM1、COM2 接口。

1. 接口信号

与 RS-232C 相匹配的连接器有 DB-25、DB-15 和 DB-9。下面分别介绍较为常用的 DB-25 和 DB-9 两种连接器的接口信号。

（1）DB-25 连接器。DB-25 连接器的外形及信号线分配如图 7-1 所示。

各引脚定义如表 7-1 所示。

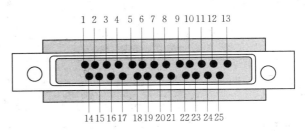

图 7-1 DB-25 连接器的信号线分配

表 7-1　　　　　　　　　　　　　　DB-25 的接口信号

| 引脚号 | 说明 | 引脚号 | 说明 |
|---|---|---|---|
| *1 | 保护地（PG） | *6 | 数传机（DCE）准备好 |
| *2 | 发送数据 | *7 | 信号地（公共回线，SG） |
| *3 | 接收数据 | *8 | 接收线信号监测（RLSD） |
| *4 | 发送请求（RTS） | *9 | （保留供数传机测试） |
| *5 | 允许发送（CTS，或清除发送） | 10 | （保留供数传机测试） |

续表

| 引脚号 | 说明 | 引脚号 | 说明 |
|---|---|---|---|
| 11 | 未定义 | 19 | （辅信道）请求发送（RTS） |
| 12 | （辅信道）接收线信号监测 | *20 | 数据终端准备好（DTR） |
| 13 | （辅信道）允许发送（CTS） | *21 | 信号质量检测 |
| 14 | （辅信道）发送数据 | *22 | 振铃指示（RI） |
| *15 | 发送信号无定时（DCE 为源） | *23 | 数据信号速度选择（DTE/DCE 为源） |
| 16 | （辅信道）接收数据 | *24 | 发送信号无定时（DTE 为源） |
| 17 | 接收信号无定时（DCE 为源） | 25 | 未定义 |
| 18 | 未定义 | | |

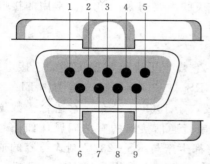

图 7-2　DB-9 连接器的信号线分配

表 7-1 中 15 根打"＊"的引线为主信道，其他则为未定义和供辅信道使用的引线。辅信道也是一个串行通道，但其速度比主信道低得多，一般不用。使用的时候，主要是传送通信线路两端所接的调制解调器的控制信号。

（2）DB-9 连接器。DB-9 连接器的外形及信号线分配如图 7-2 所示。各引脚定义如表 7-2 所示。

表 7-2　　　　　　　　　　　　　　　　　　DB-9 的接口信号

| 引脚 | 功能 | 引脚 | 功能 |
|---|---|---|---|
| 1 | 载波监测（DCD） | 6 | 数据准备完成（DSR） |
| 2 | 接收数据（RXD） | 7 | 发送请求（RTS） |
| 3 | 发送数据（TXD） | 8 | 发送清除（CTS） |
| 4 | 数据终端准备完成（DTR） | 9 | 振铃指示（RI） |
| 5 | 信号地线（SG） | | |

2. 电气特性

RS-232C 接口标准的主要电气特性如表 7-3 所示。

表 7-3　　　　　　　　　　　　　　　　　　RS-232C 电气特性

| 带 3～7kΩ 负载时驱动器的输出电平 | 逻辑 1：＋5V～＋15V |
|---|---|
| | 逻辑 0：－5V～－15V |
| 不带负载时驱动器的输出电平 | －25V～＋25V |
| 输出短路电流 | ＜0.5A |
| 驱动器转换速率 | ＜30V/$\mu$s |

续表

| 接收器输入阻抗 | 在 $3\sim7\text{k}\Omega$ 之间 |
|---|---|
| 接收器输入电压的允许范围 | $-25\text{V}\sim+25\text{V}$ |
| 输入开路时接收器的输出 | 逻辑 1 |
| 输入经 $300\Omega$ 接地时接收器的输出 | 逻辑 1 |
| $+3\text{V}$ 输入时接收器的输出 | 逻辑 0 |
| $-3\text{V}$ 输入时接收器的输出 | 逻辑 1 |
| 最大负载电容 | 2500pF |

3. 与单片机的接口电路

RS-232C 是用正负电压来表示逻辑状态，与 TTL 以高低电平表示逻辑状态的规定不同。因此，为了能够同计算机接口或终端的 TTL 器件连接，必须在 EIA-RS-232C 与 TTL 电路之间进行电平和逻辑关系的变换。实现这种变换可用分立元件，也可用集成电路芯片。目前较为广泛地使用集成电路转换器件，如 MC1488、75188、SN75150 等芯片可完成 TTL 电平到 EIA 电平的转换，而 MC1489、75189、SN75154 等芯片可实现 EIA 电平到 TTL 电平的转换，MAX232 芯片可完成 TTL 到 EIA 双向电平的转换。

（1）MC1488。MC1488 芯片可实现 TTL 电平到 RS-232C 的电平转换。主要由 3 个与非门和 1 个反相器构成，如图 7-3（a）所示。$V_{CC}$ 可接 $+15\text{V}$ 或 $+12\text{V}$，$V_{EE}$ 可接 $-15\text{V}$ 或 $-12\text{V}$，输入为 TTL 电平，输出为 RS-232C 电平。MC1488 芯片与单片机的接口如图 7-4 所示。

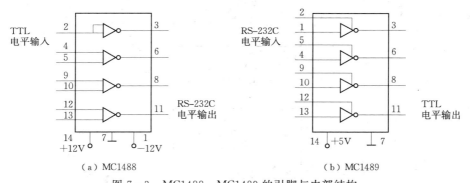

图 7-3 MC1488、MC1489 的引脚与内部结构

（2）MC1489。MC1489 芯片可实现 RS-232C 的电平到 TTL 电平转换。MC1489 主要由 4 个反相器构成，如图 7-3（b）所示。$V_{CC}$ 接 $+5\text{V}$，每个反相器都有一个控制端，它可以接到电源电压上，用以调整输入的门限特性，也可以通过一个滤波电容接地。MC1489 芯片与单片机的接口如图 7-4 所示。

（3）MAX232。MAX232 芯片可实现 RS-232C 的电平到 TTL 电平转换，也可实现 TTL 电平到 RS-232C 的电平转换。主要由 4 个反相器构成，其内部结构以及与单片机的连接如图 7-5 和 7-6 所示。$V_{CC}$ 接 $+5\text{V}$。图 7-5 中上半部分电容 $C_1$、$C_2$、$C_3$、$C_4$ 及 $V^+$，$V^-$ 是电源变换电路部分。在实际应用中，器件对电源噪声很敏感。因此，$V_{CC}$ 必须要对地加去耦电容 $C_5$，其值为 $1\mu\text{F}$。电容 $C_1$、$C_2$、$C_3$、$C_4$ 取同样数值的钽电解电容

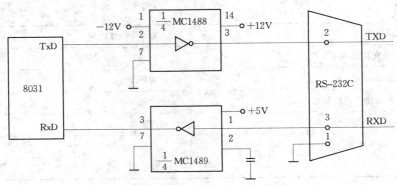

图 7-4 8031 与 RS-232C 标准的接口电路

$1.0\mu F$，用以提高抗干扰能力，在连接时必须尽量靠近器件。下半部分为发送和接收部分。实际应用中，$T1_{IN}$、$T2_{IN}$ 可直接接 TTL/CMOS 电平的 51 系列单片机的串行发送端 TXD；$R1_{OUT}$，$R2_{OUT}$ 可直接接 TTL/CMOS 电平的 51 系列单片机的串行接收端 RXD；$T1_{OUT}$，$T2_{OUT}$ 可直接接 PC 机的 RS-232 串口的接收端 RXD；$R1_{IN}$，$R2_{IN}$ 可直接接 PC 机的 RS-232 串口的发送端 TXD。

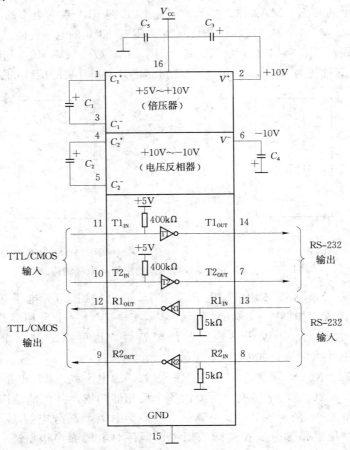

图 7-5 MAX232 的内部结构

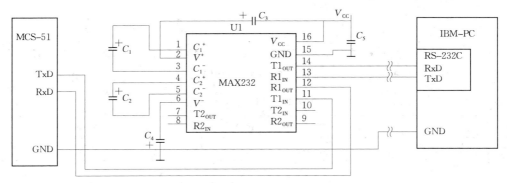

图 7 - 6　MAX232 实现单片机与 PC 机的连接

## 二、RS-449、RS-422A、RS-423A 接口标准

1. RS-449 与 RS-232C 接口标准的对比

RS-232C 虽然使用广泛，但是在现代网络通信中暴露出明显的缺点，主要表现在以下几个方面。

（1）数据传输速率慢。RS-232C 规定的 20kb/s 的传输速率虽然能满足异步通信要求（通常异步通信速率限制在 19.2kb/s 以下），但对某些同步系统来说，不能满足传送速率要求。

（2）传送距离短。RS-232C 接口一般装置之间电缆长度为 15m，即使有较好的线路器件、优良的信号质量，电缆长度也不会超过 60m。

（3）未规定标准的连接器，因而出现了互不兼容的 25 芯连接器。

（4）接口处各信号间容易产生串扰。

鉴于 RS-232C 接口的上述缺点，EIA（Eiectronic Inductres Association）1977 年制定了新标准 RS-449，而且 1980 年已成为美国标准。新标准除了与 RS-232C 兼容外，还在提高传输速率、增加传输距离、改进电气性能方面作了很大努力，并增加了 RS-232C 未用的测试功能，明确规定了标准连接器，解决了机械接口问题。新标准 RS-449，它定义了在 RS-232C 中所没有的 10 种电路功能，可以支持较高的数据传送速率、较远的传输距离，提供平衡电路改进接口的电气特性。

两者的主要差别是信号在导线上的传输方法不同。RS-232C 是利用传输信号线与公共地之间的电压差，RS-449 接口是利用信号导线之间的信号电压差，可在 1200m 的双绞线上进行数字通信，速率可达 90000bit/s。RS-449 可以不使用调制解调器，它比 RS-232C 传输速率高，通信距离长，且由于 RS-449 系统用平衡信号差电路传输高速信号，所以噪声低，又可以多点或者使用公用线通信，两台以上的设备可与 RS-449 通信电缆并联。

RS-449 设置了两种标准接口连接器：一种为 37 脚；另一种为 9 脚。其中 37 脚连接器包括次信道外的全部控制与主要端子信号。9 脚连接器则用于次信道信号，即发送、接收、允许发送、请求发送和接收就绪，另外再加上 4 个用于保护接收和发送信号的地线及信号参考地。所有这 9 个信号都是单向的。因此，这种类型的端子要比 RS-422 便宜。

RS-423/422（全双工）是 RS-449 标准的子集，RS-485（半双工）则是 RS-422

的变型。

2. 接口信号

RS-449 规定了两种标准接口连接器：一种为 37 脚，一种为 9 脚。

（1）37 脚 RS-449 连接器。连接器的引脚排列顺序见表 7-4。

表 7-4                                  37 脚 RS-449 的接口信号

| 引脚号 | 信号名称 | 引脚号 | 信号名称 |
|---|---|---|---|
| 1 | 屏蔽 | 20 | 接收公共端 |
| 2 | 信号速率指示器 | 21 | 空脚 |
| 3 | 空脚 | 22 | 发送数据（公共端或参考点） |
| 4 | 发送数据 | 23 | 发送时钟（公共端或参考点） |
| 5 | 发送同步 | 24 | 接收数据（公共端或参考点） |
| 6 | 接收数据 | 25 | 请求发送（公共端或参考点） |
| 7 | 请求发送 | 26 | 接收同步（公共端或参考点） |
| 8 | 接收同步 | 27 | 允许发送（公共端或参考点） |
| 9 | 允许发送 | 28 | 终端正在服务 |
| 10 | 本地回测 | 29 | 数据模式（公共端或参考点） |
| 11 | 数据模式 | 30 | 接收就绪（公共端或参考点） |
| 12 | 终端就绪 | 31 | 备用选择 |
| 13 | 数据模式 | 32 | 信号质量 |
| 14 | 远距离回测 | 33 | 新信号 |
| 15 | 来话呼叫 | 34 | |
| 16 | 信号速率选择/频率选择 | 35 | |
| 17 | 终端同步 | 36 | |
| 18 | 测试模式 | 37 | |
| 19 | 信号地 | | |

（2）9 脚 RS-449 连接器。连接器的引脚排列顺序见表 7-5。

表 7-5                                  9 脚 RS-449 的接口信号

| 引脚号 | 信号名称 | 引脚号 | 信号名称 |
|---|---|---|---|
| 1 | 屏蔽 | 6 | 接收器公共端（用于次信道） |
| 2 | 次信道接收就绪 | 7 | 次信道发送请求 |
| 3 | 次信道发送数据 | 8 | 次信道发送就绪 |
| 4 | 次信道接收数据 | 9 | 发送公共端（用于次信道） |
| 5 | 信号地 | | |

3. 电气特性

（1）RS-423A 电气特性。RS-423A 标准是 EIA 公布的"非平衡电压数字接口电路的电气特性"标准，这个标准是为改善 RS-232C 标准的电气特性，又考虑与 RS-232C 兼容而制定的。它采用非平衡发送器和差分接收器，电平变化范围为 12V（±6V），允许使用比 RS-232C 串行接口更高的波特率且可传送到更远的距离（1200m）。图 7-7 所示为单端驱动差分接收电路。一方面由于两条传输线一般扭在一起，受到的干扰基本相同，因而差分接收器的输入信号电压 $V_R = V_1 - V_2 = (V_T + e_n) - e_n = V_T$，大大削弱了干扰的影响；另一方面，A 点地电平连到差分电路的一个输入端，可以忽略两者共地的影响。采用 RS-423A 标准，其位速率可达 300kb/s。

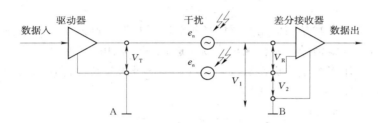

图 7-7　RS-423A 单端驱动差分接收电路

RS-423A 与 RS-232C 兼容，参考电平为地，要求正信号逻辑电平为 200mV～＋6V，负信号逻辑电平为 -200mV～-6V。6V 信号电平可作为 RS-232C 的接收信号。当与 RS-232C 一起工作时，RS-423A 的传送速率为 2000b/s，电缆长度为 15m，与 RS-232C 标准一致。

（2）RS-422A 电气特性。RS-422A 标准是 EIA 公布的"平衡电压数字接口电路的电气特性"标准，这个标准也是为改善 RS-232C 标准的电气特性，又考虑与 RS-232C 兼容而制定的。

RS-422A 规定了双端电气接口形式，其标准是双端线传送信号。它通过传输线驱动器，把逻辑电平变换成电位差，完成始端的信息传送；通过传输线接收器，由电位差转变成逻辑电平，实现终端的信息接收。RS-422A 比 RS-232C 传输信号距离长、速度快，传输率最大为 10Mb/s，在此速率下，电缆允许长度为 120m；如果采用较低传输速率，如 90000b/s 时，最大距离可达 1200m。

RS-422A 每个通道要用两条信号线，如果其中一条是逻辑"1"状态，另一条就为逻辑"0"。RS-422A 电路由发送器、平衡连接电缆、电缆终端负载、接收器几部分组成。在电路中规定只有一个发送器，可有多个接收器，因此通常采用点对点通信方式。该标准允许驱动器输出为 2～±6V，接收器可以检测到的输入信号电平可低到 200mV。

图 7-8 是平衡驱动差分接收电路。平衡驱动器的两个输出端分别为 +$V_T$ 和 -$V_T$，故差分接收器的输入信号电压 $V_R = +V_T - (-V_T) = 2V_T$。两者之间不共地，这样既可削弱干扰的影响，又可获得更长的传输距离及允许更大的信号衰减。采用 RS-422A 标准，其位速率可达 10Mb/s。

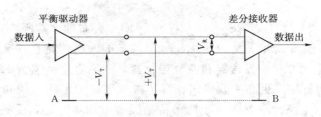

图 7-8　RS-422A 平衡驱动差分接收电路

# 第二节　单片机多机串行通信技术

在实际应用中，尤其是在应用广泛的各种分布式集散控制系统中，往往要使用多个单片机作为下位机，采集信号，实行现场控制。这时往往采用一个单片机作主机，控制整个系统的运行，而采用多个单片机作从机，完成现场信号采集与局部控制功能。其电路连接如图 7-9 所示。

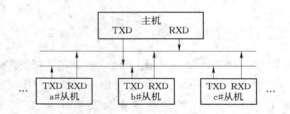

图 7-9　MCS-51 单片机多机通信电路连接图

在上图中，主机和从机通过总线相连。主机 TXD 端口可以向总线发送信号，这些信号可以被所有的从机接收；而各个从机也可以向总线发送信号，而这些信号只能被主机接收。所以各从机都可以和主机自由通信，但是从机之间的通信必须经过主机。

**一、单片机多机串行通信原理**

多机通信时，为了保证通信的可靠性，采用了寻址技术，即主机先发送一个地址信息给各个从机，各从机接收到地址信息后，便与自己的地址相比较，若相同，则开始与主机的通信；若不同，则不理会主机发送的数据信息，也不向总线发送信息。一轮通信完毕，若主机想换一个从机进行通信，则再次发送地址信息，对从机进行寻址。

多机通信使用方式 2 或方式 3。当使用方式 2 或方式 3 时，发送或接收的一帧信息都是 11 位，只有 9 位数据，其中第 9 位数据是可编程设定的，发送时，通过改变 SCON 中的 TB8 即可给它赋予不同的值。用户可以利用这一点来区别发送的信息是地址帧还是数据帧（一般规定地址帧的第 9 位为 1，数据帧的第 9 位为 0）。这样，当主机要发送地址信息进行寻址时，即必须先将 SCON 的 TB8 置"1"；发送数据信息时，先将 TB8 清"0"。从机则是通过其串行口控制寄存器 SCON 中的控制位 SM2 来实现识别的。当从机接收到一帧信息时，若其 SM2＝1，并且接收到的是地址帧，则将数据装入 SBUF 保存，同时置接收中断标志 RI＝1，向 CPU 发出中断；如果接收到的是数据帧，则将信息抛弃。也不产生中断；若这时从机的 SM2＝0，则无论是地址帧还是数据帧均保存数据到 SBUF，并且置中断标志 RI＝1。

### 二、单片机多机串行通信过程

根据上述通信原理，可以规定具体的多机通信过程如下。

（1）所有的从机的 SM2＝1，这时从机只接收地址帧。

（2）主机发送一帧地址信息，其中的 8 位数据为要寻址的从机的地址，第 9 位数据为"1"，表示发送的是地址信息。

（3）从机接收到地址帧后，与自己的地址信息比较。若相同，将 SM2 清"0"。否则，SM2＝1 不变。

（4）至此已经建立了主机与要寻址的从机之间的通信。主机发送数据信息或控制信息时，将第 9 位数据清"0"，表示发送的是数据帧。已被寻址的从机因为 SM2＝0，可以接收这些信息；而其他的从机，因为 SM2＝1，将不会接收这些信息，直到主机重发地址帧信息。

（5）主机若想寻址别的从机，则两次发送地址帧信息。先前已被寻址的从机在判断出主机发送的是地址帧后，即再次将发送的地址信息与本机的地址信息比较，若不同，则将 SM2 置 1。

### 三、单片机多机串行通信协议

在多机通信时，编写通信软件前必须有一些约定，即协议。这里简单规定如下。

（1）系统中从机的地址为 00～0FEH，即系统中允许接入最多 255 台从机。

（2）当主机发送 0FFH 地址时，要求所有的从机都恢复 SM2＝1 的状态，准备重新接收主机发送的地址。

（3）主机和从机通信过程为：首先主机发送地址信息，被寻址从机返回本机地址给主机；主机判断地址相符后，即发送控制命令，被寻址从机根据主机发送的命令向主机回送自己的状态；主机判断从机状态正常，即开始发送或接收数据。其中发送或接收的第一个字节作为数据块的长度。

（4）当主机要求从机接收数据块时，主机发送控制命令 00；当主机要求从机发送数据块时，主机发送控制命令 0FFH，其他控制命令都为非法的。

（5）从机设置一个状态字，其格式为：

| 0 | 0 | 0 | 0 | 0 | ERR | TOK | ROK |
|---|---|---|---|---|-----|-----|-----|

其中 ERR＝1，表示从机接收到非法命令；TOK＝1，表示从机发送准备就绪；ROK＝1，表示从机接收准备就绪。与双机通信一样，多机通信也可采用查询与中断两种方式编写软件。下面以采用主机查询和从机中断方式来编写。

### 四、单片机多机串行通信实例

1. 主机查询方式通信子程序

多机通信主机查询方式程序流程图如图 7－10 所示。

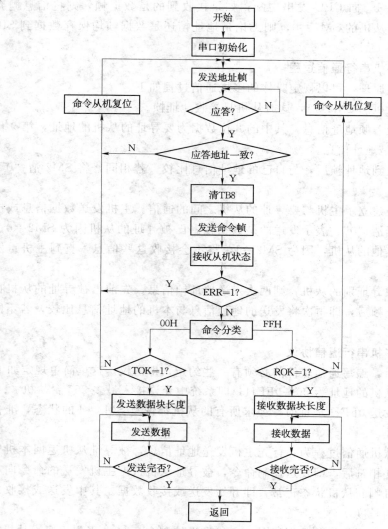

图 7-10 多机通信主机查询方式程序流程图

下面以子程序的方式给出主机的通信程序。

程序清单如下:

```
S_ADDR    EQU  30H    ;定义子程序的入口参数,S_ADDR 是被寻址从机地址
M_COMD    EQU  31H    ;M_COMD 是主机发送的命令(为00H 或0FFH)
DATA_LEN  EQU  32H    ;DATA_LEN 为数据块长度
MTD       EQU  33H    ;MTD 为发送缓冲区头地址
MRD       EQU  34H    ;MRD 为接收区头地址
CON_INIT:MOV  PCON,  #00H           ;串行口初始化
         MOV  TMOD,  #20H           ;定时器 T1,方式 2
         MOV  TL1,   #0FAH          ;设置初值
         MOV  TH1,   #0FAH
```

```
                SETB   TR1                  ;开定时器 T1,即开始产生波特率
                MOV    SCON,  ＃0D8H        ;方式 3,允许接收且 TB8＝1
    TX_ADDR:MOV    A,    S_ADDR          ;发送地址帧
                MOV    SBUF,  A
        WAIT1:JNB   TI,   WAIT1           ;等待发送完成
                CLR    TI
   WAIT_ACK:JNB   RI,   WAIT_ACK        ;等待从机应答
                CLR    RI
     ACK_OK:MOV    A,    SBUF            ;应答地址相符吗? 不符跳回
                CJNE   A,   S_ADDR,  GO_BACK
    TX_COMD:CLR   TB8                   ;发送命令帧
                MOV    A,   M_COMD
                MOV    SBUF,A
        WAIT2:JNB   TI,   WAIT2           ;等待发送完成
                CLR    TI
   RC_STATE:JNB   RI,   RC_STATE        ;接收从机状态字
                CLR    RI
                MOV    A,   SBUF          ;状态字放入 A 寄存器中
                JNB    ACC.2,  NEXT1      ;从机 ERR＝0,继续;否则,跳回
                JMP    GO_BACK            ;从机接收非法命令,跳回
      NEXT1:MOV    A,   M_COMD
                CJNE   A,＃00H,RC_DATA     ;命令字不为 0,则跳转到接收数据;
                                            ;命令字若为 0,则主机发送数据
    TX_DATA:JNB   ACC.0,GO_BACK          ;从机未准备好接收,则退回
                MOV    A,DATA_LEN          ;发送数据块长度
                MOV    SBUF,A
        WAIT3:JNB   TI,   WAIT3           ;
                CLR    TI
                MOV    R2,   DATA_LEN      ;数据长度送 R2
                MOV    R0,   MTD           ;发送数据缓冲区首址送 R0
      LOOP1:MOV    A,   @R0              ;循环发送数据
                MOV    SBUF,  A
        WAIT4:JNB   TI,   WAIT4           ;
                CLR    TI
                INC    R0
                DJNZ   R2,   LOOP1         ;未发送完,跳回继续发送
                RET                         ;发送完毕返回
     C_DATA:CJNE   A,＃0FFH,GO_BACK  ;主机接收数据
```

163

```
                                        ;命令字不为 0FFH,则跳回
        JNB   ACC.1,GO_BACK            ;从机未准备好发送,也退回
WAIT5:JNB  RI, WAIT5
        CLR  RI
        MOV  A, SBUF                   ;接收数据长度
        MOV  DATA_LEN,A                ;数据长度保存到 DATA_LEN
        MOV  R2, A                     ;同时数据长度送入 R2
        MOV  R0, MRD                   ;接收数据缓冲区首地址给 R0
LOOP2:JNB  RI, LOOP2                   ;循环接收数据
        CLR  RI
        MOV  A,SBUF
        MOV  @R0,A                     ;保存数据
        INC  R0
        DJNZ  R2, LOOP2                ;未接收完,继续接收
        RET;                           接收完毕,返回
GO-BACK:MOV  A, #0FFH                  ;主机发 0FFH 地址帧,
                                        ;命令所有从机复位,且返回
        MOV  SBUF, A
WAIT6:JNB  TI, WAIT6
        CLR  TI
        JMP  TX_ADDR                   ;跳回,主机重发地址帧
```

对于这个主机多机通信子程序,调用起来非常方便,只要预先设置好入口参数就可以直接调用了。例如要发送主机 RAM 区 50H～57H 的 8 个数据到 2# 从机,可以这样调用:

```
MOV  S_ADDR,#02H
MOV  M_COMD,#00H
MOV  MTD,   #50H
LCALL  COM_INIT
```

而如果要求 5# 从机发送数据到主机,并将数据保存到主机的 RAM 区 60H 以后的单元,则可以这样调用:

```
MOV  S_ADDR,#05H
MOV  M_COMD,#0FFH
MOV  MTD,   #60H
LCALL  COM_INIT
```

执行完后,在主机的 RAM 区从 60H 开始保存接收到的数据,数据长度存放在变量 DATA_LEN 中,主机可以根据这些信息,对接收到的数据进行处理。

2. 从机中断方式通信子程序

从机串行通信采用中断方式,即当从机接收到地址帧后,才进入通信中断程序中开始运行。所以,从机的初始化程序应放在主程序中完成。本实例程序中假设是编写 3# 从机

与主机的通信程序。在从机程序中，设置两个标志位：F_TOK 和 F_ROK。前者有效（即 F_TOK＝1）表示发送准备就绪，后者有效表示接收准备就绪。两个标志位都由主程序置位。另外还规定发送数据缓冲区首址为 50H，接收数据缓冲区首址为 60H，数据长度用变量 DATA_LEN 表示。程序流程图如图 7-11 所示。

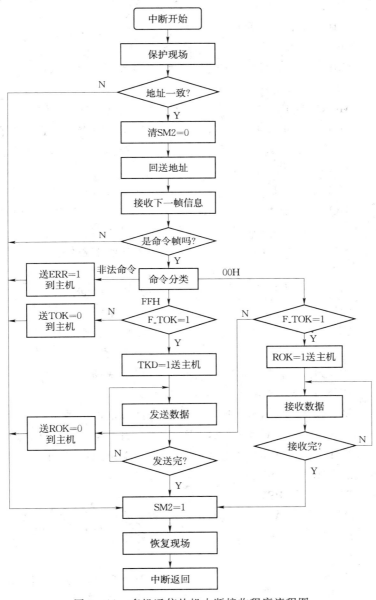

图 7-11　多机通信从机中断接收程序流程图

程序清单如下。

| S_ADDR | EQU | 03H | ;定义常量,从机地址 |
|---|---|---|---|
| MTD | EQU | 33H | ;MTD 为发送缓冲区头地址 |

```
DATA_LEN    EQU    32H           ;DATA_LEN 为数据块长度
MRD         EQU    34H           ;MRD 为接收区头地址
F_TOK       BIT    07H           ;发送准备就绪标志
  F_ROK       BIT    08H           ;接收准备就绪标志
            ORG    0000H
            JMP    START
            ORG    0023H
            JMP    COM_SERVER    ;串行中断程序入口
            ORG    0100H
START:MOV   PCON,#00             ;初始化程序
      MOV   TMOD,#20H            ;使用定时器 T1,且工作在方式 2
      MOV   TL1,#0FAH            ;设置初值
      MOV   TH1,#0FAH
      SETB  TR1                  ;开定时器 T1,即开始产生波特率
      MOV   SCON,#0F0H           ;方式 3,允许接收且 SM2=1
      SETB  F_TOK                ;置发送准备好标志
      SETB  F_ROK                ;置接收准备好标志
      SETB  EA                   ;开总中断
      SETB  ES                   ;开串口中断
MAIN:SJMP   $                    ;等待中断
COM_SERVER:CLR   RI              ;串口中断服务程序,继续接收
      CLR   EA                   ;关中断
      PUSH  A                    ;保护现场
      PUSH  PSW
      MOV   A,SBUF               ;接收地址信息
      CJNE  A,#S_ADDR,EXIT       ;如果不是本从机地址退出
      JMP   ACK_OK               ;是本机地址,发出应答信号
EXIT:SETB   SM2                  ;退出程序
      POP   PSW
      POP   A
      SETB  EA                   ;开中断
      RETI
ACK_OK:CLR  SM2                  ;地址若符,回送本机地址,
                                 ;并准备继续接收
      MOV   A,#S_ADDR            ;回送本机地址
      MOV   SBUF,A
WAIT1:JNB   TI,WAIT1
      CLR   TI
```

```
RC_COMD: JNB        RI, RC_COMD        ;接收主机命令字
         CLR        RI
         JNB        RB8,NEXT1          ;是命令帧跳转,否则跳回
         JMP        EXIT
NEXT1:   MOV        A,SBUF
ACK_COMD:CJNE       A,#00,NEXT2        ;响应不同的命令
         JMP        RC_DATA            ;命令字为 0 跳转到接收子程序
NEXT2:   CJNE       A,#0FFH,COMD_ERR
         JMP        TX_DATA            ;命令字为 0FFH 跳转到发送子程序
COMD_ERR:MOV        A,#04H             ;非法命令,回送 ERR=1 到主机,退出
         MOV        SBUF,A
WAIT2:   JNB        TI,WAIT2
         CLR        TI
         JMP        EXIT
RC_DATA: JNB        F_ROK,RC_BUSY      ;接收数据子程序
                                       ;未准备好接收,跳转
         MOV        A,#01H             ;发送 ROK=1
         MOV        SBUF,A
         CLR        F_ROK
WAIT3:   JNB        TI,WAIT3
         CLR        TI
RC_DALEN:JNB        RI,RC_DALEN        ;接收数据块长度
         CLR        RI
         MOV        A,SBUF
         MOV        A,R2               ;数据块长度送 R2
         MOV        DATA_LEN,A         ;数据长度送 DATA_LEN 保存
         MOV        R0,MRD             ;接收数据块首址给 R0
LOOP1:   JNB        RI,LOOP1           ;循环接收数据
         CLR        RI
         MOV        A,SBUF
         MOV        @R0,A
         INC        R0
         DJNZ       R2,LOOP1
         JMP        EXIT
RC_BUSY: MOV        A,#0               ;接收未准备好,发送 ROK=0 到主机,退出
         MOV        SBUF,A
WAIT4:   JNB        TI,WAIT4
         CLR        TI
```

```
            JMP         EXIT
TX_DATA：JNB        F_TOK,TX_BUSY    ;发送数据子程序,
                                     ;数据未准备好,跳转
            MOV         A,#02H        ;发送 TOK=1
            MOV         SBUF,A
            CLR         F_TOK
WAIT5：    JNB         TI,WAIT5
            CLR         TI
TX_DALEN:MOV        DATA-LEN      ;发送数据块长度
            MOV         SBUF,A
WAIT6：    JNB          TI,WAIT6
            CLR         TI
            MOV         R2,#DATA_LEN  ;数据块长度送 R2
            MOV         R0,MTD        ;发送缓冲区首地址给 R0
LOOP2：    MOV         A,@R0         ;循环发送数据
            MOV         SBUF,A
WAIT7：    JNB         RI,WAIT7
            CLR         RI
            INC         R0
            DJNZ        R2,LOOP2
            JMP         EXIT
TX_BUSY：MOV        A,#00H        ;发送未准备好,发送 TOK=0
                                     ;到主机,退出
            MOV         SBUF,A
WAIT8：    JNB         TI,WAIT8
            CLR         TI
            JMP         EXIT          ;退出
END
```

# 第三节  PC 机与单片机的通信技术

随着计算机技术的快速发展和广泛应用,上位机和下位机的主从工作方式广泛应用于数据采集系统。由于 PC 机具有分析处理能力较强,处理速度更快的特点,而单片机使用起来灵活方便,所以一般主机采用 PC 机,从机采用单片机来构成主从多机工作模式。用作主机的 IBM-PC 微型计算机内部装有异步通信适配器,其主要器件为可编程的 8250 芯片,它使得 PC 可以和其他具有标准的 RS-232C 串行通信接口的机器或终端进行通信。而 MCS-51 单片机本身具有一个全双工的异步串行接口,因此,只要加一些驱动和隔离电路,就可以很容易的构成一个简单可行的通信接口。

**一、IBM - PC 上位机编程与串行口调试工具**

IBM - PC 上位机编程主要是对异步通信适配器 8250 进行编程，从而来控制串行数据的传送格式和传送速度。一般对微机编程常常采用高级语言 Visual C++、Visual Basic、Delphi，等等。

现在有很多很好的串口调试工具，以经常使用的 SComAssistantV2.2 为例，介绍这类串口调试工具的使用方法。

打开软件后，其界面如图 7 - 12 所示。

图 7 - 12  一种串行口调试工具

（1）串口：串口是用来选择 PC 用于串口通信的串口号的，一般 PC 都至少有两个串口：COM1 和 COM2，从其下拉菜单里，正确选择用于通信的那个串口号。

（2）波特率：波特率是用来设置串口通信的速度的，其值视实际要求而定。这里经常采用一些标准的波特率，当采用这些波特率时，可以适当降低传输误差。值得注意的是，PC 选择的波特率与单片机设置的波特率一定要相等，否则不能正常通信。

（3）数据位：数据位是用来设定一帧信息中所包含的数据位数。一般取默认值 8。

（4）校验位：如果需要校验，可以在里面选择校验类型。一般来说，可以取默认值 NONE，即不需要校验.

（5）停止位：停止位一般取默认值 1，即一个停止位。

（6）打开串口：单击这个按钮就可以试图打开串口。这时，如果串口空闲，则打开串口，在窗口最下面状态栏会显示 "OPENED" 即打开，且按钮上的文字 "打开串口" 变为 "关闭串口"，再次单击即可关闭串口。同时文字也还原为 "打开串口"。

（7）计数：显示通过串口发送和接收的字符个数。RX：为接收数据个数；TX：为发送数据个数。单击右边的 "计数清零" 可将其值清 0。

（8）发送区：发送区文本框里用来填入要发送的内容。

（9）自动发送：选择自动发送以后，在 "自动发送周期" 里面填入间隔时间，则系统会自动按照间隔时间发送发送区的内容到串口。

（10）手动发送：单击 "手动发送" 按钮，则将发送区内容发送到串口。手动发送和自动发送只能一个有效。

（11）十六进制发送：选择这个选项，则发送时按 16 进制方式发送内容。不选，则是按 ASCII 码方式发送内容。

（12）清空重填：单击此按钮，则自动将发送文本框内内容清空，可以重新输入新的内容。

（13）发送文件：以 ASCII 码或 16 进制方式调入文件到发送区。

（14）接收区：只要是串口接收到的内容，都会在接收区显示出来。可以按 16 进制方式显示，也可按 ASCII 码字符方式显示。

（15）停止显示：当接收内容过多时，用户想观察接收到的内容，可单击此按钮，则接收区将暂停显示新的内容。

（16）清空接收区：和发送时一样，单击此按钮，则自动将接收文本框内内容清空。

（17）保存显示数据：用户可以将接收到的内容保存为文件，以供使用。

大多数串口调试工具功能比较强大且操作简单明了，非常适用于调试 PC 与单片机的通信程序，以后就用这种串口调试工具传输上位机程序，完成 PC 与单片机的通信。

### 二、IBM－PC 与 MCS－51 单片机的双机通信

1. 硬件电路连接

由于 IBM－PC 采用的是 RS－232C 标准信号，而 MCS－51 单片机采用的是 TTL 电平信号，所以在进行串行通信时，必须进行接口电平转换。

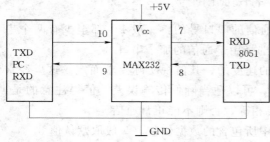

图 7－13　IBM－PC 与 MCS－51 单片机串行
通信硬件连接图

在使用 RS－232C 标准的时候，若实现单向转换可以用 MC1488 和 MCl489 来进行电平转换。在这里要使用具有双向转换功能的芯片，所以采用 MAX232 来实现。

通信线路采用最简单的"三线制"连接，电路如图 7－13 所示。

这种连接方式是按照 RS－232C 标准来进行的，只适用于短距离通信。若要实现远距离的通信，则应采用 RS－422 标准或 20mA 电流环标准，并按实际需要加光耦隔离以增强抗干扰能力。

2. MCS－51 单片机下位机通信软件设计

MCS－51 下位机采用中断的方式与 PC 进行通信。本例中，首先约定如下：

（1）晶振频率 $fosc=11.0592MHz$。波特率取 4800b/s。

（2）PC 按照 16 进制方式发送数据给单片机，发送时无校验，且数据位为 8 位。

（3）单片机接收到 PC 送来的数据后保存。当单片机接收到了 10 个 PC 送来的数据以后，则将这些数据按顺序反送回 PC。

（4）PC 用串口调试工具通信，通过观察比较发送的数据和接收的数据，就可以很容易地确定串口通信是否正常。

MCS-51 单片机下位机的程序流程图如图 7-14 所示

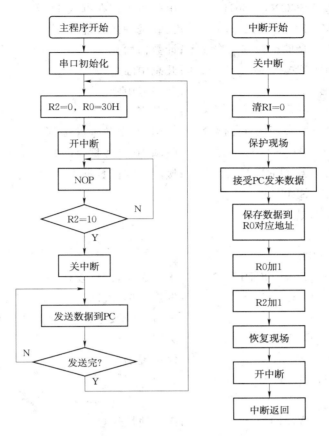

图 7-14 MCS-51 单片机串口通信程序流程图

其中用到的参数有：

R0：用来存放保存数据的地址，每收到一个数据，R0 加 1，收满 10 个后，R0 复原。

R2：用来计数，计算接收到的数据个数，当接收到 10 个数据后，R2 清零。

程序清单如下：

```
        ORG   0000H
        JMP   START
        ORG   0023H
        JMP   COM_SUB          ;串行中断程序入口
        ORG   0100H
START:  MOV   PCON,#80H        ;初始化程序
        MOV   TMOD,#20H        ;使用定时器 T1,工作在方式 2,
                               ;波特率发生器
        MOV   TL1,#0F4H        ;设初值 N,波特率 4800B/s
        MOV   TH1,#0F4H
```

```
                SETB    TR1              ;开定时器 T1,即开始产生波特率
                MOV     SCON,#50H        ;串行口工作在方式 1
        LOOP:   MOV     R2,#30H          ;接收缓冲区首址
                MOV     R0,#0            ;计数初始化
                SETB    EA               ;开总中断
                SETB    ES               ;开串口中断
        MAIN:   NOP                      ;主程序
                CJNE    R2,#10H,MAIN     ;未到 10 个数据继续等待
     TX-DATA:   MOV     R1,#30H          ;收满 10 个数据,回送
        LOOP1:  MOV     A,@R1            ;接收缓存区数据发送
                MOV     SBUF,A
        WAIT:   JNB     TI,WAIT
                CLR     TI
                INC     R1
                DJNZ    R2,LOOP1         ;未发送完,继续发送
                JMP     LOOP             ;发送完毕,跳回
   COM_SUB:     CLR     RI               ;串口中断服务程序,允许继续接收
                CLR     EA               ;关中断
                PUSH    A                ;保护现场
                PUSH    DPH
                PUSH    DPL
                MOV     A,SBUF           ;接收地址信息
                MOV     @R0,A            ;保存数据
                INC     R0
                INC             R2
                POP     DPL              ;恢复现场
                POP     DPH
                POP     A
                SETB    EA               ;开中断
                RETI                     ;中断返回
```

程序调试时，连接好硬件后，打开 PC 的串口调试工具，选择适当的串口号，波特率选择 4800，数据值选 8，停止位选 1，校验位 NONE，选择按 16 进制方式发送和按 16 进制显示；打开串口，在发送框中随便输入一些数字（0~0FFH 之间），单击发送。当发送完 10 个数据以后，看看接收框中是否有接收；接收到的数据是否为发送的数据。

### 三、IBM - PC 与 MCS - 51 单片机的多机通信

常见的集散控制系统都是由 IBM - PC（作主机）与多台 MCS - 51 单片机（作从机）构成的。其常见构成形式如图 7 - 15 所示。

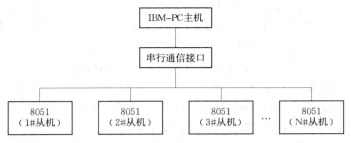

图 7 - 15　PC 与多台 MCS - 51 单片机构成的多机系统

1. 串行通信接口的设计

首先要完成 RS - 232C 标准接口信号与 TTL 电平中间的转换，就必须采用一定的硬件处理电路。考虑到多机通信的特点和成本，采用 MC1488 和 MCl489 来进行电平转换。通信接口电路图如图 7 - 16 所示。

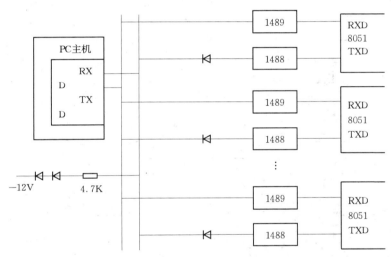

图 7 - 16　PC 与多台 MCS - 51 单片机多机通信硬件接口电路图

2. PC 软件设计

本例采用 8086/8088 汇编语言编制通信软件。PC 机中 8088 芯片寻址能力为 1MB，为了便于寻址，8088 采用的是分段的形式，设置 4 个段寄存器，将整个寻址区域划分为 4 个 64kB 的区域来进行寻址。

由前面所讲到 MCS - 51 多机通信内容可知，用户是使用多机通信控制位 SM2 来方便地实现主机和从机的一对一通信的。PC 机的异步通信适配器主要芯片是 8250，8250 本身并不具备 MCS - 51 单片机的多机通信功能，但通过软件处理，可以使得 8250 满足 MCS - 51 单片机多机通信的要求。现在来比较一下 8250 发送的 11 位数据帧和 MCS - 51 发送的 11 位数据帧格式的区别：

| 起始位 | $D_0$ | $D_1$ | $D_2$ | $D_3$ | $D_4$ | $D_5$ | $D_6$ | $D_7$ | 奇偶位 | 停止位 |
|---|---|---|---|---|---|---|---|---|---|---|
| 起始位 | $D_0$ | $D_1$ | $D_2$ | $D_3$ | $D_4$ | $D_5$ | $D_6$ | $D_7$ | $TB_8$ | 停止位 |

　　前一表格为 8250 可发送的 11 位数据帧的格式，后一表格是 MCS - 51 单片机多机通信时常用的典型数据帧格式。比较可知，它们都是 1 位起始位，8 位数据位，1 个停止位，唯一不同的是，8250 使用的是奇偶校验位，而 MCS - 51 使用的是 $TB_8$。$TB_8$ 是可编程位，MCS - 51 单片机多机通信时，正是利用它为 0 为 1 来区别数据帧和地址帧。这样来看，只需要使得 8250 中的奇偶校验位具有 MCS - 51 单片机中 $TB_8$ 位的功能，即可实现 PC 与 MCS - 51 单片机的多机通信了。所以，在进行 PC 软件编程时，改变 8250 的奇偶校验性，使其具有 $TB_8$ 位的功能，即发送地址时为 1、发送数据时为 0，这样就可以满足要求了。

　　通信软件约定如下：

　　（1）根据用户的要求和通信协议规定，对 8250 进行初始化。设置波特率 9600B/s，数据位数 8 位，1 位内奇偶校验位改变的可编程位，1 个停止位。

　　（2）PC 采用查询方式发送和接收数据。

　　（3）数据校验采用累加和的方式进行。单片机接收到数据后，若比较无误，则发送 00H 到 PC，PC 收到单片机回送的 00H，表示通信成功；否则，PC 置通信错误。

　　其程序流程图如图 7 - 17 所示。

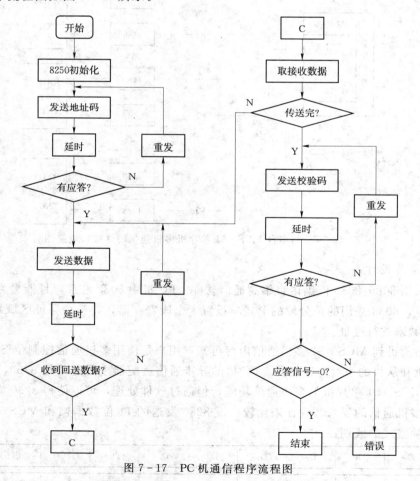

图 7 - 17　PC 机通信程序流程图

程序清单如下：

```
COMUN1: MOV      DX,3FBH          ;8250 初始化,设置波特率
        MOV      AL,80H
        OUT      DX,AL
        MOV      DX,3F8H
        MOV      AL,11
        OUT      DX,AL
        MOV      DX,3F9H
        MOV      AL,0
        OUT      DX,AL
        MOV      DX,3F8H
        MOV      AL,2BH
        OUT      DX,AL
        MOV      DX,3FCH
        MOV      AL,03H
        OUT      DX,AL
        MOV      DX,3F9H
        MOV      AL,0
        MOV      BX,00FFH         ;设置传送字节数
        MOV      SI,SOURCE        ;设置传送数据指针
        MOV      DI,DEST          ;设置接收数据指针
        MOV      DX,3FDH
LEEP:   MOV      CX,2801H         ;延时常数
LEEP1:  IN       AL,DX
        TEXT     AL,20H
        JZ       LEEP1
        MOV      DX,3F8H
        MOV      AL,NUMBER        ;发送地址码
        OUT      DX,AL
LEEP2:  LOOP     LEEP2            ;延时
        MOV      DX,3FDH
LEEP3:  IN       AL,01H
        JZ       LEEP
        TEST     AL,1BH
        JNZ      ERROR
        MOV      DX,3F8H
        IN       AL,DX
        JNZ      ERROR
```

```
              MOV        DX,3F8H
              MOV        AL,3BH              ;奇偶位清 0,发送数据帧
              OUT        DX,AL
   START: MOV           DX,3FDH
              MOV        CX,2801H
    SEND: IN            AL,DX
              TEST       AL,20H
              JZ         SEND
              MOV        DX,3F8H
              MOV        AL,[SI]              ;发送数据
              OUT        DX,AL
              ADD        AL,AH                ;累加和
              MOV        AH,AL                ;AH 保存累加和
   RECV: LOOP           RECV
              MOV        DX,3FDH
              IN         AL,DX
              TEST       AL,01H
              JZ         SEND
              TEST       AL,1EH
              JNZ        ERROR
              MOV        DX,3F8H              ;读入数据
              IN         AL,DX
              MOV        [DI],AL
              DEC        BX
              JZ         END
              INC        SI
              INC        DI
              JMP        START
   ERROR: MOV           DX,OFFSET ERROR1
              MOV        AH,9
              INT        21H
              INT        20H
     END: MOV           DX,3FDH              ;数据传送结束后发校验和
              MOV        CX,2801H
   END1: IN             AL,DX
              TEST       AL,20H
              JZ         END1
              MOV        DX,3F8H
```

```
        MOV        AL,AH
        OUT        DX,AL
        MOV        DX,3FDH
END2：LOOP       END2
        IN         AL,DX
        TEST       AL,01H
        JZ         END
        MOV        DX,3F8H
        IN         AL,DX            ;接收应对信号
        AND        AL,AL
        JZ         END3
        JMP        ERROR
END3：INT         28H
```

3.MCS-51单片机软件设计

单片机通过中断方式接收和发送数据。用定时/计数器1作为波持率发生器，同PC一样，波特率取9600B/s。一帧数据包括1个起始位、8个数据位、1个地址/数据判断位和1个停止位。定时器T1采用工作方式2，串口采用方式3通信。在任一时刻，只有一台单片机与PC通信。这里给出的是一台单片机的通信软件设计。当单片机接收到PC发送的数据以后，进行累加和校验，若校验正确，回送"00"到PC；若校验错误，回送"0FFH"到PC。

程序流程图如图7-18所示。

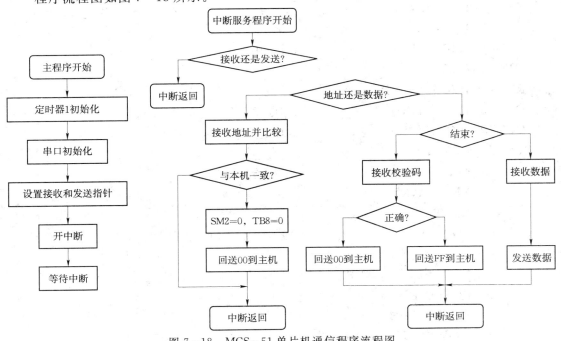

图7-18 MCS-51单片机通信程序流程图

程序设计清单如下:

```
            ORG    0000H
            JMP    START
            ORG    0023H
            JMP    INT_5            ;跳到中断服务程序入口
            ORG    0080H
START:MOV    TMOD,#20H         ;设置波特率为9600
            MOV    TH1,#0FDH
            MOV    TL1,#0FDH
            SETB   TR1              ;开定时器1
            SETB   EA               ;开中断
    RPT:SETB   ES
            MOV    SCON,#0F8H       ;方式3,允许接收且TB8=1
            MOV    PCON,#80H        ;SMOD=1
            MOV    23H,#0CH         ;设置数据接收指针
            MOV    22H,#00H
            MOV    21H,#08H
            MOV    20H,#00H         ;设置发送数据指针
            MOV    R5,#00H          ;累计和单元清零
            MOV    R6,25H
            MOV    R7,26H
            INC    R6
            INC    R7
 HERE:JMP    HERE             ;等待中断
 RPTR:CLR    ES
RPTR1:JMP    RPTR1            ;结束
INT_5:JBC    RI,RI1           ;中断服务程序
INTUR:JBC    TI,TI1
INTUR1:RETI
    TI1:MOV    A,24H            ;取校验码
            XRL    A,R5
            JZ     TI3
    TI2:POP    A                ;校验码不对,回送"FFH"
            POP    A
            MOV    DPTR,#RPT
            PUSH   DPL
            PUSH   DPH
            MOV    SBUF,#0FFH
```

```
WAIT1:JNB  TI,WAIT1
      CLR  TI
      RETI
  TI3:POP  A                    ;校验码正确,回送"00"
      POP  A
      MOV  DPTR,#RPTR
      PUSH  DPL
      PUSH  DPH
      MOV  SBUF,#00H
WAIT2:JNB  TI,WAIT2
      CLR  TI
      RETI
  TI4:MOV  DPH,21H              ;发送数据
      MOV  DPL,20H
      MOVX  A,@DPTR
      INC  DPTR
      MOV  21H,DPH
      MOV  20H,DPL
      MOV  SBUF,A
WAIT3:JNB  TI,WAIT3
      CLR  TI
  TI5:RETI
  RI1:JNB  9DH,RI3              ;判断 SM2
      MOV  A,SBUF               ;接收地址码
      CLR  C
      SUBB  A,27H              ;与本机地址比较
      JNZ  RI2                 ;不一致则返回
      MOV  SBUF,#00H           ;一致,则回送"00"
WAIT4:JNB  TI,WAIT4
      CLR  TI
      CLR  9BH
  RI2:RETI
  RI3:DJNZ  R6,RI4
      DJNZ  R7,RI4
      MOV  24H,SBUF
      JMP  TI
  RI4:MOV  A,SBUF              ;接收数据
      MOV  DPH,23H
```

```
MOV  DPL,22H
MOVX  @DPTR,A
ADD  A,R5
MOV  R5,A
INC  DPTR
MOV  23H,DPH
MOV  22H,DPL
JMP  TI4
```

上述通信接口设计、程序设计等都在实际运行中表现良好，可以较快速的传送数据，但是只适合于近距离通信。若要进行远距离通信，应采用 RS-422、RS-423 标准接口和 20mA 电流环。

# 第四节　SPI 总线扩展接口及应用

## 一、SPI 的原理

SPI（Serial Peripheral Interface，串行外设接口）总线系统是 Motorola 公司提出的一种同步串行外设接口，允许 MCU 与各种外围设备以同步串行方式进行通信来交换信息。SPI 总线可直接与各厂家生产的多种标准外围器件直接接口，该接口一般使用 4 根线：串行时钟线 SCK、主机输入/从机输出数据线 MISO、主机输出/从机输入数据线 MOSI 和低电平有效的从机选择线 SS。由于 SPI 系统总线只需 3 根公共的时钟数据线和若干根独立的从机选择线（依据从机数目而定），在 SPI 从设备较少而没有总线扩展能力的单片机系统中使用特别方便。即使在有总线扩展能力的系统中采用 SPI 设备也可以简化电路设计，省掉很多常规电路中的接口器件，从而提高了设计的可靠性。

一个典型的 SPI 总线系统结构如图 7-19 所示。在这个系统中，只允许有 1 个作为主 SPI 设备的主 MCU（Micro Control Unit）和若干作为 SPI 从设备的 I/O 外围器件。MCU 控制着数据向 1 个或多个从外围器件的传送。从器件只能在主机发命令时才能接收或向主机传送数据，其数据的传输格式是高位（MSB）在前，低位（LSB）在后。当有多个不同的串行 I/O 器件要连至 SPI 上作为从设备，必须注意两点：①其必须有片选端；②其接 MISO 线的输出脚必须有三态，片选无效时输出高阻态，以不影响其他 SPI 设备的正常工作。

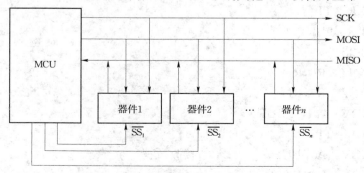

图 7-19　一个典型的 SPI 系统结构示意图

## 二、10 位串行 D/ATLC5615 的扩展

TLC5615 是带有缓冲基准输入的 10 位电压输出型 D/A 转换器。器件可在单 5V 电源下工作，且具有上电复位功能。TLC5615 的控制是通过三线串行总线进行，可使用的数字通信协议包括 SPI、QSPI 以及 Microwire 标准。它的功耗低，在 5V 供电时功耗仅 1.75mW，数据更新速率为 1.2MHz，典型的建立时间为 12.5μs。TLC5615 广泛应用于电池供电测试仪表、数字增益调整、电池远程工业控制和移动电话等领域。

1. TLC5615 的内部结构和外部引脚

TLC5615 的内部结构如图 7-20 所示，其主要由 16 位移位寄存器、10 位 D/A 寄存器、D/A 转换权电阻网络、基准缓冲器、控制逻辑和 2 倍程放大器等电路组成。

TLC5615 的引脚与 Maxim 公司的 MAX515 完全兼容，如图 7-21 所示。各引脚的功能：

$D_{IN}$：　串行数据输入脚

OUT：模拟信号输出脚

SCLK：串行时钟输入脚

$\overline{CS}$：　片选端，低电平有效。

$D_{OUT}$：用于菊花链的串行数据输出端。

$A_{GND}$：模拟地。

$REF_{IN}$：基准输入端，一般接 −2V～2V。

$V_{CC}$：　电源端，一般接 +5V。

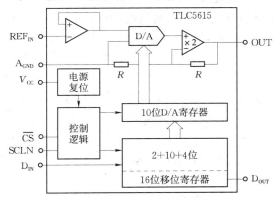

图 7-20　TLC5615 的内部结构

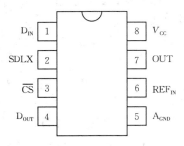

图 7-21　TLC5615 的引脚图

2. TLC5615 的接口及应用

TLC5615 与 AT89C52 的典型接口电路如图 7-22 所示。

TLC5615 通过固定增益为 2 的运放缓冲电阻网络，把 10 位数字数据转换为模拟电压。上电时，内部电路把 D/A 寄存器复位为 0。其输出具有与基准输入相同的极性，表达式为：

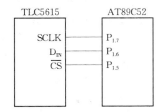

图 7-22　TLC5615 与 AT89C52 的典型接口电路

181

$$V_0 = 2 \times V_{REF_{IN}} \times \frac{Code}{2^{10}}$$

TLC5615 典型的工作时序如图 7-23 所示。

TLC5615 最大的串行时钟频率不超过 14MHz，10 位 DAC 的建立时间为 $12.5\mu s$，通常更新频率限制在 80kHz 以内。TLC5615 的 16 位移位寄存器在 SCLK 的控制下从 $D_{IN}$ 引脚输入数据，高位在前，低位在后。

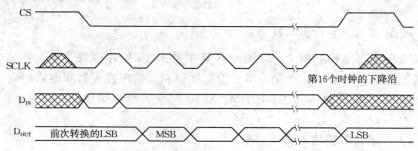

图 7-23 TLC5615 的典型工作时序

16 位移位寄存器中间的 10 位数据在 $\overline{CS}$ 上升沿的作用下进入 10 位 D/A 寄存器，供给 D/A 转换。其输入的数据格式为：

| 输入序号 | 1 | 2 | 3 | 4 | 5 | 6 | 7 | 8 | 9 | 10 | 11 | 12 | 13 | 14 | 15 | 16 |
|---|---|---|---|---|---|---|---|---|---|---|---|---|---|---|---|---|
| 输入数据 | $\times$ | $\times$ | $\times$ | $\times$ | $D_9$ | $D_8$ | $D_7$ | $D_6$ | $D_5$ | $D_4$ | $D_3$ | $D_2$ | $D_1$ | $D_0$ | 0 | 0 |

SPI 和 AT89C52 的接口传送 8 位字节形式的数据。因此，要把数据输入到 D/A 转换器需要两个写周期。QSPI 接口具有 8～16 位的可变输入数据长度，可以在一个写周期之内装入转换数据代码。当系统不使用 D/A 转换器时，最好把 D/A 寄存器设置为全 0，这样可以使基准电阻阵列和输出负载的功耗降为最小。依据图 7-22，TLC5615 的一个的应用编程如下所示。

```
          DIN      BIT   P1.4        ;定义 I/O 口
          SCLK     BIT   P1.7
          CS5615   BIT   P1.5
          DataH    EQU   30H
          DataL    EQU   31H
TLC5615:  CLR   SCLK                 ;准备操作 TLC5615
          CLR   CS5615               ;选中 TLC5615
          MOV   R7,#08H
          MOV   A,DataH              ;装入高 8 位数据
LOOPH:    LCALL  DELAY               ;延时
          RLC   A                    ;最高位移向 TLC5615
          MOV   DIN,C
          SETB  SCLK                 ;产生上升沿，移入一位数据
          LCALL  DELAY
```

```
        CLR    SCLK
        DJNZ   R7,LOOPH
        MOV    R7,#08H
        MOV    A,DataL              ;装入低 8 位数据
LOOPL:  LCALL  DELAY
        RLC    A                    ;最高位移向 TLC5615
        MOV    DIN,C
        SETB   SCLK                 ;产生上升沿,移入一位数据
        LCALL  DELAY
        CLR    SCLK
        DJNZ   R7                   ;LOOPL
        SETB   CS5615               ;结束 TLC5615 的操作,同时将转换数据代码
                                    ;存入 10 位 DA 存器,启动新一轮的 D/A 转换
        RET
```

### 三、位串行 A/DTLC549 的扩展

TLC549 是以 8 位开关电容逐次逼近 A/D 转换器为基础而构造的 CMOS A/D 转换器。它能通过三态数据输出线与微处理器串行连接。TLC549 仅用输入/输出时钟（CLK）和芯片选择（$\overline{CS}$）输入作为数据控制,其最高 CLK 输入频率为 1.1MHz。

TLC549 的内部提供了片内系统时钟,它通常工作在 4MHz 且不需要外部元件。片内系统时钟使内部器件的操作独立于串行输入/输出的操作,这种独立性使得控制硬件和软件只需关心利用 I/O 时钟读出先前转换结果和启动转换。TLC549 片内有采样保持电路,其转换频率可达 40kHz。

TLC549 的电源范围为 +3 ～ +6V,功耗小于 15mW,总的不可调整误差为 ±0.5LSB,能理想地应用于电池供电的便携式仪表的低成本、高性能系统中。

1. 器件引脚及等效输入电路

TLC549 的引脚与 TLC540 的 8 位 A/D 转换器以及 TLC1540 的 10 位 A/D 转换器兼容,如图 7 - 24（a）所示。其中,基准端（REF+、REF-）为差分输入,可以将 REF- 接地,REF+ 接 $V_{cc}$ 端,但要加滤波电容。AIN 为模拟信号输入端,大于 REF+ 电压时转换为全 1,小于 REF- 电压时转换为全 0。通常为保证器件工作良好,REF+ 电压应高于 REF- 电压至少 1V。

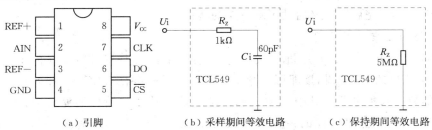

（a）引脚　　　　（b）采样期间等效电路　　　（c）保持期间等效电路

图 7 - 24　TLC549 的器件引脚与等效输入电路

TLC549 在采样期间和保持期间的等效输入电路分别如图 7 - 24（b）和（c）所示。对于采样方式，输入电阻约 1kΩ，采样电容约 60pF；对于保持方式，输入电阻约 5MΩ。

2. TLC549 的操作时序

TLC549 的工作时序如图 7 - 25 所示，其正常的控制时序可分为 4 步。

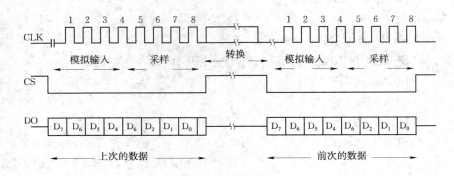

图 7 - 25　TLC549 的工作时序

$\overline{CS}$ 被拉至低电平，经一段延时后，前次转换结果的最高有效位（MSB）开始出现在 DO 端。为使 $\overline{CS}$ 端噪声所产生的误差最小，通常 $\overline{CS}$ 变低后器件内部会等待系统时钟的两个上升沿和一个下降沿，再响应控制输入信号。

接着在前 4 个 CLK 的下降沿经延时后分别输出前次转换结果的第 6、5、4、3 位。在 CLK 第 4 个高电平至低电平的跳变之后，片内采样保持电路开始对模拟输入采样。采样操作使得内部电容器充电到模拟输入电压的电平。

然后紧接下来的 3 个 CLK 时钟的下降沿，又依次将前次转换结果的第 2、1、0 位移出至 DO 端。

最后一个（第 8 个）CLK 时钟下降沿的到来，使得片内采样保持电路开始保持。保持功能将持续 4 个内部系统时钟，紧接的 32 个内部时钟周期内完成转换，总共为 36 个周期。在第 8 个 CLK 周期之后，$\overline{CS}$ 通常变为高电平，并且保持高电平，直至转换结束为止。在 TLC549 的转换期间，如果 $\overline{CS}$ 端出现高电平至低电平的跳变，将会引起复位，使正在进行的转换失败。

在 36 个系统时钟周期发生之前，通过完成以上步骤，可以启动新的转换，同时正在进行的转换中止。本次操作器件所读出的是前次转换的结果，本次转换的有效结果将在下次操作时读出，读完后同时又启动了新一轮的转换。

3. TLC549 的接口及应用

TLC549 与 MCS - 51 单片机的接口电路很简单，只要将 TLC549 的 DO、CLK 和 MCS - 51 单片机的 I/O 口相接即可，图 7 - 26 给出了一种由 TLC549 和 89C51 单片机构成的典型的数据采集电路。其中，$N_1$、$R_1$、$R_2$、$C_2$ 组成了一阶低通滤波器；$C_1$、$R_3$ 可滤除直流；$R_4$、$R_5$ 是将双极性的模拟输入信号变成 0～+5V，以适应 TLC549 的单极性要求。

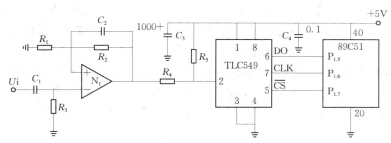

图 7 - 26　TLC549 典型的数据采集电路

# 第五节　$I^2C$ 总线扩展接口及应用

### 一、$I^2C$ 串行总线扩展原理

$I^2C$ 总线是 Philip 公司推出的芯片间串行传输总线。它用两根线实现了完善的全双工同步数据传送，可以极为方便地构成多机系统和外围器件扩展系统。$I^2C$ 总线采用了器件地址的硬件设置方法，通过软件寻址完全避免了器件的片选线寻址方法，从而使硬件系统的扩展简单、灵活。按照 $I^2C$ 总线规范，总线传输中的所有状态都生成相对应的状态码，系统中的主机能够依照这些状态码自动地进行总线管理，用户只要在程序中装入这些标准处理模块，根据数据操作要求完成 $I^2C$ 总线的初始化，启动 $I^2C$ 总线，就能自动完成规定的数据传送操作。

$I^2C$ 总线接口为开漏或开集电极输出，需加上拉电阻。系统中所有的单片机、外围器件都将数据线 SDA 和时钟线 SCL 的同名端相连在一起，总线上的所有节点都由器件的引脚给定地址。系统中可以直接连接具有 $I^2C$ 总线接口的单片机，也可以通过总线扩展芯片或 I/O 口的软件仿真与 $I^2C$ 总线相连。在 $I^2C$ 总线上可以挂接各种类型的外围器件，如 RAM/EEPROM、日历/时钟、A/D、D/A，以及由 I/O 口、显示驱动器构成的各种模块。常用的 $I^2C$ 接口外围器件地址如表 7 - 6 所示。有不少的 MCS - 51 系列单片机内部集成了 $I^2C$ 总线接口，如 8XC552 等。

表 7 - 6　　　　　　　　　　　常用 $I^2C$ 接口外围器件地址

| 器件名称 | 类型 | 地址 |
|---|---|---|
| PCF8570 | 256BRAM | $1010A_2A_1A_0R/W$ |
| PCF8582 | 256BEEPROM | $1010A_2A_1A_0R/W$ |
| PCF8574 | 8 位 I/O | $0100A_2A_1A_0R/W$ |
| PCFSAA1064 | 4 位 LED 驱动器 | $01111\ A_1A_0R/W$ |
| PCF8591 | 8 位 A/D、D/A | $1001A_2A_1A_0R/W$ |
| PCF8583 | RAM、日历 | $1010A_2A_1A_0R/W$ |

$I^2C$ 总线的时钟线 SCL 和数据线 SDA 都是双向传输线。总线备用时 SCL 和 SDA 都必须保持高电平状态，只有关闭 $I^2C$ 总线时才使 SCL 钳位在低电平。在标准 $I^2C$ 模式下数据

传输速率可达 100kb/s，高速模式下可达 400kb/s。I²C 总线数据传送时，在时钟线高电平期间，数据线上必须保持有稳定的逻辑电平状态，高电平为数据 1，低电平为数据 0。只有在时钟线为低电平时，才允许数据线上的电平状态发生变化。在时钟线保持高电平期间，数据线出现由高到低的电平变化时，启动 I²C 总线，此时为 I²C 总线的起始信号。若在时钟线保持高电平期间，数据线上出现由低到高的电平变化时，将停止 I²C 总线的数据传送，为 I²C 总线的终止信号。图 7-27 给出了几种典型的 I²C 数据总线传送的典型信号时序。

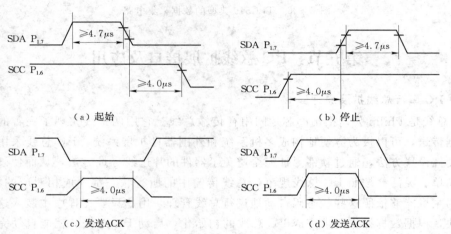

图 7-27　I²C 总线数据传送的典型信号时序

I²C 总线上传送的每一个字节均为 8 位，但每启动一次 I²C 总线，其后的数据传送字节数是没有限制的。每传送一个字节后都必须跟随一个接收器回应的应答位（低电平为应答信号 A，高电平为非应答信号 $\overline{A}$），并且首先发出的数据位为最高位，在全部数据传送结束后主控制器发送终止信号。一次完整的数据读写操作如表 7-7 所示。

表 7-7　数据传送格式

| 主控制器写操作 | S | SLAW | A | data 1 | A | data 2 | A | … | data $n$ | A/$\overline{A}$ | P |
|---|---|---|---|---|---|---|---|---|---|---|---|
| 主控制器读操作 | S | SLAR | A | data1 | A | data 2 | A | … | data $n$ | $\overline{A}$ | P |

A：应答信号

$\overline{A}$：非应答信号

S：起始信号

P：停止信号

SLAW：寻址字节（写）

SLAR：寻址字节（读）

data1~data$n$：传送的 $n$ 个数据字节

## 二、软件 I²C 总线

假设单片机所用晶体振荡器的频率为 6MHz，用 P1.7，P1.6 分别模拟 SDA 和 SCL，定义如下：

```
SDA      EQU      P1.7
SCL      EQU      P1.6
```

1. 产生起始位和停止位

如果单片机的机器周期为 2ms，可分别写出产生时钟 SCL 和 SDA 的发送起始条件和停止条件，两段子程序如下。若晶振频率并非 6MHz，则要相应增删各程序段中 NOP 指令的条数，以满足时序的要求。例如，若 fosc＝12MHz，则 2 条 NOP 指令应增至 4 条。

（1）发送起始条件 START［参见图 7-27（a）］。

```
STA:SETB  SDA
    SETB  SCL
    NOP
    NOP
    CLR   SDA
    NOP
    NOP
    CLR   SCL
    RET
```

（2）发送停止条件 STOP［参见图 7-27（b）］。

```
STOP:CLR  SDA
    SETB  SCL
    NOP
    NOP
    SETB  SDA
    NOP
    NOP
    CLR   SCL
    RET
```

2. 发送应答位和非应答位子程序

I²C 总线上的第九个时钟对应于应答位，相应数据线上 0 为 ACK，1 为 $\overline{ACK}$。发送应答位和非应答位的子程序分别如下。

（1）发送应答位 ACK［参见图 7-27（c）］。

```
MACK:CLR  SDA
    SETB  SCL
    NOP
    NOP
    CLR   SCL
    SETB  SDA
    RET
```

（2）发送非应答位 $\overline{ACK}$［参见图 7-27（d）］。

```
MNACK:SETB   SDA
      SETB   SCL
      NOP
      NOP
      CLR    SCL
      CLR    SDA
      RET
```

**3. 应答位检查子程序**

在 I²C 总线数据传送中，接收器收到发送器传送来的一个字节后，必须向 SDA 线上返送一个应答位 ACK，表明此字节已经接收到。本子程序使单片机产生一个额外的时钟（第九个时钟脉冲），在脉冲的高电平期间读 ACK 应答位，并将它的状态复制到 F0 标志中以供检查。若有正常 ACK，则 F0 标志为 0，否则为 1。

```
CACK:SETB   SDA        ;SDA 作为输入
     SETB   SCL        ;第九个时钟脉冲开始
     NOP
     MOV    C,SDA      ;读 SDA 线
     MOV    F0,C       ;转存入 F0 中
     CLR    SCL        ;时钟脉冲结束
     NOP
     RET
```

**4. 字节数据发送子程序**

由于是 SDA 接在并行口线，无移位寄存器，因此数据通过指令完成移位，再从 SDA 串行输出。遵循时序要求，数据在时钟低电平时变化，高电平时稳定，每一个时钟脉冲传送一位。

该子程序的入口条件是待发送的字节位于累加器 ACC 中。

```
WRB:MOV   R7, #8       ;位计数器初值
WLP:RLC   A            ;欲发送位移入 C 中
    JC    WR1          ;此位为 1,转至 WR1
    CLR   SDA          ;此位为 0,发送 0
    SETB  SCL          ;时钟脉冲变为高电平
    NOP
    NOP
    CLR   SCL          ;时钟脉冲变为低电平
    DJNZ  R7,WLP       ;未发送完 8 位,转至 WLP
    RET                ;8 位已发送完,返回
WR1:SETB  SDA          ;此位为 1,发送 1
    SETB  SCL          ;时钟脉冲变为高电平
    NOP
```

```
        NOP
        CLR    SCL                ;时钟脉冲变为低电平
        CLR    SDA
        DJNZ   R7,WLP
        RET
```

**5. 字节数据接收子程序**

该子程序的功能是在时钟的高电平时数据已稳定,读入一位,经过 8 个时钟从 SDA 线上读入一个字节数据,并将所读入的字节存于 A 和 R6 中。

```
RDB:MOV    R7,  #8            ;R7 存放位计数器初值
RLP:SETB   SDA               ;SDA 输入
    SETB   SCL               ;SCL 脉冲开始
    MOV    C,SDA             ;读 SDA 线
    MOV    A,  R6            ;取回暂存结果
    RLC    A                 ;移入新接收位
    MOV    R6,  A            ;暂存入 R6
    CLR    SCL               ;SCL 脉冲结束
    DJNZ   R7,RLP            ;未读完 8 位,转至 RLP
    RET                      ;8 位读完,返回
```

**6. n 个字节数据发送子程序**

这段子程序的入口条件为:

(1) 假定控制字节已存放在片内 RAM 的 SLA 单元中。

(2) 待发送数据各字节已位于片内 RAM 以 MTD+1 为起始地址的 n 个连续单元中。

(3) NUMBYT 单元中存有欲发送数据的字节数。

(4) 接收到的数据的存放首址存放在片内 RAM 的 MTD 单元。

```
WRNBYT:  PUSH   PSW              ;保护现场
WRNBYT1: MOV    PSW,  #18H       ;改用第 3 组工作寄存器
         CALL   STA              ;发送起始条件
         MOV    A,SLA            ;读写控制字节
         CALL   WRB              ;发送写控制字节
         CALL   CACK             ;检查应答位
         JB     F0,  WRNBYT      ;无应答位,重发
         MOV    R0,#MTD          ;有应答位,继而发送数据,第一个数据为首址
         MOV    R5,NUMBYT        ;R5 保存欲发送数据字节数
   WRDA: MOV    A,@R0            ;读一个字节数据
         LCALL  WRB              ;发送此字节
         LCALL  CACK             ;检查 ACK
         JB     F0,  WRNBYT1     ;无 ACK,重发
         INC    R0               ;调整指针
```

```
        DJNZ   R5,WRDA          ;尚未发送完 n 个字节,继续
        LCALL STOP              ;全部数据发送完,停止
        POP   PSW               ;恢复现场
        RET
```

7. 读、存数据程序

假设数据接收缓冲区为片内 RAM 以 MRD 为首址的 n 个单元。

这段子程序的入口条件为:

(1) 片内 RAM 中的 SLA 单元存有读控制字节。

(2) NUMBYT 单元中存有欲接收数据的字节数。

出口条件:

所读出的数据将存入片内 RAM 以 MRD 为首地址的 n 个连续单元内

```
RDNBYT:PUSH   PSW
RDNBYT1:MOV   PSW,  ♯18H
        LCALL STA                ;发送起始条件
        MOV   A,SLA               ;读入读控制字节
        LCAIL WRB                 ;发送读控制字节
        LCALL CACK                ;检查 ACK
        JB    F0,RDNBYT1          ;无 ACK,重新开始
        MOV   R1,  ♯MRD           ;接收数据缓冲区指针
GO-ON: LCALL   RDB                ;读一个字节
        MOV   @R1,A               ;存入接收数据缓冲区
        DJNZ   NUMBYT,ACK         ;未全部接收完,转至 ACK
        LCALL MNACK                ;已读完所有字节,发 ACK̄
        LCALL STOP                ;发送停止条件
        POP   PSW
        RET
  ACK:LCALL   MACK                ;发 ACK
        INC   R1                  ;调整指针
        SJMP   GO-ON              ;继续接收
```

### 三、串行 $I^2C$ 总线存储器 AT24C×× 的扩展

1. 基本原理

AT24C×× 的特点是:单电源供电,工作电压范围为 $1.8\sim5.5V$;低功耗 CMOS 技术;自定时写周期(包含自动擦除)、页面写周期的典型值为 2ms;具有硬件写保护。

器件型号为 AT24C×× 的结构和引脚如图 7-28 所示。

SCL:串行时钟端。

SDA:串行数据端。

WP:写保护,当 WP 为高电平时,存储器只读;当 WP 为低电平时,存储器可读可写。

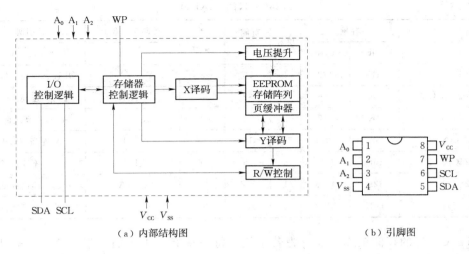

（a）内部结构图　　　　　（b）引脚图

图 7-28　AT24C××的内部结构和引脚图

A0、A1、A2：片选或块选。

SDA：漏极开路端，需接上拉电阻到 $V_{CC}$。数据的结构为×8 位。信号为电平触发，而非边沿触发。输入端内接有滤波器，能有效抑制噪声。自动擦除（逻辑 1）在每一个写周期内完成。

AT24C××采用 I²C 规程，运用主/从双向通信。器件发送数据到总线上，则定义为发送器；器件接收数据，则定义为接收器。主器件（通常为微控制器）和从器件可工作于接收器和发送器状态。总线必须由主器件控制，主器件产生串行时钟（SCL），控制总线的传送方向，并产生开始和停止条件。串行 EEPROM 为从器件。无论主控器件，还是从控器件，接收一个字节后必须发出一个确认信号 ACK。

2. 控制字节要求

开始位以后，主器件送出 8 位控制字节。控制字节的结构（不包括开始位）如下所示。

| 1010 | A₂ A₁ A₀ | R/$\overline{W}$ |
|---|---|---|
| I²C 从器件地址 | 片选或块选 | 读/写控制位 |

说明：

（1）控制字节的第 1～4 位为从器件地址位（存储器为 1010）。控制字节中的前 4 位码确认器件的类型。此四位码由飞利浦公司的 I²C 规程所决定。1010 码即为从器件为串行 EEPROM 的情况。串行 EEPROM 将一直处于等待状态，直到 1010 码发送到总线上为止。当 1010 码发送到总线上，其他非串行 EEPROM 从器件将不会响应。

（2）控制字节的第 5～7 位为 1～8 片的片选或存储器内的块地址选择位。此三个控制位用于片选或者内部块选择。标准的 I²C 规程允许选择 16K 位的存储器。通过对几片器件或一个器件内的几个块的存取，可完成对 16K 位存储器的选择，如表 7-8 所示。

表 7 - 8　　　　　　　　　　　　　　AT24C××的 A2A1A0

| 器件 | 容量 | | 块数 | 页面/块 | 字节/页面 | 控制字（位） | 引脚 |
| --- | --- | --- | --- | --- | --- | --- | --- |
| | bit | byte | | | | $A_2 A_1 A_0$ | $A_2 A_1 A_0$ |
| 24LC01，85C72 | 1K | 128 | 1 | 16 | 8 | $A_2 A_1 A_0$ | 片选、连高或低电平 |
| 24LC02，85C82 | 2K | 256 | 1 | 32 | 8 | $A_2 A_1 A_0$ | 片选、连高或低电平 |
| 24LC04B，85C92 | 4K | 512 | 2 | 16 | 16 | $A_2 A_1 P_0$ | $A_2 A_1$ 连高或低电平 |
| 24C08 | 8K | 1024 | 4 | 16 | 16 | $A_2 P_1 P_0$ | $A_2$ 连高或低电平 |
| 24C16 | 16K | 2048 | 8 | 16 | 16 | $P_2 P_1 P_0$ | 不连接 |
| 24C32 | 32K | 4096 | 1 | 128 | 32 | $A_2 A_1 A_0$ | 片选、连高或低电平 |
| 24C64 | 64K | 8192 | 1 | 256 | 32 | $A_2 A_1 A_0$ | 片选、连高或低电平 |

　　AT24C××的存储矩阵内部分为若干块，每一块有若干页面，每一页面有若干个字节。内部页缓冲器只能接收一页字节数据，多于一页的数据将覆盖先接收到的数据。

　　当总线上连有多片 24C×× 时，引脚 $A_2$、$A_1$、$A_0$ 的电平作器件选择（片选），控制字节的 $A_2$、$A_1$、$A_0$ 位必须与外部 $A_2$、$A_1$、$A_0$ 引脚的硬件连接（电平）匹配，$A_2$、$A_1$、$A_0$ 引脚中不连接的（表中用 $P_0 P_1 P_2$ 表示），为内部块选择。

　　（3）控制字节第 8 位为读、写操作控制码。如果此位为 1，下一字节进行读操作（R）；此位为 0，下一字节进行写操作（$\overline{W}$）。

　　当串行 EEPROM 产生控制字节确认位以后，主器件总线上将传送相应的字地址或数据信息。

　　3. 确认要求

　　在每一个字节接收后，接收器必须产生一个确认信号位 ACK。主器件必须产生一个与此确认位相应的额外时钟脉冲。在此时钟脉冲的高电平期间，SDA 线为稳定的低电平，即确认信号（ACK）。若不在从器件输出的最后一个字节中产生确认位，主器件必须发一个数据结束信号给从器件。在这种情况下，从器件必须保持数据线为高电平（用 $\overline{ACK}$ 表示），使得主器件能产生停止条件。

　　4. 写操作

　　（1）字节写。在主器件发出开始信号以后，主器件发送写控制字节，即 $1010A_2 A_1 A_0 0$（其中 R/$\overline{W}$ 读写控制位为低电平 0）。这指示从接收器被寻址，由主器件发送的下一个字节为字地址，将被写入到 AT24C×× 的地址指针。主器件接收来自 AT24C×× 的另一个确认信号以后，将发送数据字节，并写入到寻址的存储器地址。AT24C×× 再次发出确认信号，同时主器件产生停止条件 P。启动内部写周期，在内部写周期内，AT24C×× 将不产生确认信号如图 7 - 29 所示。

图 7 - 29　AT24C×× 字节写

（2）页面写。如同字节写方式，先将写控制字节、字地址发送到 AT24C××，接着发 $n$ 个数据字节，主器件发送不多于一个页面字节的数据字节到 AT24C××，这些数据字节暂存在片内页面缓存器中，在主器件发送停止信号以后写入到存储器。接收每一字节以后，低位顺序地址指针在内部加 1。高位顺序地址保持为常数。如果主器件在产生停止条件以前要发送多于一页字节的数据，地址计数器将会循环，并且先接收到的数据将被覆盖。与字节写操作一样，一旦停止条件被接收到，则内部写周期将开始如图 7-30 所示。

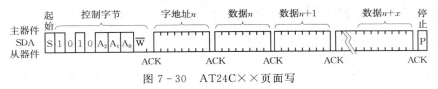

图 7-30　AT24C××页面写

（3）写保护。当 WP 端连接到 $V_{cc}$，AT24C×× 可被用作串行 ROM，编程将被禁止，并且整个存储器写保护。

5. 读操作

当从器件地址的 R/$\overline{W}$ 位被置为 1，启动读操作。存在三种基本读操作类型：读当前地址内容，读随机地址内容，读顺序地址内容。

（1）读当前地址内容。AT24C×× 片内包含一个地址计数器，此计数器保持被存取的最后一个字的地址，并在片内自动加 1。因此，如果以前存取（读或者写操作均可）的地址为 $n$，下一个读操作从 $n+1$ 地址中读出数据。在接收到从器件的地址中 R/$\overline{W}$ 位为 1 的情况下，AT24C×× 发送一个确认位并且发送 8 位数据。主器件将不产生确认位（相当于产生 $\overline{ACK}$），但产生一个停止条件。AT24C×× 不再继续发送如图 7-31 所示。

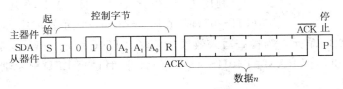

图 7-31　AT24C××读当前地址内容

（2）读随机地址内容。这种方式允许主器件读存储器任意地址的内容，操作如图 7-32 所示。

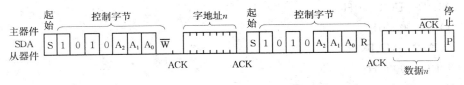

图 7-32　AT24C××读随机地址内容

主器件发送 $1010A_2A_1A_0$ 后发送 0，再发送要读的存储器地址，在收到从器件的确认位 ACK 后产生一个开始条件 S，以结束上述写过程，再发送一个读控制字节，从器件 AT24C×× 在发送 ACK 信号后发送 8 位数据，主器件发送 $\overline{ACK}$ 后，发送一个停止位，AT24C×× 不再发送后续字节。

（3）读顺序地址的内容。读顺序地址内容的方式与读随意地址内容的方式相同，只是在 AT24C×× 发送第一个字节以后，主器件不发送 $\overline{ACK}$ 和停止信号，而是发送 ACK 确认信号，控制 AT24C×× 发送下一个顺序地址的 8 位数据，直到 x 个数据读完，如图 7-33 所示。

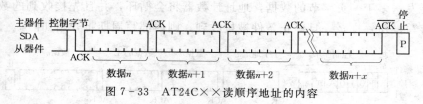

图 7-33　AT24C×× 读顺序地址的内容

（4）防止噪声。AT24C×× 使用了一个 $V_{CC}$ 门限检测器电路。在一般条件下，如果 $V_{CC}$ 低于 1.5V，门限检测器对内部擦/写逻辑不使能。

SCL 和 SDA 输入端接有施密特触发器和滤波器电路，即使在总线上有噪声存在的情况下，它们也能抑制噪声峰值，以保证器件正常工作。

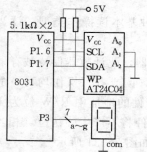

图 7-34　8031 与 AT24C04 连接

**6. 串行 EEPROM 和 AT89C51 接口**

图 7-34 为 8031 单片机与 4K 位的 AT24C04 串行 EE-PROM 的典型连接。图中 P1.6、P1.7 提供 AT24C04 的时钟 SCL、SDA，和 AT24C04 进行数据传送，$A_2$、$A_1$ 接地、$A_0$ 为块选不连，为无关位。WP 为 EEPROM 的写保护信号，高电平有效。因为要进行写入操作，所以只能把它接低电平。

利用上面的子程序，将 8031 单片机内部 RAM 的 60H～67H 存放的 1～8LED 显示器的字形码写入 AT24C04 存储器的 20H～27H 单元，为检查写入效果，再将 AT24C04 的 20H～27H 单元的内容读出存入 8031 单片机内部 RAM 的 40H～47H 单元，同时送至 LED 显示器显示。

程序清单如下：

```
NUMBYT  EQU   5DH
    SLA EQU   5EH
     MTD  EQU  5FH
     MRD  EQU  40H
     ORG   0000H
     AJMP  MAIN
     ORG   0030H
 MAIN:MOV   R0，  ＃0FFH
     MOV   R1，  ＃5FH
     MOV   R2，  ＃08H
NEXT2:INC   R0               ;将数码管字形码(1～8)送至 60H～67H 单元
     MOV   A,R0
```

```
            MOV   DPTR,#TAB
            MOVC    A,@A+DPTR
            INC   R1
            MOV   @R1,A
            DJNZ   R2,NEXT2
            MOV   MTD,  #20H        ;被写的 24××××地址存于 MTD
            MOV   NUMBYT,#09H       ;连地址共发送 9 个字节数据
            MOV   SLA,  #0A0H       ;写控制字节 10100000B 存于 SLA
            LCALL   WRNBYT          ;调用发送数据子程序,发送 9 个字节
     DL0:MOV   R6,#0AH
            MOV   R7,#0FAH          ;延时,等待内部烧写完成(内部写周期)
     DL1:NOP
            NOP
            DJNZ   R7,DL1
            DJNZ   R7,RL0
            MOV   MTD,#20H          ;被读的 24××××地址 20H 存于 MTD
            MOV   SLA,#0A0H         ;写控制字节存于 SLA
            MOV   NUMBYT,#01H       ;发地址,一个字节数
            LCALL   WRNBYT
            MOV   SLA,#0A1H         ;读控制字节 10100001B 存于 SLA
            MOV   NUMBYT,#08H       ;读入 8 个数据字节
            LCALL   RDNBYT          ;调用读字节子程序,读入 8 个数据字节
            MOV   R0,#3FH           ;R0 指向读入的数据存放地址
            MOV   R1,  #08H
   NEXT1:INC   R0
            MOV   A,@R0
            MOV   P3,A              ;将读入的数据送至数码管显示
            MOV   R6,  #0FFH        ;延时
     DL3:MOV   R7,  #0FFH
     DL4:NOP
            NOP
            DJNZ   R7,DL4
            DJNZ   R6,DL3
            DJNZ   R1,NEXT1
            LJMP   MAIN
     TAB:DB   06H,5BH,4FH,66H,6DH,7DH,07H,7FH
            END
```

## 四、I²C 总线接口的串行 A/D、D/A 扩展

PCF8591 是一款典型的 I²C 总线接口的串行 8 位 A/D、D/A 转换器,该器件为单一

电源供电（2.5～6V），采用 CMOS 工艺。PCF8591 有 4 路 8 位 A/D 输入，属逐次比较型，内含采样保持电路；1 路 8 位 D/A 输出，内含有 DAC 的数据寄存器。A/D、D/A 的最大转换速率约为 11kHz，转换的基准电源需由外部提供。PCF8591 的内部结构和外部引脚分别如图 7-35 所示。

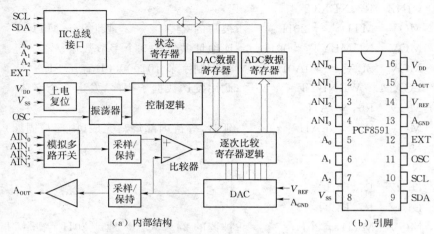

（a）内部结构　　　　　（b）引脚

图 7-35　PCF8591 的内部结构和外部引脚图

PCF8591 引脚功能描述如表 7-9 所示

表 7-9　　　　　　　　　　　　　　　PCF8591 的引脚功能表

| 引脚 | 功能描述 |
| --- | --- |
| $AIN_0 \sim AIN_3$ | 模拟信号输入端 |
| $A_0 \sim A_2$ | 引脚地址输入端 |
| $V_{DD}$、$V_{SS}$ | 电源、地 |
| SDA、SCL | $I^2C$ 总线的数据线、时钟线 |
| OSC | 外部时钟输入端，内部时钟输出端 |
| EXT | 时钟选择线。EXT=0，使用内部时钟；EXT=0，使用外部时钟 |
| $A_{GND}$ | 模拟信号地 |
| $V_{REF}$ | 基准电源输入端 |
| $A_{OUT}$ | D/A 转换模拟量输出端 |

PCF8591 的工作字有两个：地址选择字和转换控制字。地址选择字的格式如表 7-10 所示。

表 7-10　　　　　　　　　　　　　　PCF8591 的地址选择字格式

| $D_7$ | $D_6$ | $D_5$ | $D_4$ | $D_3$ | $D_2$ | $D_1$ | $D_0$ |
| --- | --- | --- | --- | --- | --- | --- | --- |
| 1 | 0 | 0 | 1 | $A_2$ | $A_1$ | $A_0$ | $R/\overline{W}$ |
| $I^2C$ 从器件地址 | | | | 引脚（片选）地址 | | | 读写控制位，0：写，1：读 |

PCF8591 的转换控制字存放在控制寄存器中，用于实现器件的各种功能。总线操作时，为主发送的第二个字节。其格式如表 7-11 所示。

表 7-11　　　　　　　　　　　　　PCF8591 的转换控制字格式

| $D_7$ | $D_6$ | $D_5$ | $D_4$ | $D_3$ | $D_2$ | $D_1$ | $D_0$ |
|---|---|---|---|---|---|---|---|
| 特征位固定为 0 | 模拟输出允许位为 1 时输出有效 | 模拟量输入方式选择<br>00：四路单端输入<br>01：三路差分输入<br>10：单端与差分混合<br>11：两路差分输入 | | 特征位固定为 0 | 自动增益允许位（为 1 时自动增益有效） | A/D 通道编号<br>00：通道 0<br>01：通道 1<br>10：通道 2<br>11：通道 3 | |

其中的模拟量输入方式示意图如图 7-36 所示。

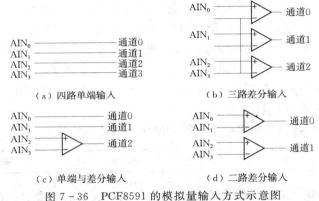

(a) 四路单端输入　　　　(b) 三路差分输入

(c) 单端与差分输入　　　　(d) 二路差分输入

图 7-36　PCF8591 的模拟量输入方式示意图

PCF8591 包括 D/A 转换和 A/D 转换两个部分，下面分别介绍。

1. PCF8591 的 D/A 转换

D/A 转换器是 PCF8591 的关键单元，除作为 D/A 转换使用外，还用于 A/D 转换中。D/A 转换是使用 I²C 总线的写入操作完成的，其数据操作格式如下：

| S | SLAW | A | CONBYT | A | data1 | A | data2 | A | ... | data$n$ | A | P |
|---|---|---|---|---|---|---|---|---|---|---|---|---|

其中，data 1～data $n$ 为待转换的二进制数字。CONBYT 为 PCF8591 的控制字节。

D/A 转换时，控制字中的输出允许位（D6）应为 1，写入 PCF8591 的数据字节存放在 DAC 数据寄存器中，通过 D/A 转换器转换成相应的模拟电压，通过 $A_{OUT}$ 引脚输出，并保持到输入新的数据为止，如图 7-37 所示。

由于片内 DAC 单元还用于 A/D 转换，在 A/D 转换周期里释放 DAC 单元供 A/D 转换使用，而 DAC 输出缓冲放大器的采样，保持电路在这期间将保持 D/A 转换的输出电压。

2. PCF8591 的 A/D 转换

PCF8591 的 A/D 转换为逐次比较型 ADC，在 A/D 转换周期中借用 DAC 及高增益比

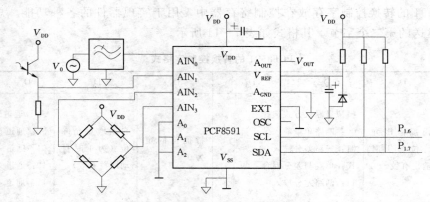

图 7-37　PCF8591 的典型应用电路

较器。对 PCF8591 进行读写操作便立即启动 A/D 转换，并读出 A/D 转换结果。在每个应答位的后沿触发 A/D 转换周期，采样模拟电压并读出当前一个转换结果。

A/D 转换中，一旦 A/D 采样周期被触发，所选择通道的采样电压便保存在采样/保持电路中，并转换成 8 位二进制码（单端输入）或 8 位二进制补码（差分输入）存放在 ADC 数据寄存器中，等待主器件读出。如果控制字节中自动增量选择位置 1，则一次 A/D 转换完毕后自动选择下一通道。读周期中读出的第一个字节为前一个周期的转换结果，上电复位后读出的第一个字节为 80H。

PCF8591 的 A/D 转换使用 $I^2C$ 总线的读操作，其数据格式如下：

| S | SLAW | A | data0 | A | data1 | A | data2 | A | ⋯ | data$n$ | $\overline{A}$ | p |
|---|------|---|-------|---|-------|---|-------|---|---|---------|----------------|---|

其中，data 0~data $n$ 为 A/D 的转换结果，分别对应于前一个数据读取期间所采样的模拟电压。上电复位后控制字节状态为 00H，如果 A/D 转换时要设置控制字，需在读操作之前进行控制字节的写入操作。

在图 7-37 所示的 PCF8591 的典型应用电路中，假设从 A/D 的通道 0 采样数据送至 D/A 转换输出，利用前面所给出的 $I^2C$ 软件，编程如下：

```
LCALL   STA             ;启动 I²C 总线操作
MOV  A,#10010001B       ;访问 PCF8591 的 A/D
LCALL   WRB
LCALL   RDB             ;读上次采样数据。结果存放在 R6 中
LCALL   STOP            ;停止 I²C 总线操作
LCALL   STA             ;启动 I²C 总线操作
MOV  A,#10010000B       ;访问 PCF8591 的 D/A
LCALL   WRB
MOV  A,#01000000B       ;设置控制字
LCALL   WRB
MOV  A,R6               ;从 D/A 输出采样值
LCALL   WRB
```

　　　　LCALL　STOP　　　　　　;停止 I²C 总线操作

# 习　　题

　　1. RS-449 与 RS-232 有何异同?

　　2. 简述多机主从方式的工作原理,如何利用 SM2 及第 9 位 TB8、RB8 实现多机通信?

　　3. 实现主机串行口工作方式 3,两台从机串行口工作方式 2(波特率不同)的数据传送。

　　4. 在 AT89C52 单片机上扩展两片 AT24C04。

　　5. 试用一片 TLC5615,设计一个 8031 单片机控制的可编程的增益衰减器。

# 第八章　单片机应用系统中的抗干扰设计

随着单片机的应用深入到各个领域，对单片机应用系统的可靠性提出越来越高的要求。特别是对于工业控制、交通管理、通讯等领域中的实时控制系统，一旦出现故障，将造成生产过程的混乱，指挥或监视系统的失灵，从而产生严重的后果。因此，抗干扰设计是单片机应用系统研制中不可忽视的一个重要内容。

## 第一节　干扰的来源及造成的后果

### 一、干扰的来源

#### 1. 供电系统干扰

供电系统给单片机应用系统带来种种电源干扰，危害十分严重。这类干扰通常有过压、欠压、浪涌、下陷和降出、尖峰电压和射频干扰等。供电系统的过压和欠压是一种缓慢地变化电压，但幅度超过±30％的过压和欠压会使系统不能正常工作，甚至烧毁部件或主机；浪涌和下陷是电压的快速变化，但幅度过大也会烧毁系统，虽然±10％～±15％范围内的变化不会造成系统损坏，但连续的浪涌和下陷也会造成电源电压的振荡，以致系统无法正常工作；供电系统中的尖峰电压持续时间短，一般不会损坏系统，但1000V以上的尖峰电压也会使系统出错，甚至会冲坏源程序，使系统控制失灵。

#### 2. 过程通道干扰

过程通道是前向接口、后向接口与主机或主机相互之间进行信息传输的路径，在过程通道中长线传输的干扰是主要因素。随着系统主振频率愈来愈高，单片机系统过程通道的长线传输愈来愈不可避免。长线和短线是相对的，其线路长度随着信号传输频率的增加而减少。对于50Hz的低频信号，几十千米长的线路也不能算是长线。对于1MHz的传输信号，传输线路大于0.5m时就应作为长线处理，10MHz传输频率的导线长度大于0.2m时也应视作长线。

在单片机应用系统中，信息是作为脉冲信号在线路上传输的，由于传输线上分布电容、分布电感和漏电阻的影响，信息在传输过程中必然会出现延时、畸变和衰减，甚至会受到来自通道的任何干扰。

#### 3. 空间干扰

空间干扰来源于太阳及其他天体辐射的电磁波、广播电台或通信发射台发出的电磁波、周围的电气设备如发射机、中频炉、可控硅逆变电源等发出的电干扰和磁干扰、气象条件、空中雷电等引起干扰。这些空间辐射干扰同样会使单片机系统不能正常工作。

以上三种干扰以来自供电系统的干扰最甚，其次为来自通道的干扰，来自空间的干扰不太突出。空间干扰可用良好的屏蔽与正确的接地、高频滤波加以解决，故单片机系统中应重点防止供电系统与过程通道的干扰。

## 二、造成的后果

### 1. 数据采集误差加大

干扰侵入单片机系统的输入通道，使模拟信号失真，数字信号出错。系统采集到这些失真的输入信息，以此作出的反应必然是错误的。

### 2. 控制状态失灵

一般控制状态的输出多半是通过单片机系统的后向通道。由于控制信号输出较大，所以不易直接受到外界干扰。但是在单片机控制系统中，控制状态输出常常是依据某些条件状态的输入和条件状态的逻辑处理结果。在这些环节中，由于干扰的侵入，都会造成条件状态偏差、失误，致使输出控制误差加大，甚至控制失常。

### 3. 数据受干扰发生变化

在单片机系统中，程序及表格、常数均存放在 EPROM 或 EEPROM 中，这样虽然避免了程序指令及表格、常数受干扰破坏，但片内 RAM、外部扩展 RAM 以及片内各种特殊功能寄存器等状态都有可能受外来干扰而变化。根据干扰窜入渠道、受干扰的数据性质不同、系统受损坏的状况不同，有的造成数值误差，有的使控制失灵，有的改变程序状态，有的改变某些部件（如串行端口等）的工作状态，还有的可能破坏与中断有关的专用寄存器内容，从而改变中断设置方式，关闭某些有用中断，打开某些未使用中断，引起意外的非法中断。

### 4. 程序运行失常

单片机系统受到干扰后，使三总线上的数字信号错乱，从而引发一系列后果。CPU得到错误的数据信息，使运行操作数失真，导致结果出错，并将这个错误一直传递下去，形成一系列错误。CPU 得到错误的地址信息后，引起程序计数器 PC 出错，使程序运行离开正常轨道，导致程序失控。程序失控后，有时几经周折，会回到正常运行状态，但这时已造成了一些明显的不良后果，也可能埋下了几处隐患，使后续程序出错。有时几经周折便进入了一个死循环，使系统完全瘫痪。这种死循环往往不是编程时所设计的，而是 PC出错后，将操作数当作操作码来执行而形成的。

# 第二节　硬件抗干扰措施

在单片机应用系统抗干扰方面，有硬件、软件、软硬件结合的抗干扰措施，但硬件抗干扰设计是整个系统抗干扰设计的主体。硬件抗干扰设计是软件抗干扰设计的基础，因为抗干扰软件及其重要数据都是以固定形式存放在 ROM 中的，没有硬件电路的可靠工作，最好的抗干扰软件也没有用武之地。因此，一个实际系统，往往采用软件和硬件抗干扰相结合的方法。

## 一、供电系统抗干扰措施

为了有效地抑制电源干扰，单片机控制系统的供电系统通常采用图 8-1 所示的典型结构。

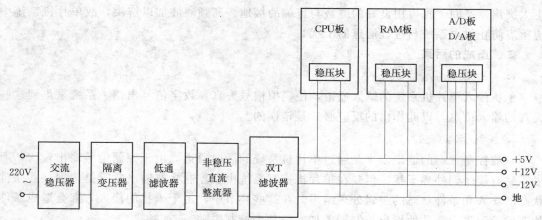

图 8-1 单片机控制系统的典型抗干扰供电系统

在图 8-1 中，交流稳压器主要用于抑制电网电源的过压和欠压，防止它们窜入单片机应用系统。隔离变压器是一种初级和次级绕组之间采用屏蔽层隔离的变压器，其初级和次级绕组之间的分布电容很小，可以有效地抑制高频干扰的耦合。低通滤波可以滤去高次谐波，只让 50Hz 的市电基波通过，以改善电源电压的输入波形。

双 T 滤波器如图 8-2 所示。它位于电源的整流电路之后，可以消除 50Hz 的工频干扰。电路的传输函数为：

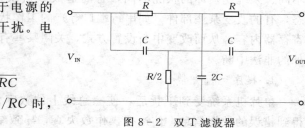

图 8-2 双 T 滤波器

$$H(jw) = \frac{V_{OUT}}{V_{IN}} = \frac{1-(wRC)^2}{1-wR^2C-j4wRC}$$

若取 $w_0 = 1/RC$，则当 $w = w_0 = 1/RC$ 时，$V_{OUT} = 0$

若固定电容 $C$，调节电阻 $R$，使 $w_0 = 1/RC = 50Hz$，则 50Hz 的输入信号其输出为 0。这就是说，双 T 滤波器可以很好地滤除 50Hz 的工频干扰。

在图 8-1 中，每个功能模块都有一个"稳压块"。每个"稳压块"都由一个三端稳压集成块（如 7805、7905、7812 和 7912）、二极管和电容等组成，如图 8-3 所示，并具有独立的电压过载保护功能。这种采用"稳压块"分散供电的方法也是单片机应用系统抗电源干扰设计中常常采用的一种方法。这不仅不会因某个电源故障而使整个系统停止工作，而且有利于电源散热和减少公共电源间的相互耦合，从而可以大大提高系统的可靠性。

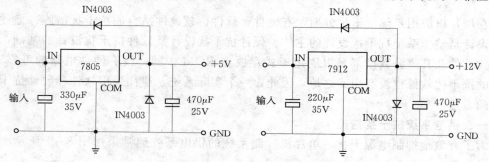

图 8-3 三端稳压集成块组成的"稳压块"

　　此外，在配置供电系统时还可根据需要选用高抗干扰电源和干扰抑制器。例如，采用频域均衡原理制成的干扰抑制器可以抗击电网的瞬变干扰；带反激变换器的开关电源可以通过变换器的储能作用在反激时抑制干扰信号。

## 二、过程通道抗干扰措施

　　对系统输入、输出与单片机间进行信息传输过程的抗干扰主要措施有光电耦合隔离、双绞线传输、阻抗匹配等。

### 1. 光电耦合隔离措施

　　在长线信号传输中，采用光电隔离器是一种常用的抗干扰设计方法。光电隔离器有两个作用：①作为干扰信号隔离器，用于隔离被控对象通过前向和后向通道对单片机造成的危害；②作为驱动隔离器，用于驱动长线传输中的信号并抑制各种过程通道干扰。

　　作为隔离驱动用的光电耦合器目前有两种型式。如图 8-4 所示。达林顿输出的光电耦合器可直接用于驱动低频负载，可控硅输出的光电耦合器输出采用光控晶闸管，常用于交流大功率的隔离驱动。

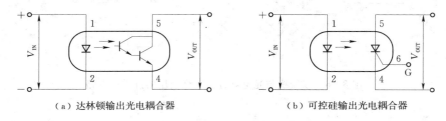

（a）达林顿输出光电耦合器　　　　　（b）可控硅输出光电耦合器

图 8-4　隔离驱动用光电耦合器

　　光电耦合器具有输入阻抗小以及输入回路和输出回路间分布电容小的特点，输入回路中的发光二极管靠足够的电流发光，尖峰干扰还不足以使发光二极管发光，这就能有效地抑制各种噪声干扰，使过程通道上的信噪比大大提高。

　　在传输线较长且现场干扰也很强时，为了保证信息传输的可靠性，也可以采用光电耦合器将长线完全"浮置"起来，如图 8-5 所示，长线的"浮置"，去掉了长线两端间的公共地线，不但有效地消除了各逻辑电路的电流流经公共地线时所产生的噪声电压相互窜扰，而且也有效地解决了长线驱动和阻抗匹配等问题，同时也可以防止受控设备短路时保护系统不受损坏。

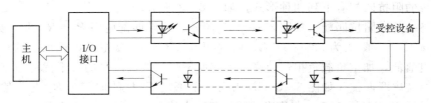

图 8-5　长线传输的光耦"浮置"结构

### 2. 双绞线传输

　　在长线传输中，双绞线是较常用的一种传输线。与同轴电缆相比，虽然频带较差，但波阻抗高、抗共模噪声能力强，并且体积小、柔软。在单片机应用系统中，利用双绞线的传输优势及光电耦合器的隔离作用可以获得满意的抗干扰效果。图8-6为几种实用双绞线与光电耦合器联合使用的抗干扰电路。

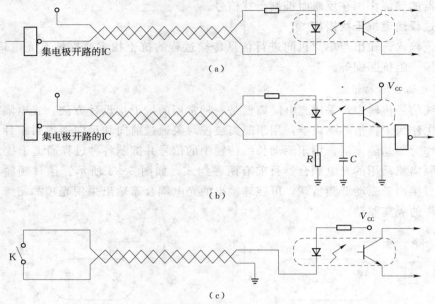

图8-6　双绞线与光电耦合器联合使用的抗干扰电路

### 3. 长线传输的阻抗匹配

长线传输时，阻抗不匹配的传输线会产生反射，使信号失真，其危害程度与系统的工作速度及传输线的长度有关。为了对传输线进行阻抗匹配，必须估算出它的特性阻抗 $R_P$。利用示波器观察的方法可以大致测定其特性阻抗的大小，其测定方法如图8-7所示。调节可变电阻 $R$，当 $R$ 与

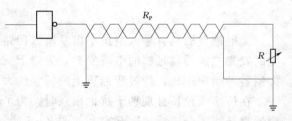

图8-7　传输线特性阻抗测试

$R_P$ 相等（匹配）时，门的输出波形畸变最小，反射波几乎消失，这时的 $R$ 值可认为是该传输线的特性阻抗 $R_P$。

传输线的阻抗匹配有下列四种形式，如图8-8所示。

（1）终端并联阻抗匹配。如图8-8（a）所示，终端匹配电阻 $R_1$、$R_2$ 的值按 $R_P = R_1/R_2$ 的要求选取。一般 $R_1$ 为 $220\sim330\Omega$，而 $R$ 可在 $270\sim390\Omega$ 范围内选取。这种匹配方法由于终端阻值低，加重负载负担，使高电平有所下降，故高电平的抗干扰能力有所下降。

（2）始端串联匹配。如图8-8（b）所示，匹配电阻 $R$ 的取值为 $R_P$ 与门输出低电平时的输出阻抗 $R_{SOL}$（约 $20\Omega$）之差值。这种匹配方法会使终端的低电平抬高，增加了输出阻抗，降低了低电平的抗干扰能力。

（3）终端并联隔直流匹配。如图8-8（c）所示，因电容 C 在较大时只起隔直流作用，并不影响阻抗匹配，所以只要求匹配电阻 $R$ 与 $R_P$ 相等即可。它不会引起输出高电平的降低，故增加了对高电平的抗干扰能力。

（4）终端接钳位二极管匹配。如图 8 - 8 (d) 所示，利用二极管 D 把输出门的输入低电平钳位在 0.3V 以下。钳位二极管既可以使输出门的输入负偏压不致过大，又可以减少波的反射和振荡，提高动态抗干扰能力。

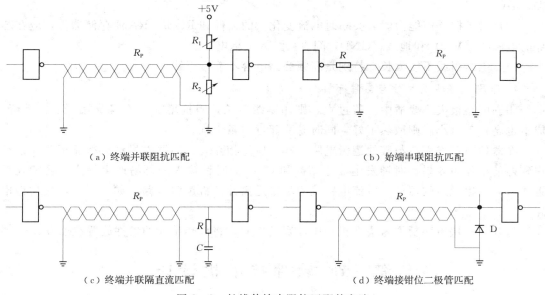

（a）终端并联阻抗匹配　　　　　　　　　　　　　（b）始端串联阻抗匹配

（c）终端并联隔直流匹配　　　　　　　　　　　　（d）终端接钳位二极管匹配

图 8 - 8　长线传输中阻抗匹配的方法

### 三、印刷电路板的抗干扰设计

印刷电路板是单片机应用系统中器件、信号线、电源线的高度集合体，它们在电气上相互影响。因此，印刷电路板设计得好坏对抗干扰能力影响很大，必须符合抗干扰的设计原则。

1. 地线设计

单片机应用系统中地线结构大致有系统地、机壳地（屏蔽地）、数字地（逻辑地）和模拟地等。接地是抑制干扰的重要方法，如能将接地和屏蔽正确结合起来使用可解决大部分干扰问题。

（1）在低频电路中，信号的工作频率小于 1MHz 时，它的布线和元器件间的电感影响较小，而接地电路形成的环流对干扰影响较大，采用单点接地；当信号工作频率大于 10MHz 时，地线阻抗变得很大，此时应尽量降低地线阻抗，应采用就近多点接地法。

（2）数字地和模拟地分开设计，地线应加粗到允许通过电流的三倍以上。接地线应注意构成回路，以减少地线上的电位差，提高系统的抗干扰能力。

2. 电源线设计

电源线除了要根据电流的大小，尽量加粗导体宽度外，还应使电源线、地线的走向与数据传递的方向一致，这将有助于增强抗噪声能力。

3. 去耦电容配置

为了提高系统的综合抗干扰能力，在印刷电路板的各个关键部位都应配置去耦电容。

（1）电源输入端跨接 10～100$\mu$F 的电解电容器。

（2）原则上每个集成电路芯片都应安置一个 $0.1\sim0.01\mu F$ 的陶瓷电容，如遇印刷电路板空隙小装不下时，可每 $4\sim10$ 个芯片安置一个 $1\sim10\mu F$ 的限噪声用电容器（钽电容器）。这种器件的高频阻抗特别小，在 $500kHz\sim20MHz$ 范围内阻抗小于 $1\Omega$，而且漏电流很小（$0.5\mu A$ 以下）。

（3）对于抗噪声能力弱、关断时电流变化大的器件和 ROM、RAM 存储器件，应在芯片的电源线（Vcc）和地线（GND）间直接接入去耦电容。

（4）电容引线不能太长，特别是高频旁路电容不能带引线。

4. 印刷电路板的尺寸与器件布置

印刷电路板大小要适中。若过大，则印刷线条长，阻抗增加，不仅抗噪声能力下降，成本也高；若过小，则散热不好，同时易受邻近线条干扰。

在器件布置方面，与其他逻辑电路一样，应把相互有关的器件尽量放得靠近些，以获得较好的抗噪声效果。时钟发生器、晶振和 CPU 的时钟输入端都易产生噪声，要相互靠近些。易产生噪声的器件、电流电路等应尽量远离计算机逻辑电路，如有可能，应另做电路板。

另外，一块电路板要考虑在机箱中放置的方向，将放热量大的器件放置在上方。

# 第三节 软件抗干扰设计

## 一、软件抗干扰的特点

单片机应用系统的抗干扰性能主要取决于硬件的抗干扰设计，软件抗干扰只是硬件抗干扰的补充和完善，但也是十分重要的。因为，系统在噪声环境下运行时，大量的干扰常常并不损坏硬件系统，却会使系统无法正常工作。

由于软件抗干扰的特殊性，单片机测控系统的软件抗干扰技术与硬件抗干扰技术有着很大的不同，其主要表现在以下几个方面：

（1）软件抗干扰的两个作用：①为了提高系统的效能、节省硬件，用软件的功能去代替硬件；②用软件去解决硬件解决不了的问题。

大量的干扰源虽然不能造成硬件的破坏，但却使系统工作不稳定，数据不可靠，运行失常，程序"跑飞"，严重时可造成单片机系统控制失灵，发生严重的故障。一些不稳定的因素产生于生产的全过程中，实时控制系统往往是 24 个小时连续工作的，不允许断电检测。这些令工业控制系统大受困扰的问题不是硬件都能解决的，因为这些干扰信号大多数是瞬时存在，时间间隔不确定，传播途径不清楚，而单片机软件却能处理这些具有随机性、瞬时性的干扰。

（2）软件抗干扰是一种价廉、灵活、方便的抗干扰方法。纯软件抗干扰不需要硬件资源，不改变硬件的环境，不需要对干扰源精确定位，不需要定量分析，因此使用起来灵活、方便。用于工业过程控制可很好地保证控制的可靠性。

（3）用软件方法处理故障，实质上是采用冗余技术对故障进行屏蔽，对干扰响应进行掩盖，在干扰过后对干扰所产生的影响在功能上进行补偿，实现容错自救，同时，在调试和运行中用容错技术对干扰进行多层次、多角度的预防、屏蔽和监控。

（4）应用软件抗干扰技术的前提是干扰尚未引起硬件的破坏，RAM 中的程序与数据未丢失。

（5）应用软件抗干扰，需要首先搞清楚干扰的种类、性质与影响的部位。然后对症下药，确定软件抗干扰的方法，同时，要注意其具体实现的时间开销和空间开销等问题。例如用备份的方法来抗干扰，实际上是用软件完成判别和转换，付出的是备份的硬件设施，等于用增加空间来换取工作的可靠性；用软件数字滤波代替硬件滤波，用重复取数、比较来判断输入、输出数据的正确性，这种对付干扰的做法实质上是用时间抗干扰。对于付出的时间或空间，必须考虑系统能否接受的问题。

## 二、数据采集中的软件抗干扰

在许多工业控制场合，单片机都要采集被监控对象的各种参数。由于工业环境恶劣和被测参数的信号微弱，尽管单片机前向系统中采用了种种硬件抗干扰措施，但有时还会受到干扰侵害。因此，系统设计者常常辅之以各种抗干扰软件，采用软硬件结合的抗干扰措施，常常会收到很好的效果。

根据数据采集时干扰性质，干扰后果的不同，采取的软件对策不一，没有固定的对策模式。对于实时数据采集系统，为了消除传感器通道中的干扰信号，在硬件措施上常采取有源或无源 RLC 网络，构成模拟滤波器对信号实现频率滤波。同样，运用 CPU 的运算、控制功能也可以实现频率滤波，完成模拟滤波器类似的功能，这就是数字滤波。实现数字滤波的方法较多，常用的有算术平均值法、超值滤波法、中值法、比较取舍法、竞赛评分法、取极值法、滑动算术平均法和一阶低通滤波法等。下面介绍几种常用的数字滤波程序，然后介绍零点误差和零点漂移的软件抗干扰原理。

### 1. 超值滤波法

超值滤波法又称为"程序判断滤波法"，程序判断滤波需要根据经验来确定一个最大偏差（限额）值 $\Delta X$，若单片机对输入信号相邻两次采样的差值小于等于 $\Delta X$，则本次采样值视为有效，并加以保存；若两次采样的差值大于 $\Delta X$，则本次采样值视为由干扰引起的无效值，并选用上次采样值作为本次采样的替代值。这种滤波程序的关键是如何根据经验选取限额值（允许误差）$\Delta X$。若 $\Delta X$ 太大，则各种干扰会"乘机而入"，系统误差增大；若 $\Delta X$ 太小，则又会使一些有用信号"拒之门外"，使采样精度降低。例如，在大型回火炉里，炉内工件的温度是不可能在 1s 内变化近百度的。但若把 $\Delta X$ 选为 99 和相邻两次采样时间定为 1s，则任何使炉膛温度变化 99℃的干扰信号都会被滤波程序所接受，这是不能容忍的。

为了加快程序的判断速度，可以把根据经验确定的允许误差 $\Delta X$ 取反后编入程序，以便它可以和实际采样的差值相加来替代比较（减法）运算，这点可以从下面例 8 - 1 中见到。

【例 8 - 1】 在某单片机温度检测系统中，设相邻两次采样的最大允许误差 $\Delta X = 02H$，30H 为上次采样值存放单元，31H 为本次采样值存放单元。试编写它的超值滤波程序。

程序应先求出本次采样对上次采样的差值。若差值为正，则直接进行超限判断；若差值为负，则求绝对值后再进行超限判断。超限判断采用加法进行，即采样差值＋FDH

（02H 的反码）。若有进位，则超限；若无进位，则未超限。
相应程序流程如图 8-9 所示。

程序清单如下：

```
LOP1:MOV   30H,31H    ;上次采样值送 30H
     ACALL LOAD       ;本次采样值存入 A
     MOV   31H,A      ;暂存于 31H
     CLR   C
     SUBB  A,30H      ;求两次采样差值
     JNC   LOP2
     CPL   A          ;若差值为负,则求绝对值
     INC   A
LOP2:ADD   A,#0FDH    ;超限?
     JNC   LOP3       ;若不超限,则本次采样有效
     MOV   31H,30H    ;若超限,则本次采样值送 31H
LOP3:RET
LOAD:                 ;采样子程序
     ⋮
     END
```

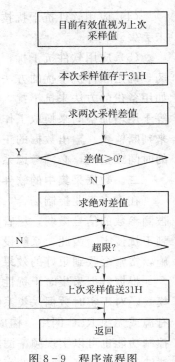

图 8-9 程序流程图

单片机在对温度、湿度和液位一类缓慢变化的物理参数进行采样时，本算法能很好地
满足其抗干扰要求。

2. 算术平均值滤波法

算术平均值滤波是一种取几个采样数据 $X_i$（$i=1\sim n$）平均值作为输入信号实际值的
一种滤波方法。即：

$$Y = \frac{1}{n}\sum_{i=1}^{n}X_i$$

式中：$Y$ 为 $n$ 个采样值的算术平均值；$X_i$ 为第 $i$ 次采样值；$n$ 为采样次数。

本算法适用于抑制随机干扰。采样次数 $n$ 越大，平滑效果越好，但系统灵敏度会下
降。为便于求算术平均值，$n$ 通常取 2 的整数次幂，即 4、8、16 等。

【例 8-2】 设 8 次采样值依次存放在 30H~37H 的连续单元中，请编写它的算术平
均值滤波程序。

程序清单如下：

```
     CLR   A
     MOV   R2,A
     MOV   R3,A
     MOV   R0,#30H           ;R0 指向采样缓冲区起始地址
LOOP:MOV   A,@R0             ;取第 1 个采样值
     ADD   A,R3              ;累加到 R2R3 中
     MOV   R3,A
```

```
       CLR    A
       ADDC   A,R2
       MOV    R2,A
       INC    R0
       CJNE   R0,♯38H,LOOP
       SWAP   A                    ;R2R3÷8
       RL     A
       XCH    A,R3
       SWAP   A
       RL     A
       ADD    A,♯80H               ;四舍五入
       ANL    A,♯0FH
       ADDC   A,R3                 ;结果在 A 中
       RET
```

3. 比较舍去法

比较舍去法可以从每个采样点的 $n$ 个连续采样数据中，按确定的舍去方法来剔除偏差数据。

【例 8-3】 在某数据采集系统中，设某个采样点的三次连续采样值分别存放在 R1、R2 和 R3 中，请编写"采三取二"法剔除偏差数据的抗干扰程序。

所谓"采三取二"法是指从某点的三次连续采样数据中取出两个相同数值中的一个作为该点的实际采样数据，如果三个采样值互不相同，则设置出错标志 R0=0，提示重新对该点进行采样。

程序清单如下：

```
    BS:PUSH   ACC                 ;保护现场
       PUSH   PSW
       MOV    A,R1
       SUBB   A,R2                ;R1=R2?
       JZ LP0
       MOV    A,R1
       SUBB   A,R3                ;R1=R3?
       JZ LP0
       MOV    A,R2
       SUBB   A,R3                ;R2=R3?
       JZ LP1
       MOV    R0,♯00H             ;若不等,则 R0←0
  END1:POP    PSW                 ;恢复现场
       POP    ACC
       RET
```

```
LP0:MOV    A,R1
    MOV    R0,A
    SJMP   END1
LP1:MOV    A,R2
    MOV    R0,A
    SJMP   END1
    END
```

4. 零点误差及零点漂移的软件补偿

在数据采集系统和测控系统中，前向通道中的模拟电路一般都存在零点误差。这固然可以通过硬件调零电路使零点误差消除在放大器输入端，但零点误差发生变化时必须重新加以调整。采用零点误差补偿程序可以使零点误差的修正自动完成，避免了用户在每次开机前都要进行一次调零。

零点误差补偿程序的原理如图 8 - 10 所示。图中，当 SK 接地时，经过测量放大电路、A/D 和接口电路送到单片机的非零数据就是零点误差。

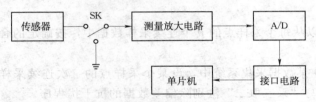

图 8 - 10  零点误差补偿原理图

单片机工作时先使 SK 接地，并把获取的零点误差保存起来，然后再把每次采集数据与零点误差的差值作为有效采样值，这就消除了零点误差。

零点漂移是传感器和测量电路等在环境改变时引起零位输出的动态变化。受温度影响而引起的零位动态变化称为温漂，随时间延伸而引起的零位动态变化叫做时漂，两者统称为零漂。零漂的硬件补偿电路复杂，采用软件补偿比较容易。

在零点漂移的软件补偿中，可以让几路模拟输入中的一路接地，其余路和各传感器相连。单片机工作时可以周期性地从接地一路模拟量通路中获取零位补偿值，然后再对其他各路的采样值进行动态误差补偿。

### 三、控制失灵的软件抗干扰

在单片机应用系统中，引起控制失灵的原因通常有两个：①RAM 中的数据因受到干扰而被破坏，引起控制失灵；②由于后向通道受到干扰而使输出口状态发生变化，引起控制失灵。针对上述两种原因，软件抗击控制失灵的方法也有两种：①RAM 数据冗余；②软件冗余。

1. RAM 数据冗余

RAM 数据冗余用于保护 RAM 中的原始数据、工作变量和计算结果等不因干扰而被破坏，其方法是把同一数据分别存放在 RAM 中的不同空间。这样，当程序一旦发现原始数据被破坏时就可以使用备份数据块。因此，RAM 数据冗余实际上是一种备份冗余，备份数据和原始数据的存放空间应保持一定距离，或者存放在两种不同的 RAM 中，以保证它们不会被同时破坏。

在把原始数据和备份数据写入 RAM 中两个不同空间的同时，采用某种算法对原始数据进行处理，并把处理结果作为标志保存到某个指定单元。这样，在读出数据时就可按同样方法对原始数据进行处理，并把处理结果和上述指定单元中的标志比较，如果比较相同就采用原始数据，如果比较不同就改用备份数据。如有必要，也可用备份数据对原始数据进行恢复。

按照对原始数据的不同处理方法，RAM 数据冗余通常有奇偶校验法、求和法和比较法三种。

(1) 奇偶校验法。RAM 冗余是串行数据通信中常用的一种数据检错方法，其基本做法是，先求出每个数据低 7 位的奇偶校验值（若为奇数，则该值为 "1"）并把它安放在最高位，然后写入 RAM 中。这样，程序在读出数据时就可先求出读出数据低 7 位的奇偶校验值，并和读出数据的最高位进行比较，比较相同就采用；比较不同就改用备份数据。

(2) 比较法。RAM 数据冗余的原理更加简单，只要把每次读出的原始数据和备份数据进行比较，相符时就作为正确数据使用，不同时就改用备份数据。对于某些重要数据，数据写入时可以多做几个备份，读出时逐个比较，并把比较相同次数多的视作有效数据。因此，奇偶校验法和比较法其实是针对每个数据的，可以查出具体出错的是哪个数据。

(3) 求和法。求和法是针对数据块而言的，其方法是先对写入数据块进行求和运算，并把它作为标志存入指定 RAM 单元。对所要保护的数据块进行求和运算，根据数据项数，数值范围可取完全的和数或和数的低 8 位、低 16 位。把它存在指定的单元，每次读该数据块的数据时，先作求和操作，与保存的和数核对，如符合，才使用，不符合则起用备份数据。每次写数据后，求出新的和数并保存。这种方法适合于开机后一次设定、在程序运行过程中不再改变的数据。这种数据的和是不变的，也没有写操作。求和法只能判定数据块中有错误数据，并不能找出究竟是哪一个数据错了，因此是对整个数据块进行修复。为了保证系统运行的速度，数据块的大小可适当划小，即可以把数据分类、分片求和，分片修复。事实上数据也是逐项逐片使用的。

【例 8-4】　已知某数据块已存放在 R0 为指针的外部 RAM 中，块长 N（<100）在 R2 中，备份数据块指针在 R1 中。试编写求和法 RAM 冗余写入子程序。设和标志只取和数的低 8 位，并应存入原始数据块和备份数据块的尾部。

程序清单如下：

```
        MOV   R3,#00H        ;和数低 8 位清零
AAA：MOVX  A,@R0          ;备份数据
        MOV   @R1,A
        CLR   C
        ADD   A,R3           ;求和数低 8 位
        MOV   R3,A
        INC   R0
        1NC   R1
        DJNE  R2,AAA
```

```
MOV    A,R3
MOVX   @R0,A
MOV    @R1,A
RET
END
```

2. 指令冗余

当 CPU 受到干扰后，往往将一些操作数当作指令码来执行，引起程序混乱。这时，首先要尽快将程序纳入正轨（执行真正的指令系列）。单片机指令系统中所有的指令都不超过 3 个字节，而且有很多单字节指令。当程序弹飞到某一单字节指令上时，便自动纳入正轨。当弹飞到某一双字节指令上时，有可能落到其操作数上，从而继续出错。当程序弹飞到三字节指令上时，因它有两个操作数，继续出错的机会就更大。因此，应多采用单字节指令，并在关键的地方人为地插入一些单字节指令（NOP），或将有效单字节指令重复书写，这便是指令冗余。指令冗余无疑会降低系统的效率，但在绝大多数情况下，CPU还不至于忙到不能多执行几条指令的程度，故这种方法还是被广泛采用。

指令冗余措施可以减少程序弹飞的次数，使其很快纳入程序轨道，但这并不能保证在失控期间不干坏事，更不能保证程序纳入正常轨道后就太平无事了。

3. 软件陷阱

指令冗余使弹飞的程序安定下来是有条件的，首先弹飞的程序必须落到程序区，其次必须执行到冗余指令。当弹飞的程序落到非程序区（如 EEPROM 中未使用的空间、程序中的数据表格区）时，前一个条件即不满足。当弹飞的程序在没有碰到冗余指令之前已经自动形成一个死循环时，第二个条件也不满足。对付前一种情况采取的措施就是设立软件陷阱，对于后一种情况可采取"看门狗"电路解决。

所谓软件陷阱，就是一条引导指令强行将捕获的程序引向一个指定的地址，在那里有一段专门对程序出错进行处理的程序。如果把这段程序的入口标号称为 ERR，软件陷阱即为一条 LJMP  ERR 指令。为加强其捕捉效果，一般还在它前面加两条 NOP 指令。因此，真正的软件陷阱由三条指令构成：

```
NOP
NOP
LJMP  ERR
```

软件陷阱安排在下列 4 种地方：

（1）未使用的中断向量区。有的编程人员将未使用的中断向量区（0003H～002FH）用于编程，以节约 ROM 空间，这是不可取的。当干扰使未使用的中断开放，并激活这些中断时，就会进一步引起混乱。如果在这些地方布上陷阱，就能及时捕捉到错误中断。

（2）未使用的大片 ROM 空间。对于剩余的大片未编程的 ROM 空间，一般均维持原状（0FFH）。0FFH 对于单片机指令系统来讲，是一条单字节指令（MOV  R7，A），程序弹飞到这一区域后将顺流而下，不再跳跃（除非受到新的干扰）。这时只要每隔一段设置一个陷阱，就一定能捕捉到弹飞的程序。有的编程者使用 02  00  00（即 LJMP START）来填充 ROM 未使用空间，此时认为两个 00H 既是可设置陷阱的地址，又是

NOP 指令，起到双重作用，实际上是不妥的。程序出错后直接从头开始执行将有可能发生一系列的麻烦事情。软件陷阱一定要指向出错处理过程 ERR。可以将 ERR 安排在 0030H 开始的地方，程序不管怎样修改，编译后 ERR 的地址总是固定的（因为它前面的中断向量区是固定的）。这样就可以用 00　00　02　00　30 五个字节作为陷阱来填充 ROM 中的未使用空间，或者每隔一段设置一个陷阱（02　00　30），其他单元保持 0FFH 不变。

（3）表格。有两类表格，一类是数据表格，供 MOVC　A，@A+PC 指令或 MOV A，@A+DPTR 指令使用，其内容完全不是指令；另一类是跳转表格，供 JMP　@A+DPTR 指令使用，其内容为一系列的三字节指令 LJMP 或两字节指令 AJMP。由于表格内容和检索值有一一对应关系，在表格中间安排陷阱将会破坏其连续性和对应关系，所以只能在表格的最后安排五字节陷阱（NOP　NOP　LJMP　ERR）。由于表格区一般较长，安排在最后的陷阱不能保证一定会捕捉住弹飞的程序，有可能在中途再次飞走。这时只好指望别处的陷阱或冗余指令来制服它了。

（4）程序区。程序区是由一串串执行指令构成的，不能在这些指令串中间任意安排陷阱，否则会影响正常执行程序。但是，在这些指令串之间常有一些断裂点，正常执行的程序到此便不会继续往下执行了，这类指令有 LJMP、SJMP、AJMP、RET、RETI。这时 PC 的值应发生正常跳变。如果还要顺次往下执行，必然就出错了。当然，若弹飞的程序刚好落到断裂点的操作数或前面指令的操作数上（又没有在这条指令之前使用冗余指令），则程序就会越过断裂点，继续往前执行。在这种地方安排陷阱之后，就能有效地捕捉住它，而又不影响正常执行的程序流程。

# 第四节　程序监视定时器

在工业环境中，单片机会因为干扰的存在引起 PC 错误，导致程序的跑飞，或陷入死循环，此时，指令冗余技术、软件陷阱技术和软件陷阱标志技术都无能为力了，这时可以采用程序监视定时器（Watch Dog Timer），俗称"看门狗"（WDT）。WDT 通过不断监视程序每周期的运行事件是否超过正常状态下所需的时间，从而判断程序是否进入了"死循环"，并对系统进行复位。

WDT 可以由硬件实现，这里以 MAX813L 为例进行说明。也可以由软件实现，也可以将两者结合起来。

## 一、硬件 WDT - MAX813L

MAX813L 是一款带有 WDT 和电压监控功能的芯片，其 WDT 功能是指在其输入 1.6s 内没有变化时，就会有复位输出，同时，电压监控功能可以保证当电源电压低于 1.25V 时，产生掉电输出。此外，MAX813L 还具有上电时自动产生 200ms 宽的复位脉冲、人工复位功能，是一款能对 CPU 提供良好保护的芯片。

MAX813L 芯片的各引脚功能：

WR：手动复位端。当该端有 140ms 低电平输入时，MAX813L 有 200ms 宽的复位输出。

$V_{CC}$：工作电源，接＋5V。

GND：工作地端。

PFI：电压监控端。当该端电压输入低于 1.25V 时，使 MAX813L 的 PFO 端产生由高到低的变化。

PIO：电源故障输入端。正常时保持高电平，电源电压变低或掉电时，输出由高变低。

WDI：喂狗信号。每 1.6s 之内要向该端输送变化的信号，超过 1.6s 该端不变化，就有 RST 输出。

RST：复位信号输出端。上电时产生 200ms 的复位脉冲，手动复位端输入低电平时，该端也有复位信号输出。

WDO：看门狗信号输出端。正常时保持高电平，看门狗输出时，该端输出由高变低。

如图 8－11 所示是 MAX813L 与 80C52 的接口电路，该电路可以很好地实现看门狗、电源故障监控即复位单片机的功能。

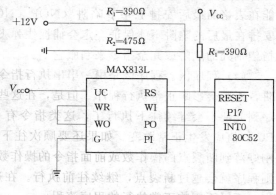

图 8－11　MAX138L 与单片机系统的连接图

该电路实现程序监控的原理是：通过把 WO 与 WR 直接相连，一旦程序跑飞，WO 变为低电平，并保持 140ms 以上。该信号将 MAX813L 复位，同时看门狗定时器被清零、RST 引脚输出高电平，将单片机复位。200ms 结束后，单片机脱离复位状态，重新恢复正常的程序运行。

该电路还具有上电使单片机自动复位功能，之后便自动监视电源故障。若电阻 $R_1$ 的一端接的是未经稳压直流电源，PI 接的是由 $R_1$、$R_2$ 的分压值，当电源正常时，PI 输入大于 1.26V；故障时，该值降低，电源故障输出端 PO 的输出将由高电平变为低电平，引起单片机 $\overline{INT0}$ 中断，CPU 响应中断，执行中断服务程序，实现数据保护、断开外部用电电路等。

在设计中断服务程序时，由于 $\overline{INT0}$ 的中断矢量是 0003H，它有 8 个单元。若程序短，可把程序放在此处；若中断服务程序长，可在此处放一条转移指令，转到处理程序。处理程序要先保存重要的数据到 RAM（掉电时由备用电池供电），如指令"MOV　direct，@DPTR"，发出控制信号断开外部设备，最后把电源控制寄存器 PCON 的 PD 位置 1，激活掉电工作方式，中断返回。

**二、软件"看门狗"技术**

各种硬件形式的"看门狗"技术在实际应用中是被证明切实有效的。但有时干扰会破坏中断方式控制字，导致中断的关闭，与之对应的中断服务程序也就得不到执行，硬件"看门狗"将失去作用。这时，可采用软件"看门狗"予以配合。

软件"看门狗"的设计过程分为以下三部分：

（1）计数器 0 监视主程序的运行时间。在主程序中设置一个标志变量，开始时，将该标志变量清零，在主程序的结束处，将标志变量赋给一个非零值 R。主程序在开始处启动计数器 0，计数器 0 开始计数，每中断一次，就将设在中断服务程序中的记录中断发生次数的整型变量 M 加 1。设主程序正常结束时，M 的值为 P（P 值由调试程序时确定，并留有一定的裕度）。在中断服务程序中，当 M 已等于 P 时，读取标志变量，若其等于 R，可确定程序正常，若不等于，则可断定主程序已"跑飞"，中断服务须修改返回地址至主程序入口处。

（2）计数器 1 监视计数器 0 的运行。通过在计数器 0 设置标志变量，每中断一次，该变量要加 1。计数器 1 在中断服务程序中查看该值是否是前一次的值加上一个常量或近似常量，并以此确定计数器 0 是否在正常计数。若发现不正常，则可断定主程序已"跑飞"，中断服务须修改返回地址至主程序入口处。

（3）主程序监视计数器 1。主程序在各功能模块的开始处储存计数器 1 的当前计数值于某一变量 L，在功能模块的结束处，若程序正常，则计数器 1 的计数值会改变为 P。通过前后 L 与 P 的比较，若值不相同，则可确定计数器 1 正常；若 L 等于 P，则计数器 1 出现错误，主程序要返回 0000H，进行出错处理。

在实际应用中，可以将硬件"看门狗"与软件"看门狗"同时使用。实践证明，将两者结合起来后，程序的可靠性会大大提高。

### 三、软件 WDT 和硬件 WDT 的组合设计

硬件"看门狗"可以很好地解决主程序陷入死循环的故障，但若程序中中断控制寄存器的内容被更改，导致中断关闭，硬件"看门狗"则无法探测到这种故障；软件"看门狗"的相互监督机制可以保证对中断关闭故障的发现和处理，但若单片机的死循环发生在某个高优先级的中断服务程序中，则显得无能为力。利用软硬结合的"看门狗"组合可以克服单一"看门狗"功能的缺陷，实现对故障的全方位监控。

软硬结合的看门狗设计包括硬件和软件两部分，其硬件电路可以与图 8-11 相同，也可以选择其他的芯片或接法，这在设计上没有特定的要求。需要注意的是在其程序设计中，要通过编程以实现软件"看门狗"的功能。这主要由下述的方式实现。T0、T1 计数器工作在自动装填的计数器状态，在主程序中设置变量 $t0$、$t1$，T0 发生一次中断，将 $t0$ 加 1，T1 发生一次中断，将 $t1$ 加 1。在主程序的功能模块开始处记录下 $t0$、$t1$ 的当前值，设置计数器的计数周期，使之小于功能模块的执行时间，这样，在功能模块的执行周期内，计数器肯定会发生中断，通过在功能模块的出口处检测这种变化来确定是否发生了中断关闭的情况，并进行故障的处理。

在实际中，有可能出现在功能模块的执行时间很短，其前后 $t0$ 和 $t1$ 未发生改变，为了把这种正常的工作状态和故障区分开来，可以通过多次检测的方法或者有针对性的检查定时器是否继续计数，以避免出现错误的程序跳转。

习 题

1. 单片机系统中主要的干扰源主要来自哪几个方面？
2. 单片机系统中采用硬件抗干扰的措施有哪几种？
3. 单片机系统中采用软件抗干扰的措施有哪几种？
4. 简述"看门狗"电路的基本工作原理。

# 附录 MCS–51 单片机指令表

| 序号 | 助记符 | 指令功能说明 | 字节数 | 周期数 | 十六进制代码 | P | OV | AC | CY |
|---|---|---|---|---|---|---|---|---|---|
| | | | | | | | | | |

| 序号 | 助记符 | 指令功能说明 | 字节数 | 周期数 | 十六进制代码 | 对标志位的影响 | | | |
|---|---|---|---|---|---|---|---|---|---|
| | | | | | | P | OV | AC | CY |
| 数据传送类指令 | | | | | | | | | |
| 1 | MOV A, Rn | 寄存器传送到累加器 | 1 | 1 | E8～EF | √ | × | × | × |
| 2 | MOV A, direct | 直接寻址内容传送到累加器 | 2 | 1 | E5 direct | √ | × | × | × |
| 3 | MOV A, @Ri | 间接寻址内容传送到累加器 | 2 | 1 | E6, E7 | √ | × | × | × |
| 4 | MOV A, ♯data | 立即数传送到累加器 | 2 | 1 | 74 data | √ | × | × | × |
| 5 | MOV Rn, A | 累加器传送到寄存器 | 1 | 1 | F8～FF | × | × | × | × |
| 6 | MOV Rn, direct | 直接寻址内容传送到寄存器 | 2 | 2 | A8～AF direct | × | × | × | × |
| 7 | MOV Rn, ♯data | 立即数传送到寄存器 | 2 | 1 | 78～7F data | × | × | × | × |
| 8 | MOV direct, A | 累加器传送到直接寻址单元 | 2 | 1 | F5 direct | × | × | × | × |
| 9 | MOV direct, Rn | 寄存器传送到直接寻址单元 | 2 | 2 | 88～8F direct | × | × | × | × |
| 10 | MOV direct, @Ri | 间接寻址内容传送到直接寻址单元 | 2 | 2 | 86, 87 direct | × | × | × | × |
| 11 | MOV direct, ♯data | 立即数传送到直接寻址单元 | 3 | 2 | 75 direct data | × | × | × | × |
| 12 | MOV direct1, direct2 | 直接寻址内容传送到直接寻址单元 | 3 | 2 | 85 direct2 direct1 | × | × | × | × |
| 13 | MOV @Ri, A | 累加器传送到间接寻址单元 | 1 | 1 | F6, F7 | × | × | × | × |
| 14 | MOV @Ri, direct | 直接寻址内容传送到间接寻址单元 | 2 | 2 | A6, A7 direct | × | × | × | × |
| 15 | MOV @Ri, ♯data | 立即数传送到间接寻址单元 | 2 | 1 | 76, 77 data | × | × | × | × |
| 16 | MOV DPTR, ♯data16 | 16 位常数加载到数据指针 | 3 | 2 | 90 data16 | × | × | × | × |
| 17 | MOVC A, @A+DPTR | 基址加变址寻址内容传送到累加器 | 1 | 2 | 93 | √ | × | × | × |
| 18 | MOVC A, @A+PC | 代码字节传送到累加器 | 1 | 2 | 83 | √ | × | × | × |
| 19 | MOVX A, @Ri | 外部 RAM 传送到累加器 | 1 | 2 | E2, E3 | √ | × | × | × |

216

续表

| 序号 | 助记符 | 指令功能说明 | 字节数 | 周期数 | 十六进制代码 | 对标志位的影响 | | | |
|---|---|---|---|---|---|---|---|---|---|
| | | | | | | P | OV | AC | CY |
| 数据传送类指令 | | | | | | | | | |
| 20 | MOVX A，@DPTR | 外部 RAM 传送到累加器 | 1 | 2 | E0 | √ | × | × | × |
| 21 | MOVX @Ri，A | 累加器传送到外部 RAM | 1 | 2 | F2，F3 | × | × | × | × |
| 22 | MOV X @DPTR，A | 累加器传送到外部 RAM | 1 | 2 | F0 | × | × | × | × |
| 23 | PUSH direct | 直接寻址内容存入堆栈 | 2 | 2 | C0 direct | × | × | × | × |
| 24 | POP direct | 直接寻址内容弹出堆栈 | 2 | 2 | D0 direct | × | × | × | × |
| 25 | XCH A，Rn | 寄存器和累加器交换 | 1 | 1 | C8～CF | √ | × | × | × |
| 26 | XCH A，direct | 直接寻址单元和累加器交换 | 2 | 1 | C5 direct | √ | × | × | × |
| 27 | XCH A，@Ri | 间接寻址单元和累加器交换 | 1 | 1 | C6，C7 | √ | × | × | × |
| 28 | XCHD A，@Ri | 间接寻址单元和累加器交换低四位 | 1 | 1 | D6，D7 | √ | × | × | × |
| 算术运算类指令 | | | | | | | | | |
| 29 | INC A | 累加器加1 | 1 | 1 | 04 | √ | × | × | × |
| 30 | INC Rn | 寄存器加1 | 1 | 1 | 08～0F | × | × | × | × |
| 31 | INC direct | 直接寻址单元加1 | 2 | 1 | 05 direct | × | × | × | × |
| 32 | INC @Ri | 间接寻址单元加1 | 1 | 1 | 06，07 | × | × | × | × |
| 33 | INC DPTR | 数据指针加1 | 1 | 2 | A3 | × | × | × | × |
| 34 | DEC A | 累加器减1 | 1 | 1 | 14 | √ | × | × | × |
| 35 | DEC Rn | 寄存器减1 | 1 | 1 | 18～1F | × | × | × | × |
| 36 | DEC direct | 直接寻址单元减1 | 2 | 1 | 15 direct | × | × | × | × |
| 37 | DEC @Ri | 间接寻址单元减1 | 1 | 1 | 16，17 | × | × | × | × |
| 38 | MUL AB | 累加器和B寄存器相乘 | 1 | 4 | A4 | √ | √ | × | 0 |
| 39 | DIV AB | 累加器除以B寄存器 | 1 | 4 | 84 | √ | √ | × | 0 |
| 40 | DA A | 十进制调整指令 | 1 | 1 | D4 | √ | × | √ | √ |
| 41 | ADD A，Rn | 寄存器与累加器求和 | 1 | 1 | 28～2F | √ | √ | √ | √ |
| 42 | ADD A，direct | 直接寻址内容和累加器求和 | 2 | 1 | 25 direct | √ | √ | √ | √ |
| 43 | ADD A，@Ri | 间接寻址内容和累加器求和 | 1 | 1 | 26，27 | √ | √ | √ | √ |
| 44 | ADD A，#data | 立即数和累加器求和 | 2 | 1 | 24 data | √ | √ | √ | √ |
| 45 | ADDC A，Rn | 寄存器与累加器求和（带进位） | 1 | 1 | 38～3F | √ | √ | √ | √ |
| 46 | ADDC A，direct | 直接寻址内容和累加器求和（带进位） | 2 | 1 | 35 direct | √ | √ | √ | √ |
| 47 | ADDC A，@Ri | 间接寻址内容和累加器求和（带进位） | 1 | 1 | 36，37 | √ | √ | √ | √ |

续表

| 序号 | 助记符 | 指令功能说明 | 字节数 | 周期数 | 十六进制代码 | P | OV | AC | CY |
|------|--------|--------------|--------|--------|--------------|---|----|----|----|
| | | 算术运算类指令 | | | | | | | |
| 48 | ADDC A，#data | 立即数和累加器求和（带进位） | 2 | 1 | 34 data | √ | √ | √ | √ |
| 49 | SUBB A，Rn | 累加器减去寄存器（带借位） | 1 | 1 | 98~9F | √ | √ | √ | √ |
| 50 | SUBB A，direct | 累加器减去直接寻址单元（带借位） | 2 | 1 | 95 direct | √ | √ | √ | √ |
| 51 | SUBB A，@Ri | 累加器减去间接寻址单元（带借位） | 1 | 1 | 96，97 | √ | √ | √ | √ |
| 52 | SUBB A，#data | 累加器减去立即数（带借位） | 2 | 1 | 94 data | √ | √ | √ | √ |
| | | 逻辑运算类指令 | | | | | | | |
| 53 | ANL A，Rn | 寄存器与到累加器 | 1 | 1 | 58~5F | √ | × | × | × |
| 54 | ANL A，direct | 直接寻址内容与到累加器 | 2 | 1 | 55 direct | √ | × | × | × |
| 55 | ANL A，@Ri | 间接寻址内容与到累加器 | 1 | 1 | 56，57 | √ | × | × | × |
| 56 | ANL A，#data | 立即数与到累加器 | 2 | 1 | 54 data | √ | × | × | × |
| 57 | ANL direct，A | 累加器与到直接寻址 | 2 | 1 | 52 direct | × | × | × | × |
| 58 | ANL direct，#data | 立即数与到直接寻址 | 3 | 2 | 54 direct data | × | × | × | × |
| 59 | ORL A，Rn | 寄存器或到累加器 | 1 | 1 | 48~4F | √ | × | × | × |
| 60 | ORL A，direct | 直接寻址内容或到累加器 | 2 | 1 | 45 direct | √ | × | × | × |
| 61 | ORL A，@Ri | 间接寻址内容或到累加器 | 1 | 1 | 46，47 | √ | × | × | × |
| 62 | ORL A，#data | 立即数或到累加器 | 2 | 1 | 44 data | √ | × | × | × |
| 63 | ORL direct，A | 累加器或到直接寻址 | 2 | 1 | 42 direct | × | × | × | × |
| 64 | ORL direct，#data | 立即数或到直接寻址 | 3 | 2 | 43 direct data | × | × | × | × |
| 65 | XRL A，Rn | 寄存器异或到累加器 | 1 | 1 | 68~6F | √ | × | × | × |
| 66 | XRL A，direct | 直接寻址内容异或到累加器 | 2 | 1 | 65 direct | √ | × | × | × |
| 67 | XRL A，@Ri | 间接寻址内容异或到累加器 | 1 | 1 | 66，67 | √ | × | × | × |
| 68 | XRL A，#data | 立即数异或到累加器 | 2 | 1 | 64，data | √ | × | × | × |
| 69 | XRL direct，A | 累加器异或到直接寻址 | 2 | 1 | 62 direct | × | × | × | × |
| 70 | XRL direct，#data | 立即数异或到直接寻址 | 3 | 2 | 63 direct data | × | × | × | × |
| 71 | CLR A | 累加器清零 | 1 | 1 | E4 | √ | × | × | × |
| 72 | CPL A | 累加器求反 | 1 | 1 | F4 | × | × | × | × |
| 73 | RL A | 累加器循环左移 | 1 | 1 | 23 | × | × | × | × |
| 74 | RLC A | 带进位累加器循环左移 | 1 | 1 | 33 | √ | × | × | √ |

续表

| 序号 | 助记符 | 指令功能说明 | 字节数 | 周期数 | 十六进制代码 | 对标志位的影响 | | | |
|---|---|---|---|---|---|---|---|---|---|
| | | | | | | P | OV | AC | CY |
| 逻辑运算类指令 | | | | | | | | | |
| 75 | RR A | 累加器循环右移 | 1 | 1 | 03 | × | × | × | × |
| 76 | RRC A | 带进位累加器循环右移 | 1 | 1 | 13 | √ | × | × | √ |
| 77 | SWAP A | 累加器高、低4位交换 | 1 | 1 | C4 | × | × | × | × |
| 控制转移类指令 | | | | | | | | | |
| 78 | JMP @A+DPTR | 相对DPTR的无条件间接转移 | 1 | 2 | 73 | × | × | × | × |
| 79 | JZ rel | 累加器为零转移 | 2 | 2 | 60 rel | × | × | × | × |
| 80 | JNZ rel | 累加器不为零转移 | 2 | 2 | 70 rel | × | × | × | × |
| 81 | CJNE A, direct, rel | 比较直接寻址和累加器，不相等转移 | 3 | 2 | B5 direct rel | × | × | × | √ |
| 82 | CJNE A, #data, rel | 比较立即数和累加器，不相等转移 | 3 | 2 | B4 data rel | × | × | × | √ |
| 83 | CJNE Rn, #data, rel | 比较寄存器和累加器，不相等转移 | 3 | 2 | B8~BF data rel | × | × | × | √ |
| 84 | CJNE @Ri, #data, rel | 比较间接寻址和累加器，不相等转移 | 3 | 2 | B6~B7 data rel | × | × | × | √ |
| 85 | DJNZ Rn, rel | 寄存器减1，不为零则转移 | 2 | 2 | D8~DF rel | × | × | × | × |
| 86 | DJNZ direct, rel | 直接寻址内容减1，不为零则转移 | 3 | 2 | D5 direct rel | × | × | × | × |
| 87 | NOP | 空操作 | 1 | 1 | 00 | × | × | × | × |
| 88 | ACALL addr11 | 绝对调用子程序 | 2 | 2 | *1 | × | × | × | × |
| 89 | LCALL addr16 | 常调用子程序 | 3 | 2 | 12 addr16 | × | × | × | × |
| 90 | RET | 从子程序返回 | 1 | 2 | 22 | × | × | × | × |
| 91 | RETI | 从中断服务子程序返回 | 1 | 2 | 32 | × | × | × | × |
| 92 | AJMP addr11 | 无条件绝对转移 | 2 | 2 | *2 | × | × | × | × |
| 93 | LJMP addr16 | 无条件长转移 | 3 | 2 | 02 addr16 | × | × | × | × |
| 94 | SJMP rel | 无条件相对转移 | 2 | 2 | 80 rel | × | × | × | × |
| 位操作指令 | | | | | | | | | |
| 95 | CLR C | 清位累加器 | 1 | 1 | C3 | × | × | × | √ |
| 96 | CLR bit | 清直接寻址位 | 2 | 1 | C2 bit | × | × | × | × |
| 97 | SETB C | 置位累加器 | 1 | 1 | D3 | × | × | × | √ |
| 98 | SETB bit | 置直接寻址位 | 2 | 1 | D2 bit | × | × | × | × |
| 99 | CPL C | 取反位累加器 | 1 | 1 | B3 | × | × | × | √ |
| 100 | CPL bit | 取反直接寻址位 | 2 | 1 | B2 bit | × | × | × | × |
| 101 | ANL C, bit | 直接寻址位与到位累加器 | 2 | 2 | 82 bit | × | × | × | √ |

| 序号 | 助记符 | 指令功能说明 | 字节数 | 周期数 | 十六进制代码 | 对标志位的影响 | | | |
|------|--------|--------------|--------|--------|--------------|------|------|------|------|
| | | | | | | P | OV | AC | CY |
| 位操作指令 | | | | | | | | | |
| 102 | ANL C, /bit | 直接寻址位的反码与到位累加器 | 2 | 2 | B0 bit | × | × | × | √ |
| 103 | ORL C, bit | 直接寻址位或到位累加器 | 2 | 2 | 72 bit | × | × | × | √ |
| 104 | ORL C, /bit | 直接寻址位的反码或到位累加器 | 2 | 2 | A0 bit | × | × | × | √ |
| 105 | MOV C, bit | 直接寻址位传送到位累加器 | 2 | 1 | A2 bit | × | × | × | √ |
| 106 | MOV bit, C | 位累加器传送到直接寻址位 | 2 | 2 | 92 bit | × | × | × | × |
| 107 | JC rel | 位累加器为零转移 | 2 | 2 | 40 rel | × | × | × | × |
| 108 | JNC rel | 位累加器为1转移 | 2 | 2 | 50 rel | × | × | × | × |
| 109 | JB bit, rel | 若直接寻址位为1，则转移 | 3 | 2 | 20 bit rel | × | × | × | × |
| 110 | JNB bit, rel | 若直接寻址位不为1，则转移 | 3 | 2 | 30 bit rel | × | × | × | × |
| 111 | JBC bit, rel | 若直接寻址位为1，则清零并转移 | 3 | 2 | 10 bit rel | × | × | × | × |

# 参 考 文 献

[1] 刘德营. 单片机原理及接口技术 [M]. 北京：中国水利水电出版社，2006.
[2] 孙涵芳. 51/96 系列单片机原理及应用（修订版）[M]. 北京：北京航空航天大学出版社，2004.
[3] 李朝青. 单片机原理及接口技术 [M]. 第 4 版. 北京：北京航空航天大学出版社，2013.
[4] 李群芳. 单片机微型计算机与接口技术 [M]. 北京：电子工业出版社，2001.